企业级卓越人才培养解决方案"十三五"规划教材

# Linux 操作系统

天津滨海迅腾科技集团有限公司　主编

南开大学出版社

天　津

图书在版编目(CIP)数据

Linux 操作系统 / 天津滨海迅腾科技集团有限公司主编. —天津：南开大学出版社，2019.1(2025.1 重印)
ISBN 978-7-310-05677-4

Ⅰ. ①L… Ⅱ. ①天… Ⅲ. ①Linux 操作系统 Ⅳ. ①TP316.85

中国版本图书馆 CIP 数据核字(2018) 第 234427 号

主　编　郭思延
副主编　郭　惠　陈富汉　赵莹红
　　　　戎　敏　刘晓丹　张永宏

## 版权所有　侵权必究

Linux 操作系统
Linux CAOZUO XITONG

南开大学出版社出版发行
出版人：刘文华
地址：天津市南开区卫津路 94 号　邮政编码：300071
营销部电话：(022)23508339　营销部传真：(022)23508542
https://nkup.nankai.edu.cn

天津午阳印刷股份有限公司印刷　全国各地新华书店经销
2019 年 1 月第 1 版　2025 年 1 月第 6 次印刷
260×185 毫米　16 开本　19.25 印张　437 千字
定价:59.00 元

如遇图书印装质量问题，请与本社营销部联系调换，电话:(022)23508339

# 企业级卓越人才培养解决方案"十三五"规划教材编写委员会

**指导专家：** 周凤华　教育部职业技术教育中心研究所
　　　　　　李　伟　中国科学院计算技术研究所
　　　　　　张齐勋　北京大学
　　　　　　朱耀庭　南开大学
　　　　　　潘海生　天津大学
　　　　　　董永峰　河北工业大学
　　　　　　邓　蓓　天津中德应用技术大学
　　　　　　许世杰　中国职业技术教育网
　　　　　　郭红旗　天津软件行业协会
　　　　　　周　鹏　天津市工业和信息化委员会教育中心
　　　　　　邵荣强　天津滨海迅腾科技集团有限公司
**主任委员：** 王新强　天津中德应用技术大学
**副主任委员：** 张景强　天津职业大学
　　　　　　　宋国庆　天津电子信息职业技术学院
　　　　　　　闫　坤　天津机电职业技术学院
　　　　　　　刘　胜　天津城市职业学院
　　　　　　　郭社军　河北交通职业技术学院
　　　　　　　刘少坤　河北工业职业技术学院
　　　　　　　麻士琦　衡水职业技术学院
　　　　　　　尹立云　宣化科技职业学院
　　　　　　　廉新宇　唐山工业职业技术学院
　　　　　　　张　捷　唐山科技职业技术学院
　　　　　　　杜树宇　山东铝业职业学院
　　　　　　　张　晖　山东药品食品职业学院
　　　　　　　梁菊红　山东轻工职业学院
　　　　　　　赵红军　山东工业职业学院
　　　　　　　祝瑞玲　山东传媒职业学院
　　　　　　　王建国　烟台黄金职业学院

| | |
|---|---|
| 陈章侠 | 德州职业技术学院 |
| 郑开阳 | 枣庄职业学院 |
| 张洪忠 | 临沂职业学院 |
| 常中华 | 青岛职业技术学院 |
| 刘月红 | 晋中职业技术学院 |
| 赵　娟 | 山西旅游职业学院 |
| 陈　炯 | 山西职业技术学院 |
| 陈怀玉 | 山西经贸职业学院 |
| 范文涵 | 山西财贸职业技术学院 |
| 郭长庚 | 许昌职业技术学院 |
| 许国强 | 湖南有色金属职业技术学院 |
| 孙　刚 | 南京信息职业技术学院 |
| 张雅珍 | 陕西工商职业学院 |
| 王国强 | 甘肃交通职业技术学院 |
| 周仲文 | 四川广播电视大学 |
| 杨志超 | 四川华新现代职业学院 |
| 董新民 | 安徽国际商务职业学院 |
| 谭维奇 | 安庆职业技术学院 |
| 张　燕 | 南开大学出版社 |

# 企业级卓越人才培养解决方案简介

企业级卓越人才培养解决方案(以下简称"解决方案")是面向我国职业教育量身定制的应用型、技术技能型人才培养解决方案,以教育部-滨海迅腾科技集团产学合作协同育人项目为依托,依靠集团研发实力,联合国内职业教育领域相关政策研究机构、行业、企业、职业院校共同研究与实践的科研成果。本解决方案坚持"创新校企融合协同育人,推进校企合作模式改革"的宗旨,消化吸收德国"双元制"应用型人才培养模式,深入践行"基于工作过程"的技术技能型人才培养,设立工程实践创新培养的企业化培养解决方案。在服务国家战略,京津冀教育协同发展、中国制造2025(工业信息化)等领域培养不同层次的技术技能人才,为推进我国实现教育现代化发挥积极作用。

该解决方案由"初、中、高级工程师"三个阶段构成,包含技术技能人才培养方案、专业教程、课程标准、数字资源包(标准课程包、企业项目包)、考评体系、认证体系、教学管理体系、就业管理体系等于一体。采用校企融合、产学融合、师资融合的模式在高校内共建大数据学院、虚拟现实技术学院、电子商务学院、艺术设计学院、互联网学院、软件学院、智慧物流学院、智能制造学院、工程师培养基地的方式,开展"卓越工程师培养计划",开设系列"卓越工程师班","将企业人才需求标准、工作流程、研发项目、考评体系、一线工程师、准职业人才培养体系、企业管理体系引进课堂",充分发挥校企双方特长,推动校企、校际合作,促进区域优质资源共建共享,实现卓越人才培养目标,达到企业人才培养及招录的标准。本解决方案已在全国近几十所高校开始实施,目前已形成企业、高校、学生三方共赢格局。未来三年将在100所以上高校实施,实现每年培养学生规模达到五万人以上。

天津滨海迅腾科技集团有限公司创建于2008年,是以IT产业为主导的高科技企业集团。集团业务范围已覆盖信息化集成、软件研发、职业教育、电子商务、互联网服务、生物科技、健康产业、日化产业等。集团以产业为背景,与高校共同开展产教融合、校企合作,培养了一批批互联网行业应用型技术人才,并吸纳大批毕业生加入集团,打造了以博士、硕士、企业一线工程师为主导的科研团队。集团先后荣获:天津市"五一"劳动奖状先进集体,天津市政府授予"AAA"级劳动关系和谐企业,天津市"文明单位",天津市"工人先锋号",天津市"青年文明号""功勋企业""科技小巨人企业""高科技型领军企业"等近百项荣誉。

# 前　言

　　Linux 作为一个开源的系统,现如今已经被广泛地应用在各个领域中。从手持设备到个人电脑,Linux 操作系统在各个领域都有不俗的表现。尤其是服务器端,Linux 已经在市场占有率上引领整个行业,因此无论是开发人员还是运维人员,都需要对 Linux 有一定的了解。

　　本书从 Linux 系统入门的基础开始介绍,直至 Shell 高级编程。在讲解的过程中,遵循由浅入深的讲解原则,使每一位读者都能有所收获,同时也保持了本教材的知识深度。

　　本教材主要设计八个项目,即 Linux 系统介绍与安装、Linux 文件权限、Linux 磁盘与文件系统、Linux 文本与编辑器、Linux 软件安装与进程管理、Linux 网络服务、Shell 编程基础、Shell 编程高级,循序渐进地讲解 Linux 操作系统的所有概念。与此同时,为了方便读者查阅,本教材准备了 21 个附录。附录中介绍了项目之外的 Linux 拓展命令。通过本书的学习,读者可以深入地了解 Linux 系统,掌握 Linux 系统的使用与维护的方法。

　　教材中每个项目模块都设有学习目标、任务描述、任务技能点详解、任务实施、任务总结和任务习题等。结构条理清晰、内容详细,任务实施可以使读者将所学的理论知识充分的应用到实际操作中。

　　本书由郭思延任主编,郭惠、陈富汉、赵莹红、戎敏、刘晓丹、张永宏任副主编,郭思延负责全书的内容设计与编排。具体分工如下:项目一由郭惠编写;项目二由陈富汉编写;项目三由赵莹红编写;项目四由戎敏编写;项目五至项目八由刘晓丹、张永宏共同编写。

　　本书理论介绍简明扼要,实例操作讲解步骤清晰,实现了理论与实践相结合,操作步骤后有相对应的效果图,便于读者直观、清晰地看到操作效果,提高学习效率。

天津滨海迅腾科技集团有限公司<br>技术研发部

# 目 录

**项目一 Linux 系统介绍与安装** ······················································· 1
 学习目标 ························································································· 1
 学习路径 ························································································· 1
 任务描述 ························································································· 2
 任务技能 ························································································· 3
  技能点一　Linux 介绍 ································································ 3
  技能点二　Linux 应用 ································································ 9
  技能点三　Linux 界面类型 ························································ 13
 任务实施 ························································································ 18
 任务总结 ························································································ 34
 英语角 ··························································································· 34
 任务习题 ························································································ 35

**项目二 Linux 文件权限** ································································ 36
 学习目标 ························································································ 36
 学习路径 ························································································ 36
 任务描述 ························································································ 37
 任务技能 ························································································ 38
  技能点一　用户管理 ································································· 38
  技能点二　用户组管理 ····························································· 47
  技能点三　目录管理 ································································· 53
  技能点四　文件管理 ································································· 62
  技能点五　权限控制 ································································· 71
 任务实施 ························································································ 76
 任务总结 ························································································ 81
 英语角 ··························································································· 81
 任务习题 ························································································ 81

**项目三 Linux 磁盘与文件系统** ······················································ 82
 学习目标 ························································································ 82
 学习路径 ························································································ 82
 任务描述 ························································································ 83
 任务技能 ························································································ 84

　　　　技能点一　磁盘 ·············································································· 84
　　　　技能点二　文件系统 ········································································ 87
　　　　技能点三　磁盘管理 ········································································ 93
　　　　技能点四　外部存储设备 ································································· 100
　　任务实施 ····························································································· 102
　　任务总结 ····························································································· 109
　　英语角 ································································································· 110
　　任务习题 ····························································································· 110

## 项目四　Linux 文本与编辑器 ································································ 111

　　学习目标 ····························································································· 111
　　学习路径 ····························································································· 111
　　任务描述 ····························································································· 112
　　任务技能 ····························································································· 113
　　　　技能点一　Vim 编辑器 ·································································· 113
　　　　技能点二　Sed 工具 ······································································ 122
　　　　技能点三　Awk 文本处理工具 ······················································· 127
　　　　技能点四　Linux 字符处理 ···························································· 138
　　任务实施 ····························································································· 143
　　任务总结 ····························································································· 147
　　英语角 ································································································· 147
　　任务习题 ····························································································· 147

## 项目五　Linux 软件安装与进程管理 ························································ 149

　　学习目标 ····························································································· 149
　　学习路径 ····························································································· 149
　　任务描述 ····························································································· 150
　　任务技能 ····························································································· 151
　　　　技能点一　软件包管理 ································································· 151
　　　　技能点二　YUM ·········································································· 163
　　　　技能点三　进程管理与线程控制 ··················································· 166
　　任务实施 ····························································································· 176
　　任务总结 ····························································································· 182
　　英语角 ································································································· 182
　　任务习题 ····························································································· 183

## 项目六　Linux 网络服务 ········································································ 184

　　学习目标 ····························································································· 184
　　学习路径 ····························································································· 184
　　任务描述 ····························································································· 185

任务技能 ·········································································· 186
　　　　技能点一　网络配置 ······················································ 186
　　　　技能点二　SSH 远程服务 ················································ 189
　　　　技能点三　iptables 包过滤系统 ········································· 192
　　　　技能点四　firewalld 防火墙 ············································· 197
　　　　技能点五　SELinux 安全系统 ··········································· 204
　　任务实施 ·········································································· 209
　　任务总结 ·········································································· 213
　　英语角 ············································································· 213
　　任务习题 ·········································································· 214

## 项目七　Shell 编程基础 ···························································· 215

　　学习目标 ·········································································· 215
　　学习路径 ·········································································· 215
　　任务描述 ·········································································· 216
　　任务技能 ·········································································· 217
　　　　技能点一　Shell 介绍 ···················································· 217
　　　　技能点二　Shell 基础 ···················································· 219
　　　　技能点三　Shell 流程控制语句 ········································· 235
　　任务实施 ·········································································· 246
　　任务总结 ·········································································· 248
　　英语角 ············································································· 248
　　任务习题 ·········································································· 249

## 项目八　Shell 编程高级 ···························································· 250

　　学习目标 ·········································································· 250
　　学习路径 ·········································································· 250
　　任务描述 ·········································································· 251
　　任务技能 ·········································································· 252
　　　　技能点一　数组 ··························································· 252
　　　　技能点二　函数 ··························································· 257
　　　　技能点三　正则表达式 ··················································· 267
　　　　技能点四　自动化 ························································· 273
　　　　技能点五　Linux 日志系统 ············································· 275
　　任务实施 ·········································································· 277
　　任务总结 ·········································································· 282
　　英语角 ············································································· 282
　　任务习题 ·········································································· 249

## 附　录 ················································································· 284

# 项目一 Linux 系统介绍与安装

通过对 Linux 系统的安装,熟悉其安装步骤和流程,熟悉 Linux 的内核基本特点,了解 Linux 系统在各领域的发展,掌握 Linux 界面类型,具有模拟真机安装并配置 Linux 系统的能力。在任务实施过程中:

- 了解 Linux 的概念与组成;
- 熟悉 Linux 的应用;
- 具有模拟真机安装并配置 Linux 系统的能力。

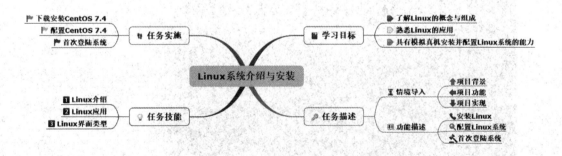

**【情境导入】**

在 IT 产业发展的过程中，Linux 系统凭借其优良的特性逐步走进开发者和普通用户视线，在使用 Linux 系统之前需要先了解 Linux 系统的一些基本特性以及安装 Linux 系统。IT 产业中被广泛使用主要是由于在 Linux 安装完成后可通过字符界面使用命令操控系统。本次任务通过对 Linux 的介绍以及应用，最终安装完成 Linux 系统。

**【功能描述】**

- 安装 Linux 系统；
- 配置 Linux 系统；
- 首次登录系统。

**【效果展示】**

通过对本项目的学习，模拟真机安装并配置 CentOS 7.4，安装后的效果如图 1-1 所示。

图 1-1  安装并配置 CentOS 7.4 最终效果图

# 技能点一　Linux 介绍

## 1　Linux 简介

　　Linux 是一款多用户多任务、支持多线程与多 CPU 的操作系统,它是 UNIX 操作系统的克隆版。1991 年,林纳斯•托瓦兹正式对外宣布 Linux 内核的诞生,1994 年发表 Linux 正式核心 1.0 的时候,大家要托瓦兹想一只吉祥物,他想起曾经在澳大利亚的一个动物园里被企鹅咬过,所以就以企鹅来当吉祥物。而更容易被接受的说法是:企鹅代表南极,而南极又是全世界共有的一块陆地,不属于任何国家,也就是说 Linux 不属于任何商业公司,是全人类都可以分享的一项技术成果。Linux 标志如图 1-2 所示。

图 1-2　Linux 标志

## 2　Linux 发展史

　　Linux 操作系统的诞生、发展和成长过程依赖五个重要支柱:UNIX 操作系统、MINIX 操作系统、GNU 计划、POSIX 标准和 Internet 网络。其具体发展史如表 1-1 所示。

表 1-1　Linux 发展史

| 年　份 | 事　件 |
| --- | --- |
| 2003 年 12 月 | Linux 2.6.1 发布,开始具有可抢占性,支持调度器,从进入 2.6 之后,每个大版本跨度开发时间大概是 2~3 个月 |
| 2005 年 6 月 | Linux 2.6.12 发布,是社区开始使用 git 进行管理后的第一个大版本 |
| 2006 年 3 月 | Linux 2.6.16 发布,支持 SCHED_BATCH 调度器 |
| 2007 年 4 月 | 预期进入 2.6.22,RSDL 调度器夭折 |
| 2007 年 10 月 | Linux 2.6.23 发布,支持完全公平的调度器(CFS) |

续表

| 年 份 | 事 件 |
| --- | --- |
| 2011年5月 | Linux 2.6.39 发布,跨越了 39 个大版本 |
| 2011年7月 | Linux 3.0(原计划的 2.6.40)发布 |
| 2014年3月 | Linux 3.14 发布,完成 SCHED_DEADLINE 调度策略,支持一种实时任务 |
| 2015年2月 | Linux 3.19 发布 |
| 2015年4月 | Linux 4.0 发布,具有内核热补丁的特性,也就是无须重启系统就能给内核打上补丁 |
| 2015年8月底 | Linux 4.2 发布 |

想了解 Linux 发展起源可通过扫描下方二维码查看。

## 3 Linux 组成

Linux 系统由 Linux 内核、GNU 工具、图形化桌面环境、应用软件这四部分组成。每一部分在 Linux 系统中都有其作用,图 1-3 是 Linux 的基本框架图,用以展示这四个部分是如何协作构成一个完整的 Linux 系统。

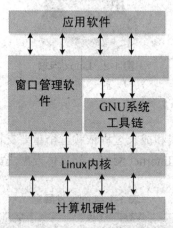

图 1-3 Linux 基本框架图

(1)Linux 内核

Linux 操作系统的核心称之为 Linux 内核。Linux 内核是基于第一层软件的扩展,为操作系统提供最基本的功能。Linux 内核主要负责系统内存管理、软件程序管理、硬件设备管理、文件系统管理。

①内存管理

操作系统内核的主要功能之一就是内存管理。内核不仅可以管理服务器上可用的物理内存,还可以创建和管理虚拟内存。它通过硬盘上的存储空间实现虚拟内存,这块空间称为交换空间(swap space)。内核不断地在交换空间和实际的物理内存之间反复交换虚拟内存中的内容。这使得系统以为它拥有比物理内存更多的可用内存,如图1-4所示。

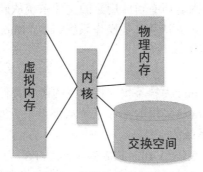

图1-4 虚拟内存内容交换

②软件程序管理

Linux操作系统将运行中的程序称为进程。进程是系统进行资源分配和调度的一个独立单位。进程可以在前台运行,将输出显示在屏幕上,也可以在后台运行。内核控制着Linux系统如何管理运行在系统上的所有进程。内核通过创建init进程(第一个进程)来启动系统上其他进程。当内核启动时,它会将init进程加载到虚拟内存中。内核在启动其他进程时,都会在虚拟内存中给新进程分配一块专有区域来存储该进程用到的数据和代码。

③硬件设备管理

内核的另一职责是管理硬件设备。与Linux系统通信的设备,都需要在内核代码中加入其驱动程序代码。驱动程序代码相当于应用程序和硬件设备的中间人,允许内核与设备之间交换数据。在Linux内核中有两种方式可插入设备驱动代码,分别为将设备驱动码编译到内核和使用可插入内核的设备驱动模块。插入设备驱动代码需要重新编译内核,每次给系统添加新设备,都要重新编译一遍内核代码。随着Linux内核支持的硬件设备越来越多,这个过程的效率越来越低。所以Linux开发人员设计出了一种更好地将驱动代码插入运行中的内核的方法,即内核模块。内核模块允许将驱动代码插入到运行中的内核而无须重新编译内核,而且,当设备不再使用时也可将内核模块从内核中移走。这种方式极大地简化了硬件设备在Linux上的使用。

Linux系统将硬件设备当成特殊的文件,称为设备文件。设备文件如表1-2所示。

表1-2 Linux的设备文件

| 设备文件 | 说明 |
| --- | --- |
| 字符型设备文件 | 处理数据时每次只能处理一个字符的设备。大多数类型的调制解调器和终端都是为字符型设备文件创建的 |
| 块设备文件 | 处理数据时每次能处理大块数据的设备,如硬盘 |
| 网络设备文件 | 数据包发送与接收的设备,包括各种网卡和一个特殊的回环设备。回环设备允许Linux系统使用常见的网络编程协议同自身通信 |

Linux 为系统上的每个设备都创建了一种特殊文件,被称为节点。每个节点都有唯一的数值对应 Linux 内核标识,数值对包括一个主设备号和一个次设备号。其中,相类似的设备被划分到同样的主设备号下,而次设备号用于标识主设备号下的某个特定设备。

Linux 内核在编译时就加入对所有可能用到的文件系统从硬盘中读写数据的支持,除了自有的诸多文件系统外,Linux 还支持从其他操作系统(比如 Microsoft Windows)采用的文件系统中读写数据。

④文件系统管理

不同于其他操作系统,Linux 内核不仅支持自身的诸多文件系统从硬盘中读写数据,还支持其他操作系统(比如 Windows)采用的文件系统从硬盘中读写数据。内核必须在编译时就加入对所有可能用到的文件系统的支持。

Linux 内核采用虚拟文件系统(Virtual File System,VFS)为 Linux 内核与不同类型的文件系统之间的通信提供了一个标准接口。当文件系统都被挂载和使用时,VFS 都会将信息缓存到内存中。

想了解更多的 Linux 内核知识,请扫描下方二维码。

(2)GNU 工具

在创建 Linux 系统内核时,GNU 组织开发了一套完整的 GNU 操作系统工具。由于 Linux 开源软件的理念将 Linux 内核和 GNU 操作系统工具整合起来,产生了一款完整的、功能丰富的免费操作系统。这个免费操作系统由文件处理工具、文本处理工具和进程管理工具组成 GNU coreutils 软件包,该软件包作为 Linux 系统提供服务的核心工具。除 GNU 工具外,Linux 还拥有为用户提供启动程序、管理文件系统中的文件以及运行在 Linux 系统上的进程的一种特殊交互式工具 Shell,Shell 包含了一组内部命令,用这些命令可以完成诸如复制文件、移动文件、重命名文件、显示和终止系统中正运行的程序等操作。当在 Shell 命令行输入程序的名称时,它会将程序名传递给内核以启动该程序。

(3)桌面环境

在 Linux 早期,只有一个简单的 Linux 操作系统文本界面可用。这个文本界面允许系统管理员控制程序的执行和在系统中移动文件等操作。但是,随着 Windows 的普及,用户不再满足于对着文本界面工作,这推动了 Linux 图形化桌面环境的诞生。Linux 有以下几种图形化桌面可供选择。

① X-Window 系统

X-Window 软件是直接和 PC 上的显卡及显示器打交道的底层程序。它控制着 Linux 程序在电脑上显示出窗口和图形。在首次安装 Linux 发行版时,X-Window 会检测显卡和显示器,然后创建一个含有必要信息的 X-Window 配置文件。在安装过程中,会出现安装程序检测显示器,以此来确定所支持的视频模式,由于现在有多种不同类型的显卡和显示器,这个过程需要一段时间来完成。核心的 X-Window 软件由于没有桌面环境供用户操作文件或是开启程序,所以只可以产生图形化显示环境。界面如图1-5所示。

图1-5 X-Window桌面

② KDE桌面

KDE(K Desktop Environment,K桌面环境)于1996年作为开源项目发布,它生成一个类似于Windows的图形化桌面环境,集成了所有Windows用户熟悉的功能。KDE桌面允许把应用程序图标和文件图标放置在桌面的特定位置上,单击应用程序图标,Linux系统会运行该应用程序;单击文件图标,KDE桌面会确定使用哪种应用程序来处理该文件。界面如图1-6所示。

图1-6 KDE桌面

③ GNOME桌面

GNOME(the GNU Network Object Model Environment,GNU网络对象模型环境)于1999年首次发布,现已成为许多Linux发行版默认的桌面环境。尽管GNOME不沿用Windows的标准观感(look-and-feel),但它仍然集成了许多Windows用户习惯的功能,如:一块放置图标的桌面区域、两个面板区域、拖放功能等。以下安装的Linux系统的GNOME桌面,界面如图1-7所示。

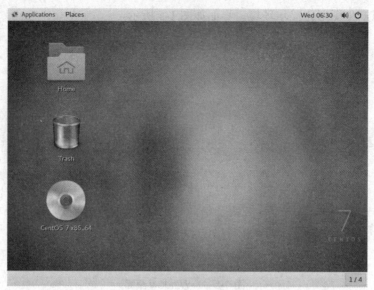

图 1-7　GNOME 桌面

## 4　Linux 内核基本特点

Linux 内核的基本特点有免费、兼容 POSIX 1.0 标准、多用户多任务与良好的界面等。

（1）免费

Linux 是一款免费的操作系统，用户可以通过网络或其他途径免费获得 Linux 系统。正是由于这一点，来自全世界的无数程序员可以根据自己的兴趣和灵感参与 Linux 系统的修改、编写工作，这让 Linux 吸收了无数程序员的精华，从而不断壮大。

（2）兼容 POSIX 1.0 标准

POSIX，全称为可移植性操作系统接口，是一种关于信息技术的 IEEE 标准。它包括了系统应用程序接口（简称 API）以及实时扩展（C 语言）。该标准的目的是定义标准的基于 UNIX 操作系统的系统接口和环境用于支持源代码级的可移植性。换句话说，一个 POSIX 兼容的操作系统编写的程序，可以在任何其他 POSIX 操作系统（即使是来自另一个厂商）上编译执行。

由于 Linux 是 UNIX 操作系统的克隆版且兼容 POSIX 1.0 标准，这使得在 Linux 下可以通过相应的模拟器运行常见的 DOS、Windows 的程序。这为用户从 Windows 转到 Linux 奠定了基础，也使得在 Windows 中常见的程序可以在 Linux 中运行。

（3）多用户多任务

多用户多任务是很多用户操作同一个系统，但并不是所有的用户都使用同一个服务。比如在一个 Linux 操作系统中，在同一时刻，多个用户在使用操作系统，例如，用户 A 在浏览网页，用户 B 在访问 MySQL，用户 C 在编写文档，用户 D 在编写代码，不同的用户完成的工作也都不一样。具体实现如图 1-8 所示。

多用户多任务并不是大家同时在一台机器的键盘和显示器上操作机器，多用户可能通过远程登录来进行，比如对服务器的远程控制，任何有权限的人都可以操作或访问。

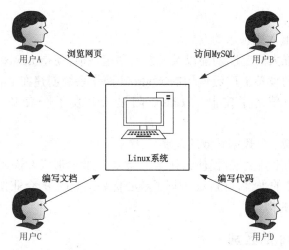

图 1-8　多用户多任务

（4）良好的界面

Linux 具有字符界面和图形界面。在字符界面用户可以通过键盘输入相应的指令来进行操作。它的图形界面类似于 Windows 图形界面的 X-Window 视窗系统，用户可以使用鼠标对其进行操作，也可以说是一个 Linux 版的 Windows 界面。

（5）支持多种平台

Linux 可以运行在支持具有 x86、680x0、SPARC、Alpha 等架构的处理器的平台上。由于 Linux 是一种嵌入式操作系统，所以可以运行在掌上电脑、机顶盒或游戏机上。2001 年 1 月发布的 Linux 2.4 版内核已经能够完全支持 Intel 64 位芯片架构。Linux 也支持用以提升系统性能的多处理器技术。

## 技能点二　Linux 应用

### 1　Linux 在各领域的发展

过去的几年中，Linux 系统在服务器领域、桌面领域、移动嵌入式领域、云计算/大数据领域的发展越来越好。

（1）Linux 在服务器领域的发展

随着开源软件在世界范围内的影响力日益增强，Linux 在服务器领域已经占据 75% 的市场份额，引起全球 IT 产业的高度关注，形成了大规模市场应用的局面，以强劲的势头成为服务器操作系统领域中的中坚力量，尤其是在政府、金融、农业、交通、电信等国家关键领域。

（2）Linux 在桌面领域的发展

近年来，Linux 桌面操作系统的发展趋势非常迅猛。许多软件厂商都推出了 Linux 桌面操作系统，特别是 Ubuntu Linux，已经积累了大量社区用户。但是，从系统易用性、系统管理、软硬件兼容性、软件的丰富程度等方面来看，Linux 桌面系统与 Windows 系列相比还有一定的差距。

（3）Linux 在移动嵌入式领域的发展

Linux 的低成本、强大的定制功能以及良好的移植性能，使得 Linux 在嵌入式系统方面也得到广泛应用。在移动设备上广泛使用的 Android 操作系统创建在 Linux 内核上；思科在网络防火墙和路由器中使用了定制的 Linux；阿里云开发了一套基于 Linux 的操作系统"YunOS"等。

（4）Linux 在云计算/大数据领域的发展

随着互联网产业的迅猛发展，促使云计算、大数据产业的形成并快速发展，云计算、大数据作为一个基于开源软件的平台，Linux 占据了核心优势。86% 的企业使用 Linux 操作系统进行云计算、大数据平台的构建。

## 2  Linux 与 Windows 的区别

生活中常用的系统是 Windows 系统，在学习 Linux 系统时，需要区分开 Linux 系统与 Windows 系统，区别如表 1-3 所示。

表 1-3  Linux 与 Windows 的对比

| 比较项 | Linux 系统 | Windows 系统 |
| --- | --- | --- |
| 费用 | 不收费 | 收费 |
| 软件与支持 | Linux 相对 Windows 可用资源较少 | 能够支持市面上 99% 的程序 |
| 安全性 | Linux 用户量少，受关注少，病毒少 | 用户量多，受关注多，病毒多 |
| 开源 | 对外开放软件源代码 | 不对外开放源代码 |
| 使用习惯 | 字符模式运行的更好，图形界面只是附带品，可有可无 | Windows 放弃了 DOS 的字符模式，主攻图形界面，让桌面系统更易用 |
| 技术支持 | 学习成本相对于 Windows 较高 | 学习成本低且使用率较高 |

## 3  Linux 常见发行版

Linux 有很多发行版，例如 Red Hat Linux、Debian、Ubuntu、CentOS 系列等。

（1）Red Hat Linux

1994 年 11 月 3 日 Red Hat Linux 1.0 发布，该版本是 Red Hat 最早发行的个人版 Linux。Red Hat Linux 9.0 发布后 Red Hat 公司就不再开发桌面版的 Linux，而集中精力开发服务器版 Linux，即 Red Hat Enterprise Linux。2004 年，Red Hat Linux 正式完结。由于 Red Hat Linux 不再更新，所以不推荐使用。Red Hat 图标如图 1-9 所示。

（2）Debian

Debian 既是一个致力于创建自由操作系统的合作组织的名称，也是该组织开发的 Linux 系统的名称，以下用 Debian 指代该组织开发的 Linux 系统。Debian 图标如图 1-10 所示。由于 Debian 开发者所创建的操作系统中绝大部分基础工具来源于 GNU 工程，且 Debian 的项目众多内核分支中以 Linux 内核为主，因此 Debian 常指 Debian GNU/Linux。

图 1-9　Red Hat 图标

Debian 的发行及其软件源有三个分支：稳定分支（stable）、测试分支（testing）、不稳定分支（unstable）。目前的稳定分支为 wheezy，测试分支为 Jessie，而不稳定分支一直为 sid。到目前为止 Debian 所有开发代号均出自 Pixar 的电影《玩具总动员》。但是，基于 Debian 的系统有许多内核和稳定性问题，尤其是在云计算服务中。

图 1-10　Debian 图标

（3）Ubuntu

Ubuntu 又称友帮拓、优般图或乌班图，其名称来自非洲南部祖鲁语或豪萨语的"ubuntu"，类似于儒家"仁爱"的思想，意思是"人性""我的存在是因为大家的存在"，是非洲传统的一种价值观。Ubuntu 图标如图 1-11 所示。

图 1-11　Ubuntu 图标

Ubuntu 是由专业开发团队 Canonical Ltd 打造的基于 Debian 发行版和 GNOME 桌面环境开发的 Linux 操作系统。但是从 11.04 版起，Ubuntu 发行版放弃了 GNOME 桌面环境，改为

Unity 桌面环境。2013 年 1 月 3 日，Ubuntu 正式发布面向智能手机的移动操作系统。Ubuntu 基于 Linux 的免费开源桌面 PC 操作系统，十分契合英特尔的超极本定位，支持 x86、x64 位和 ppc 架构。2014 年 2 月 20 日，Ubuntu 与国产手机厂商魅族合作推出 Ubuntu 版 MX3。

Ubuntu 的优势有以下几点：
- 版本更新时间间隔较短；
- 具有庞大的社区力量，用户可以方便地从社区获得帮助。
- 对 GNU/Linux 的普及特别是桌面普及做出了巨大贡献，由此使更多人共享开源的成果与精彩。

但是，Ubuntu 的技术支持和更新服务需要付费，在服务器软件生态系统的规模和活力方面稍弱。

（4）CentOS

CentOS，全称 Community Enterprise Operating System，即社区企业操作系统，是一个基于 Red Hat Linux 提供的可自由使用源代码的企业级 Linux 发行版本，其图标如图 1-12 所示。

图 1-12　CentOS 图标

CentOS 由 Red Hat Enterprise Linux 释出的源代码编译而成，且每个版本的 CentOS 都会通过安全更新的方式获得十年支持，新版本的 CentOS 大约每两年发行一次，而每个版本的 CentOS 会定期更新一次，以便支持新的硬件。CentOS 通过这种更新方式来建立一个安全、低维护、稳定、高预测性、高重复性的 Linux 环境。因此有些要求高度稳定性的服务器可以使用 CentOS 替代商业版的 Red Hat Enterprise Linux 使用。CentOS 在 2014 初，加入 Red Hat。加入 Red Hat 后并在原来的基础上做了一些更好的改变，如表 1-4 所示。

表 1-4　CentOS 加入 Red Hat 后的改变

| 保　持 | 改　变 |
| --- | --- |
| 不收费 | 为 Red Hat 工作，不是为 RHEL |
| 赞助内容驱动的网络中心不变 | Red Hat 提供构建系统和初始内容分发资源的赞助 |
| Bug、Issue 和紧急事件处理策略不变 | 一些开发的资源包括源码的获取将更加容易 |
| Red Hat Enterprise Linux 和 CentOS 防火墙依然存在 | 避免了原来和 Red Hat 上一些法律的问题 |

CentOS 的特点如下所示：

● 拥有庞大的网络用户群体，网络 Linux 资源 80% 基于 CentOS 发行版，在学习过程中遇到问题，可以在网络中比较容易地搜索到解决方案。

● 可以轻松找到 CentOS 系列版本与各版本的安装介质。

● 应用范围广，具有典型性和代表性，现在基本所有互联网公司的后台服务器都采用 CentOS 作为操作系统。

● 学习 Linux 时一般也都以 CentOS 为主，方便交流。

● 安装和使用也很简单，不会在装系统中浪费很多时间。所以非常适合初学者入门学习。

本书以 CentOS 7.4 版本为基础学习 Linux。

## 技能点三　Linux 界面类型

### 1 安装界面

在安装 CentOS 时会出现一些选择项，需要知道它们的含义才能做出更好的选择。

（1）Linux 配置

在安装完成 Linux 系统后，开启虚拟机之前，需要配置 Linux 系统的设备，主要有配置内存、配置网络适配器以及配置 CD/DVD。安装完成 Linux 系统后的页面如图 1-13 所示。

内存：它指的是运行内存，内存应选择在 1 GB 左右，最小不小于 512 M，太小的则虚拟机无法运行，最大不超过实体机的物理内存，配置方法如图 1-14 所示。

CD/DVD：它是指要连接的系统的方式，可通过"镜像文件"与"物理驱动"两种方式来连接，配置方法如图 1-15 所示。

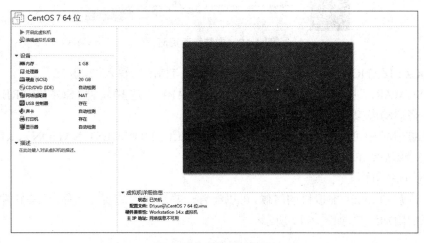

图 1-13　安装完成页面

图 1-14　配置内存　　　　　图 1-15　配置 CD/DVD

（2）安装摘要页面

在第一次启动 Linux 虚拟机的时候需要在安装摘要页面（即：INSTALLATION SUMMARY）中进行配置，通常配置的大体分为 3 条："LOCALIZATION""SOFTWARE""SYSTEM"。安装摘要页面如图 1-16 所示。

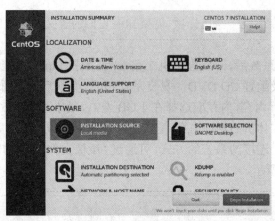

图 1-16　安装摘要页面

在"LOCALIZATION"中可以配置时区（DATE & TIME）、输入法、语言。

在"SOFTWARE"中可以配置安装源（SOFTWARE）、选择软件（SOFTWARE SELECTION）中选择启动虚拟机时安装的软件。

在"SYSTEM"中可以配置安装的目的地（INSTALLATION DESTINATION）、KDUMP（已经启用）、安全策略（SECURITY POLICY）。

（3）软件选择页面

在第一次启动 Linux 虚拟机的时候，可以配置一些启动后需要的软件，这些软件分为基础环境与环境的附加组件，如图 1-17 所示。

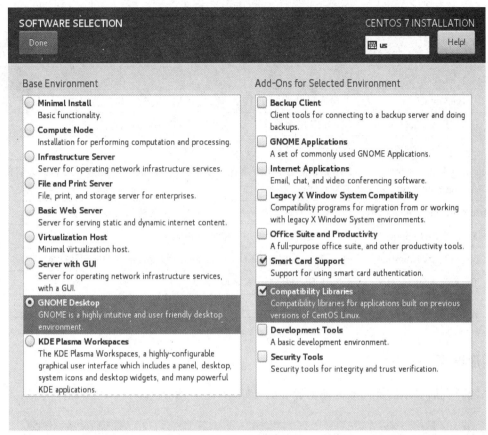

图 1-17 软件选择

左侧为基础环境,可由用户选择所安装的系统均包含哪些基础配置,如是否安装图形化界面等。基础环境介绍如表 1-5 所示。

表 1-5 基础环境

| 基础环境 | 介 绍 |
| --- | --- |
| Minimal Install | 最小化安装,只有最基本的功能,没有图形界面、VNC 远程服务等 |
| Computer Node | 计算机节点,用于执行计算和处理的装置 |
| Infrastructure Server | 基础架构服务器,用于操作网络基础设施服务的服务器 |
| Basic Web Server | 基本 Web 服务器,提供静态和动态互联网内容的服务器 |
| Virtualization Host | 虚拟主机,最小虚拟主机 |
| Server with GUI | GUI 图形用户界面服务器,用 GUI 操作网络基础设施服务的服务器 |
| GNOME Desktop | GNOME 桌面,GNOME 是一个高度直观和用户友好的桌面环境 |
| KDE Plasma Workspaces | KDE 等离子体工作空间,一个高度可配置的图形用户界面,包括面板、桌面、系统图标和桌面小部件,以及许多强大的 KDE 应用程序 |

右侧为选择环境的附加组件,用户可根据不同的需求选择系统中需要配备的组件,能够避

免不必要的内存资源浪费，附加组件介绍如表 1-6 所示。

表 1-6　附加组件

| 附加组件 | 介绍 |
| --- | --- |
| Backup Client | 备份客户机，用于连接到备份服务器并进行备份的客户端工具 |
| GNOME Applications | GNOME 应用程序，一组常用的 GNOME 应用程序 |
| Internet Applications | 互联网应用软件，电子邮件、聊天和视频会议软件 |
| Legacy X Window System Compatibility | X-Window 遗留系统兼容性，从遗留 X-Window 系统环境迁移或兼容的兼容程序 |
| Office Suite and Productivity | 办公套件与生产率，一个全方位的办公套件和其他生产力工具 |
| Smart Card Support | 智能卡支持，支持使用智能的身份验证 |
| Compatibility Libraries | 兼容性库，构建在 CENTOS Linux 的珍贵版本上的应用程序兼容库 |
| Development Tools | 开发工具，基础的开发环境 |
| Security Tools | 安全工具，用于完整性和信任验证的安全工具 |

## 2　图形界面

系统开机后显示的界面即为图形界面的开始，如图 1-18 所示。

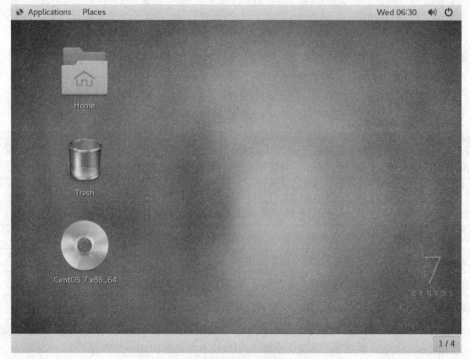

图 1-18　图形界面

Linux 的图形界面与 Windows 相似，同样包括桌面和图标，也是通过鼠标点击来启动程序。Linux 图形界面相当于运行的软件,与底层代码的分界相对明显;而 Windows 很多都是写到内核中的,相对来说集成性高,可读性非常低,代码很多都是编译过的,也不开源。

## 3 字符界面

可通过"Ctrl+Alt+[F2~F6]"从图形界面切换到字符界面,如图 1-19 所示,输入用户名与密码便可登录。

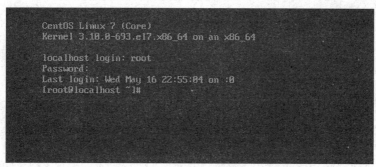

图 1-19 字符界面

进入到字符界面后可通过使用 startx 命令启动图形界面,启动图形界面如示例代码 CORE0101 所示。

| 示例代码 CORE0101 启动图形界面 |
|---|
| [root@master ~]# startx |

为了避免系统重启后会自动启动图形界面,可将 Linux 系统的图形界面永久关闭,重启后生效,永久关闭图形界面如示例代码 CORE0102 所示。

| 示例代码 CORE0102 永久关闭 Linux 图形界面 |
|---|
| [root@master ~]# systemctl set-default multi-user.target　# 永久关闭图形界面 |
| [root@master ~]# reboot　　　　　　　　　　　　# 重启 Linux 系统 |

永久启动图形界面,重启生效,如示例代码 CORE0103 所示。

| 示例代码 CORE0103 永久开启图形界面 |
|---|
| [root@master ~]# systemctl set-default graphical.target　# 永久启动图形界面 |
| [root@master ~]# reboot　　　　　　　　　　　　# 重启 Linux 系统 |

在 Linux 中终端与字符界面其实是一样的,都是通过命令行来操作系统,只是有些机器的字符界面对中文会有乱码,所以建议使用终端。可以在图形界面打开终端,在图形界面鼠标右键,点击"open terminal"即可进入终端,如图 1-20 所示。打开后的终端窗口如图 1-21 所示。

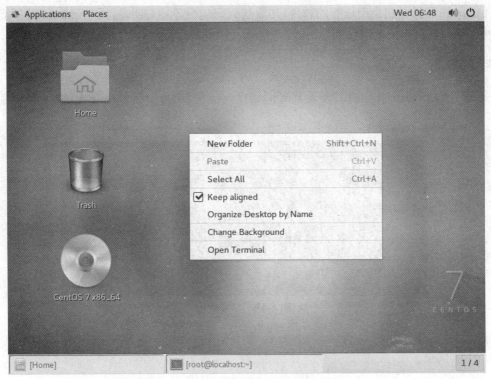

图 1-20 在图形界面中用鼠标右键打开终端

图 1-21 打开后的终端

Linux 大约有 2 600 个命令，每个命令的参数也都各有不同，在使用时当遇到不知道该使用哪个命令的情况下，可通过 man 文件来查看命令的作用。

## 任务实施

通过如下步骤，新建"CentOS 7 64 位"虚拟机，并实现 CentOS 7 的系统安装。

第一步：在新建虚拟机之前需要先下载 VMware WorkStation 工具，用以在 Windows 系统中同时运行 Linux 系统，然后打开 VMware WorkStation，点击新建虚拟机，跳出欢迎使用虚拟机向导（图 1.22），选择"典型"，点击"下一步"。

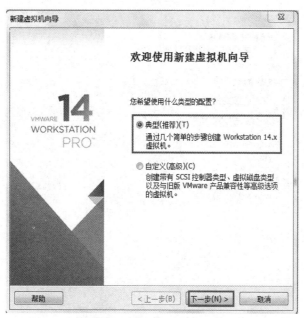

图 1-22　新建虚拟机向导页面

第二步：选择"稍后安装操作系统"，点击"下一步"，如图 1-23 所示。

图 1-23　选择虚拟机安装来源

第三步：选择"Linux（L）"，选择版本号"CentOS 7 64 位"，点击"下一步"，如图 1-24 所示。

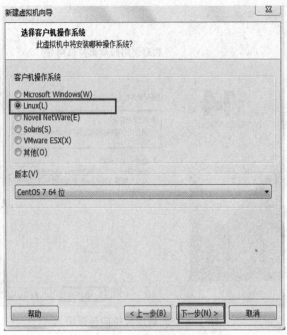

图 1-24　选择操作系统

第四步：为虚拟机命名，选择存放的位置（内存要比较大），点击"下一步"，如图 1-25 所示。

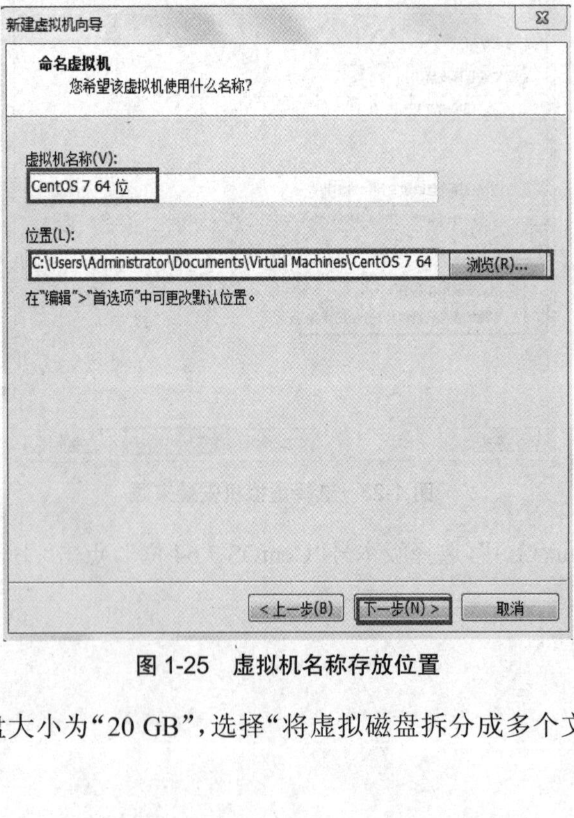

图 1-25　虚拟机名称存放位置

第五步：选择磁盘大小为"20 GB"，选择"将虚拟磁盘拆分成多个文件"，点击"下一步"，如图 1-26 所示。

# 项目一　Linux 系统介绍与安装

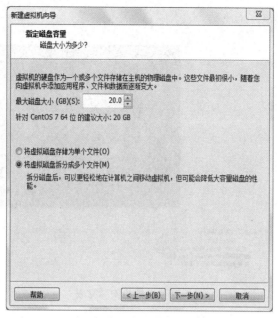

图 1-26　指定磁盘容量

第六步：单击"完成"创建虚拟机，然后可以安装 CentOS 7，如图 1-27 所示。

图 1-27　创建完成

第七步：安装虚拟机完成，如图 1-28 所示。

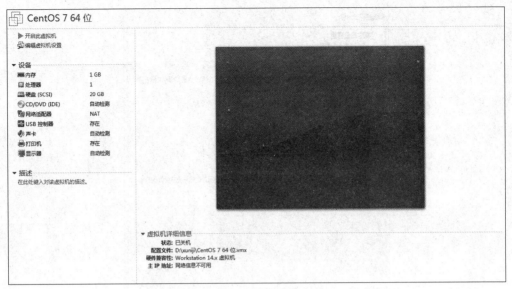

图 1-28　虚拟机安装完成

第八步：配置内存，双击"设备"中的"内存"，选择适当的内存大小（1 GB 以上），点击"确定"，如图 1-29 所示。

图 1-29　配置内存

第九步：双击"网络适配器"，选择"桥接模式"，点击"确定"，如图 1-30 所示。

图 1-30　配置网络适配器

第十步：双击"CD/DVD"，选择"启动时连接"，选择"使用 ISO 映像文件"，点击"确定"，如图 1-31 所示。

图 1-31　配置 CD/DVD

第十一步：点击"开启此虚拟机"，如图 1-32 所示。

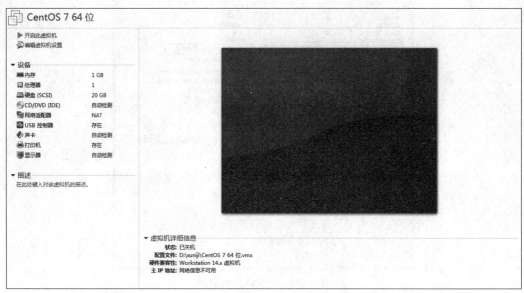

图 1-32　打开虚拟机

第十二步：不做任何操作，等待即可，直到出现选择语言界面，在左面选择语种，右面选择语言类型，由于汉译版有时会存在翻译不准确的情况，所以在安装时左面选择"English"，右面选择"English（United States）"，点击"Continue"，如图 1-33 所示。

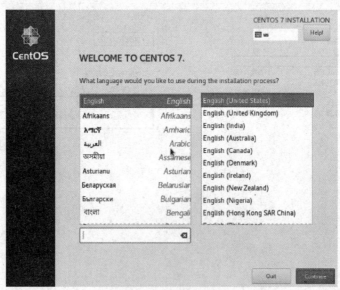

图 1-33　选择语言

第十三步：在"INSTALLATION SUMMARY"页面，点击"DATE & TIME"配置时区，如图 1-34 所示。

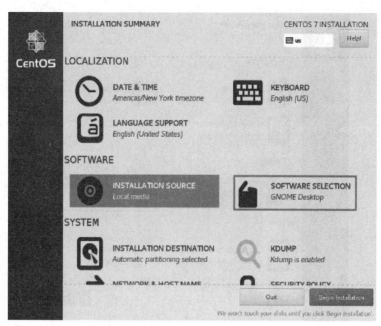

图 1-34 INSTALLATION SUMMARY 页面

第十四步：在"DATE & TIME"页面选择地区为"Asia"，城市为"Shanghai"，点击"Done"，如图 1-35 所示。

图 1-35 设置时区

第十五步：返回"INSTALLATION SUMMARY"页面，点击"SOFTWARE SELECTION"，如图 1-36 所示。

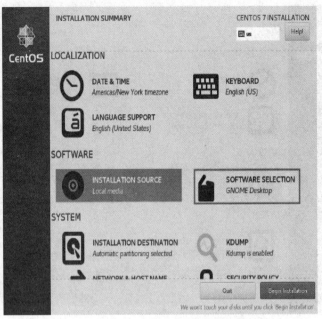

图 1-36　INSTALLATION SUMMARY 页面

第十六步：在"SOFTWARE SELECTION"页面，左面"Base Environment"选择"GNOME Desktop"，右面"Add-Ones for Selected Environment"选择"Smart Card Support"和"Compatibility Libraries"，点击"Done"返回，如图 1-37 所示。

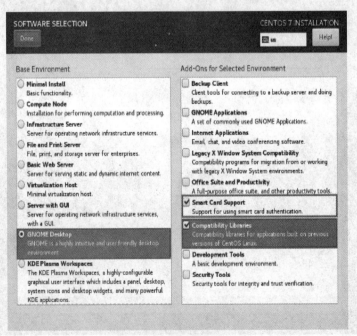

图 1-37　选择基础环境

第十七步：如果"INSTALLATION SUMMARY"页面仍有红色警告，点开之后点击"Done"返回，无须改动其他，如图 1-38 所示。

图 1-38　查看红色警告

第十八步：点击"Begin Installation"开始安装，如图 1-39 所示。

图 1-39　开始安装

第十九步：不做任何操作，等待即可，直到安装完成，如图 1-40 所示的"USER SETTINGS"页面。

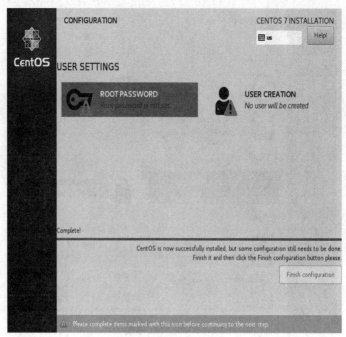

图 1-40　安装完成

第二十步：点击"ROOT PASSWORD"出现如图 1-41 所示的"ROOT PASSWORD"页面。设置 root 密码，然后点击"Done"返回。

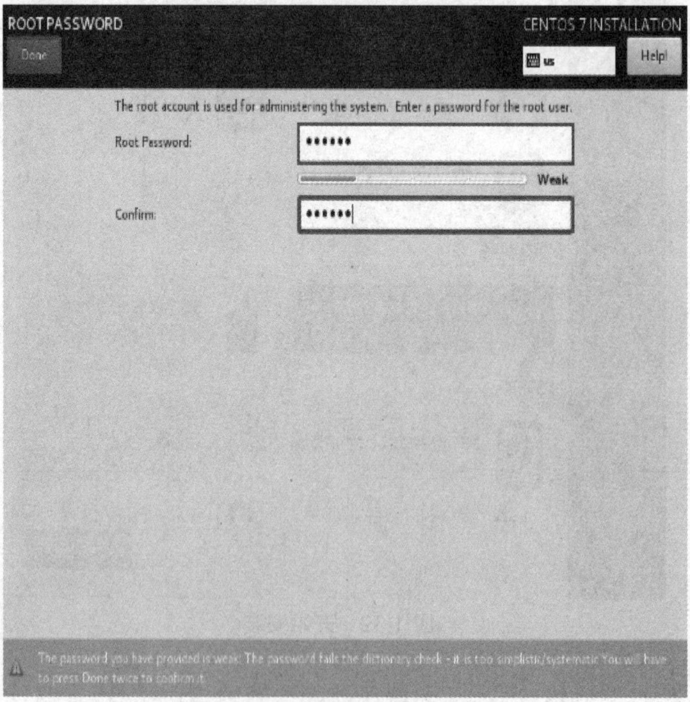

图 1-41　设置 root 密码

第二十一步：在"USER SETTINGS"页面中点击"USER CREATION"，出现如图 1-42 所示

的"CREATE USER"页面，在此设置普通用户和密码，然后点击"Done"返回。

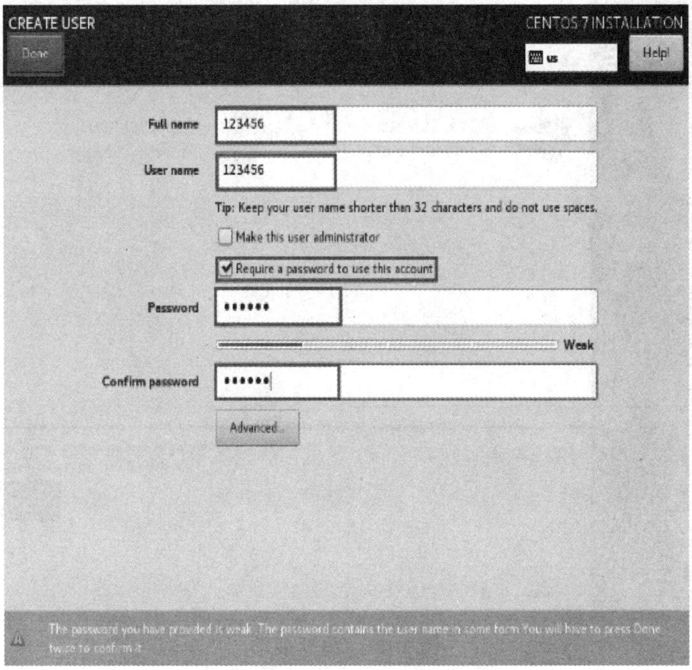

图 1-42　设置普通用户与密码

第二十二步：点击"Finish configuration"，如图 1-43 所示。

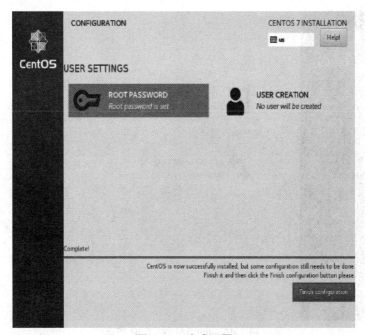

图 1-43　完成配置

第二十三步：点击"Reboot"，如图 1-44 所示。

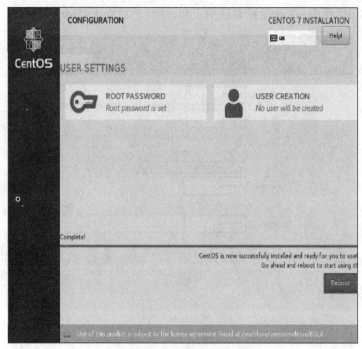

图 1-44 重新启动

第二十四步:不做任何操作,等待即可,直到出现"INITIAL SETUP"页面,点击有警告的模块,如图 1-45 所示。

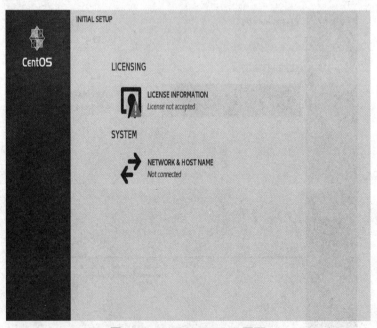

图 1-45 INITIAL SETUP 页面

第二十五步:同意该协议,点击"Done",如图 1-46 所示。

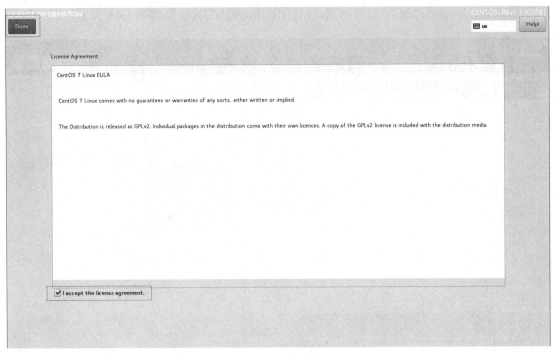

图 1-46　许可协议

第二十六步：在"INITIAL SETUP"页面中点击"NETWORK & HOST NAME"，如图 1-47 所示。

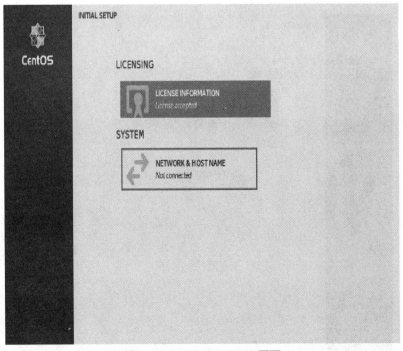

图 1-47　INITIAL SETUP 页面

第二十七步：点击"OFF"打开网络，设置主机名，点击"Done"，如图 1-48 所示。

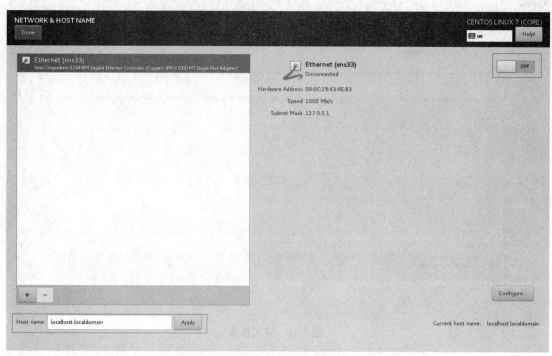

图 1-48　设置网络与主机名

第二十八步：点击左下角"config"，退出当前页面，如图 1-49 所示。

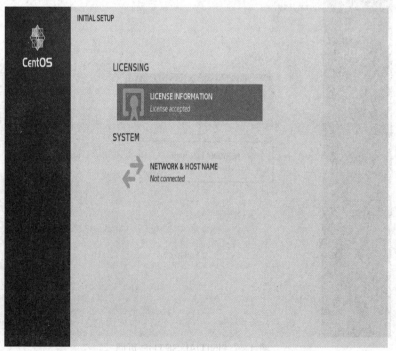

图 1-49　设置完成，退出 INITIAL SETUP 页面

第二十九步：在登录页面中，普通用户登录点击头像，其他用户登录点击"not list"，以其他用户为例，如图 1-50 所示。

图 1-50　登录页面

第三十步：写用户名，如果是 root 用户直接写"root"，点击"Next"，以 root 为例，如图 1-51 所示。

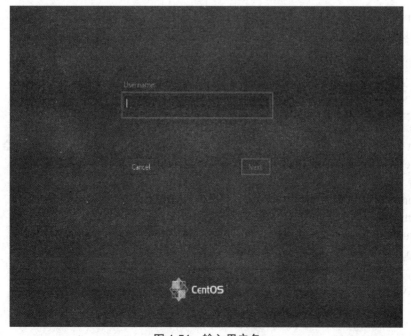

图 1-51　输入用户名

第三十一步：输入用户对应的密码，然后点击"sign in"，如图 1-52 所示。

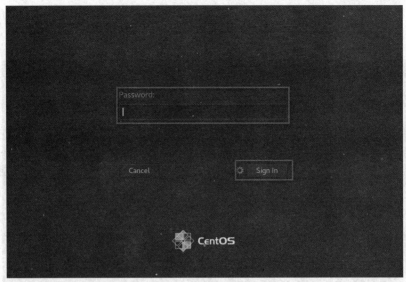

图 1-52 输入密码

第三十二步：出现如图 1-1 所示界面，登录成功。

本项目主要学习了 Linux 系统的安装以及 Linux 的基础知识，重点讲解了 Linux 的内核特点以及 Linux 组成部分。通过对本项目的学习掌握图形界面的启动与关闭方式，并在任务实施过程中掌握 CentOS 7.4 的安装方法。

| | | | |
|---|---|---|---|
| internet | 互联网 | itanium | 安腾处理器 |
| intiative | 激发的 | source | 资源 |
| wheezy | 喘息声 | gnome | 侏儒 |
| community | 社区 | enterprise | 企业 |
| operating | 操作 | workstation | 工作站 |
| infrastructure | 基础设施 | virtualization | 虚拟化 |
| desktop | 桌面 | plasma | 等离子体 |

## 一、选择题

（1）下面哪个不是 Linux 发展史中的重要支柱（　　）。
A. UNIX 操作系统　　　　　　B. POSIX 标准
C. Windows 系统　　　　　　 D. GNU 计划
（2）下面哪个不是 Linux 的基本特点（　　）。
A. 免费　　　　　　　　　　　B. 兼容 POSIX1.0 标准
C. 多用户多任务　　　　　　　D. 不支持多平台
（3）CentOS 是基于以下哪个公司或组织开发的 Linux 发行的（　　）。
A. Red Hat　　　B. Debian　　　C. Canonical Ltd　　　D. Sun
（4）除字符界面外还可以在哪里写 Linux 命令（　　）。
A. 终端　　　　　B. Trash　　　C. Home　　　　　　D. 不能在别的地方写
（5）下面哪个命令可以从 Linux 的图形界面进入到图形界面（　　）。
A. chmod　　　　　　　　　　B. Ctrl+Alt+[F2~F6]
C. startx　　　　　　　　　　 D. su

## 二、简答题

（1）Linux 与 Windows 的区别。
（2）列举 CentOS 的优点。

# 项目二　Linux 文件权限

通过对文件权限的管理,了解用户、用户组、文件与目录的概念,熟悉最小权限,熟悉用户、用户组、文件与目录的命令与操作,掌握对权限的操作。在任务实施过程中:
- 了解用户与用户组关系;
- 熟悉用户与账户区别;
- 掌握用户与用户组的命令与操作;
- 具有控制文件访问权限的能力。

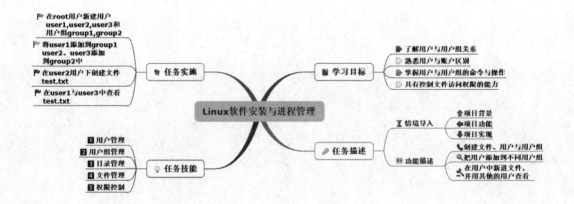

## 任务描述

**【情境导入】**

Linux 操作系统被许多公司广泛使用,为提高公司事务的安全性,需要了解系统中权限的概念,以及对文件权限的操作。由于 Linux 系统是一个多用户多任务的操作系统,在用户操作文件时,如果误删某重要文件,可能会带来不可恢复的损失,为了保障系统文件的安全性,在操作文件时需要约束文件与目录的权限。本次任务通过对权限和文件的讲解,最终完成对文件权限的分配。

**【功能描述】**

- 创建文件、用户与用户组;
- 把用户添加到不同用户组;
- 在用户中新建文件,并用其他的用户查看。

**【效果展示】**

通过对本项目的学习,在 root 用户下新建 3 个用户和 2 个用户组;将其中一个用户添加到一个用户组,另外两个用户添加到另一个用户组中;在含有两个用户的组中选一个用户创建文件,然后通过改变文件权限使同组用户可以操作该文件。具体实现方式如图 2-1 所示。

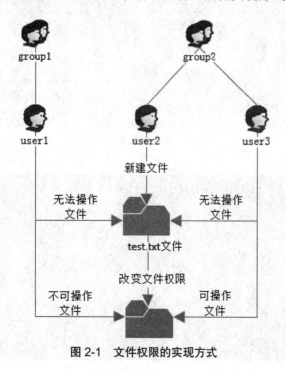

图 2-1 文件权限的实现方式

# 技能点一　用户管理

## 1　用户简介

使用 Linux 系统的某些功能，必须在系统中有一个合法的账号，每个账号都有唯一的用户名以及对应的密码。在进入 Linux 系统时会要求用户输入用户名与密码，界面如图 2-2 和图 2-3 所示。

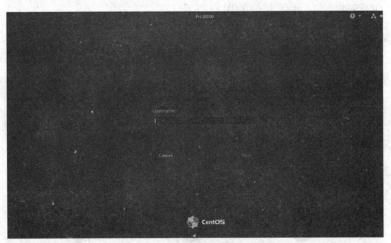

图 2-2　用户登录系统界面图

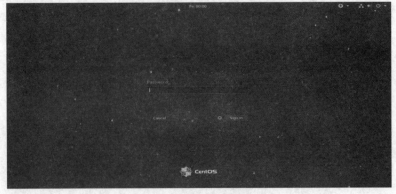

图 2-3　用户输入密码系统界面

用户名和密码键入完成后,点击"sign in"时,Linux 系统并没有按照用户输入的用户名去验证用户信息,而是通过用户名对应的 UID 来验证用户的身份,只有合法用户才可以进入系统。

## 2 用户与 UID

用户名与 UID 在现实生活中类似于人的姓名与身份证号的关系,不同的是 Linux 系统中用户名是不允许重复的。用户名只是方便用户记忆,而机器只能直接识别二进制数字。Linux 系统采用 16 位二进制数来记录和区分不同的用户,换言之,Linux 系统可以记录 65 536($2^{16}$)个不同的用户。像这种用来区分不同用户的数字被称为 User ID,简称 UID,全称为用户标识符。系统会自动记录"用户名"和 UID 的对应关系,并通过用户的 UID 为用户分配权限。

Linux 系统根据用户的 UID 将用户分为 root 用户、系统用户、普通用户,解释如下所示。

- root 用户:也称超级用户,UID 为 0。root 用户可以控制和访问所有文件并使用系统的所有功能。root 用户对系统有完全控制权,可以操作所有文件。
- 系统用户:系统用户由 Linux 自动创建,负责在 Linux 启动时管理执行文件。系统用户的 UID 范围是 1~999。
- 普通用户:所有使用 Linux 系统的真实用户,可以使用用户名和密码登录系统,系统默认用户 UID 从 1 000 开始编号,每添加一个用户 UID 自动加 1。普通用户只能操作自己目录、系统临时目录和经过目录所有者授权的目录。

## 3 用户信息存储

在创建用户时系统会把用户的相关信息与密码的相关信息分别存放在"/etc"目录的 passwd 文件和 shadow 文件中。

（1）passwd 文件

passwd 文件用于存储用户信息,使用"cat /etc/passwd"命令查看其内容如图 2-4 所示。

```
saslauth:x:996:76:Saslauthd user:/run/saslauthd:/sbin/nologin
rtkit:x:172:172:RealtimeKit:/proc:/sbin/nologin
chrony:x:995:993::/var/lib/chrony:/sbin/nologin
rpcuser:x:29:29:RPC Service User:/var/lib/nfs:/sbin/nologin
nfsnobody:x:65534:65534:Anonymous NFS User:/var/lib/nfs:/sbin/nologin
ntp:x:38:38::/etc/ntp:/sbin/nologin
tss:x:59:59:Account used by the trousers package to sandbox the tcsd daemon:/dev/null:/sbin/nologin
```

图 2-4 passwd 文件

passwd 文件中信息的存储格式是以":"分开的 7 列,其格式如下。

> 用户名:密码:UID:GID:说明栏:home(家目录):Shell

以 chrony 用户为例,其中每列所代表的含义如表 2-1 所示。

表 2-1  passwd 文件中各列含义

| 含 义 | 说 明 | 示例 |
|---|---|---|
| 用户名 | UID 的字符串标记方式 | chrony |
| 密码 | 用 x 来隐藏 | x |
| UID | 用来区分不同用户的整数 | 995 |
| GID | 用来区分不同用户组的整数 | 993 |
| 说明栏 | 类似于"注释",如今已不使用 | |
| 家目录 | 用户登录后所处的目录,即用户家目录 | /var/lib/chrony |
| Shell | 如果用户登录成功,则要执行的命令的绝对路径放在这一区域中,它可以是任何命令 | /sbin/nologin |

(2) shadow 文件

shadow 文件用于存储用户密码相关信息,使用"cat /etc/shadow"命令查看其内容如图 2-5 所示。

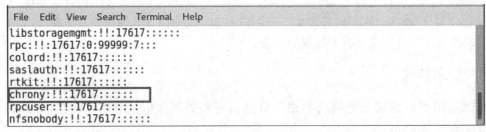

图 2-5  shadow 文件

shadow 文件中信息的存储格式是以":"分开的 9 列,其格式如下。

> 用户名:密码:密码最近修改日:密码的不可修改的天数:密码重新修改的天数:密码失效前提前警告的天数:密码失效宽限天数:账号失效日期:保留字段

还以 chrony 用户为例,其中每列所代表的含义如表 2-2 所示。

表 2-2  shadow 文件中各列含义

| 含 义 | 说 明 | 示例 |
|---|---|---|
| 用户名 | UID 的字符串标记方式,方便阅读 | chrony |
| 密码 | 经过加密后的密码 | !! |
| 密码最近修改日 | 最近一次修改密码的日期距离 1970 年 1 月 1 日的天数 | 17617 |
| 密码的不可修改的天数 | 修改密码后,不可修改密码的天数 | |
| 密码重新修改的天数 | 在一定时间后提醒用户修改密码 | |
| 密码失效前提前警告的天数 | 设定密码到期前几天内开始提醒用户修改密码 | |

续表

| 含义 | 说明 | 示例 |
|---|---|---|
| 密码失效宽限天数 | 如果密码到期,过了几天后将会失效,无法登录 | |
| 账号失效日期 | 一般为空 | |
| 保留字段 | 暂时没有使用 | |

## 4 用户操作

Linux 系统中 root 用户可以对普通用户进行一系列操作,如添加用户、删除用户、修改用户、用户密码管理、查看用户、切换用户等。

(1)添加用户

使用"useradd"命令添加新用户,可使用"useradd --help"命令查看其说明,基本格式如下所示。

```
useradd --help
用法:useradd [ 选项 ]
```

添加用户命令常用选项如表 2-3 所示。

表 2-3 添加用户命令常用选项

| 选项 | 说明 |
|---|---|
| -c comment | 创建新用户并为该用户添加描述 |
| -d 目录 | 指定用户所属目录,如没有目录会直接创建 |
| -g 用户组 | 创建新用户并指定用户组 |
| -G 用户组 | 创建新用户并指定用户的附加用户组 |
| -s Shell 文件 | 创建新用户并指定用户登录的 Shell |
| -u 用户号 | 创建新用户并指定用户的用户号 |

使用"useradd"命令新建用户,如示例代码 CORE0201 所示。

```
示例代码 CORE0201 新建用户
# 创建一个描述为 testuser、名称为 user1 的用户
[root@master ~]# useradd -c testuser user1
# 创建一个所属目录为 /usr/user2、名为 user2 的用户
[root@master ~]# useradd -d /usr/user2 user2
# 创建一个名为 user3 的用户并设置用户组为 root
[root@master ~]# useradd -g root user3
```

执行结果可通过"cat /etc/passwd"命令查看，结果如图 2-6 所示。

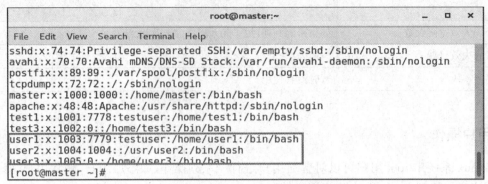

图 2-6　创建用户命令执行结果

（2）删除用户

如果要删除用户，可以使用"userdel"命令，可使用"userdel --help"命令查看其说明，基本格式如下所示。

| userdel --help |
| --- |
| 用法：userdel [ 选项 ] |

删除用户命令的常用选项，如表 2-4 所示。

表 2-4　删除用户命令常用选项

| 选　项 | 说　明 |
| --- | --- |
| -r | 删除用户并删除其主目录 |
| -f | 强制删除用户，即使用户当前已登录 |

使用"userdel"命令删除用户，如示例代码 CORE0202 所示。

| 示例代码 CORE0202 删除用户 |
| --- |
| # 删除用户 user1<br>[root@master ~]# userdel user1 |

执行结果可通过"cat /etc/passwd"命令查看，结果如图 2-7 所示创建的用户 user1 已经被移除。

项目二　Linux 文件权限　43

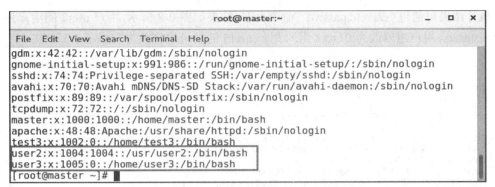

图 2-7　删除用户命令执行结果

（3）修改用户

修改已经创建的用户，需要用到修改用户命令"usermod"，可使用"usermod--help"命令查看其说明，基本格式如下所示。

| usermod --help |
| --- |
| 用法：usermod [ 选项 ] |

修改用户命令常用选项如表 2-5 所示。

表 2-5　修改用户命令常用选项

| 选　　项 | 说　　明 |
| --- | --- |
| -c comment | 修改用户说明 |
| -d 目录 | 修改用户所属目录，如没有该目录会直接创建 |
| -g 用户组 | 修改用户所属用户组 |
| -G 用户组 | 修改用户附加用户组 |
| -s Shell | 修改用户登录的 Shell 命令 |
| -u 用户号 | 修改用户原有用户号 |
| -l 用户名 | 修改用户原有的用户名，并指定一个新用户名 |

使用"usermod"命令修改用户，如示例代码 CORE0203 所示。

| 示例代码 CORE0203　修改用户 |
| --- |
| # 修改 user2 用户的用户说明 |
| [root@master ~]# usermod -c testusers user2 |
| # 修改 user3 用户的用户目录 |
| [root@master ~]# usermod -d /usr/user3 user3 |
| # 修改 user2 用户的所属用户组 |
| [root@master ~]# usermod -g root user2 |

执行结果可通过"cat /etc/passwd"命令查看,结果如图 2-8 所示,用户 user2 的用户说明修改为 testusers,用户组修改为 0(root 组),用户 user3 的目录也修改为"/usr/user3"。

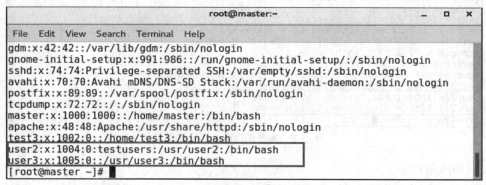

图 2-8　修改用户命令执行结果

(4)用户密码管理

在创建新用户之后,用户没有密码,可以为其设置密码。修改密码的权限是有限制的,root 用户(超级用户/系统管理员)可以更改自己和其他任何用户的密码,而普通用户只能更改自己的用户密码。

用户密码管理命令为"passwd",可使用"passwd --help"命令查看其说明,格式如下所示。

> passwd --help
> 用法 : passwd [ 选项 ...] < 账号名称 >

密码管理命令的常用选项,如表 2-6 所示。

表 2-6　密码管理命令常用选项

| 选项 | 说明 |
| --- | --- |
| 为空 | 修改用户的密码 |
| -l | 锁定密码(禁用账号) |
| -u | 解锁密码(启用被禁用的账号) |
| -d | 使账号无密码 |
| -f | 使用户下次登录此账号时修改密码 |

普通用户和 root(超级用户)修改密码的区别如下。

● 普通用户修改自己的用户密码时,Linux 会先询问原来的密码,验证通过后,才会让用户输入新的密码,并让用户确认密码,以防用户出错。

● 超级用户修改密码时,Linux 系统不会询问原先的用户密码,直接可以更改用户的密码,但是依然会需要重复输入密码,以防超级用户出错。

使用 passwd 命令修改用户密码,如示例代码 CORE0204 所示。

示例代码 CORE0204 修改用户密码

\# 修改 user2 用户的密码
[root@master ~]# passwd user2
\# 锁定 user3 用户
[root@master ~]# passwd -l user3

修改 user2、user3 密码过程如图 2-9 所示。

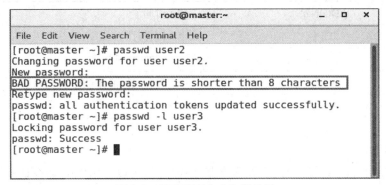

图 2-9 修改密码命令执行结果

图 2-9 中，被标记的部分是 Linux 系统提示密码安全性较低，密码位数低于 8 位。虽然最后可以修改成功，但是建议用户在设定密码时设定一些自己容易记忆且安全性较高的密码。

（5）查看用户

查看用户命令共有三个，如表 2-7 所示。

表 2-7 查看用户命令

| 命 令 | 说 明 |
| --- | --- |
| users | 查看系统当前登录用户 |
| who | 查看 root（超级用户）通过哪一个终端登录 Linux 系统 |
| w | 同 who 命令相似，可以查看更为详细的信息 |

"users""who""w"命令执行结果如图 2-10 所示。

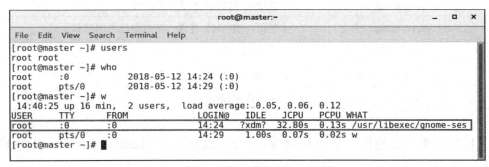

图 2-10 查看用户命令执行结果

由图中被标记的地方可知,"w"命令执行结果每一列的信息如表 2-8 所示。

表 2-8 "w"命令执行结果各列含义

| 列 名 | 含 义 |
| --- | --- |
| USER | 用户 |
| TTY | 登录终端 |
| FROM | 登录来源 |
| LOGIN@ | 登录时间 |
| IDLE | 用户闲置时间 |
| JCPU | 消耗 CPU 时间总量 |
| PCPU | 当前运行进程消耗 CPU 时间总量 |
| WHAT | 当前运行进程 |

(6) 切换用户

在用户使用 Linux 系统,而没有权限做某些操作时,可以使用"su"命令切换用户。切换用户时事先要知道该用户的密码。

"su"命令切换用户的格式如下所示。

```
su --help
用法:
 su [ 选项 1 ] [-] [USER [ARG]...]
```

常用选项 1 如表 2-9 所示。

表 2-9 切换用户命令选项 1 常用选项

| 选 项 | 说 明 |
| --- | --- |
| -m 或 -p 或 --preserve-environment | 切换身份时不改变环境变量 |
| -G 或 --supp-group〈组〉 | 指定一个辅助组 |
| -l 或 --login | 使 Shell 成为登录 Shell |
| -c 或 --command〈命令〉 | 使用 -c 向 Shell 传递一条命令 |
| --session-command〈命令〉 | 使用 -c 向 Shell 传递一条命令而不创建新会话 |
| -f 或 --fast | 向 Shell 传递 -f 选项(csh 或 tcsh) |
| -s 或 --shell〈shell〉 | 若 /etc/shells 允许,则运行 Shell |
| ARG | 传入新 Shell 参数 |

使用"su"命令切换用户后可使用"exit"命令退出当前 Shell,如示例代码 CORE0205 所示。

示例代码 CORE0205 切换用户

[root@master ~]# su user2
[user2@master root]$ su root
#root 用户密码
Password:
# 切换回 root 用户
[root@master ~]# su user2
[user2@master root]$ exit
exit
[root@master ~]#

## 技能点二　用户组管理

### 1　用户组简介

用户组（group）是具有相同特征的用户（user）的集合体。例如：在开发时需要多个用户对同一文件具有相同的权限时，需要用户组。把用户定义到同一用户组，通过修改文件或目录的属性，让用户组有操作文件或目录的权限，这样同组中的用户对该文件或目录都具有该权限。

用户和用户组的对应关系可为：一对一、多对一、一对多或多对多。

- 一对一：一个用户可以是一个用户组的唯一的成员，如图 2-11 所示。

图 2-11　一对一关系

- 多对一：多个用户可以是一个用户组唯一的成员，不归属其他用户组，如图 2-12 所示。

图 2-12　多对一关系

- 一对多：一个用户可以是多个用户组的成员，如图 2-13 所示。

图 2-13 一对多关系

- 多对多:多个用户对应多个用户组,并且多个用户可以是相同用户组的成员,如图 2-14 所示。

图 2-14 多对多关系

## 2 用户组与 GID

和用户一样,用户组也是用数字来区分的,用于区分不同用户组的数字被称为 Group ID,即 GID。在 Linux 下每个用户都至少属于一个组。例如:以人作为标识,每个人都有家,人相当于 UID,家相当于 GID。每个人除了属于他父母的家庭,也属于他自己的家庭和他爷爷奶奶的家庭。也就是说,每个 UID 至少属于一个 GID,也可以同时属于多个 GID。Linux 系统中用户组与用户一样也是采用 16 位二进制数来区分不同的用户组,可以记录 65 536 个不同的用户组,系统会自动记录用户组与 GID 的对应关系。

同用户一样,用户组按 GID 分为管理员组、系统组、普通组,如表 2-10 所示。

表 2-10 用户组分类(按 GID 分类)

| 用户组分类 | 说 明 |
| --- | --- |
| 管理员组 | root 用户的管理组,GID 为 0 |
| 系统组 | 系统用户的集合体,GID 范围为 1~999 |
| 普通组 | 普通用户分的不同组的集合统称为普通组,GID 范围为 1 000+,每新建一个用户组 GID 加 1 |

而按用户所属关系分类时,用户组分为基本组与附加组,如表 2-11 所示。

表 2-11 用户组分类(按用户所属关系分类)

| 用户组分类 | 说 明 |
| --- | --- |
| 基本组 | 用户建立或登录时的默认组 |
| 附加组 | 用户所属的除基本组以外的组 |

## 3 用户组信息存储

在创建用户组时系统会把用户组的相关信息与密码的相关信息分别存放在"/etc"目录的 group 和 gshadow 文件中。

（1）group 文件

group 文件用于存储用户组相关信息，其内容如图 2-15 所示。

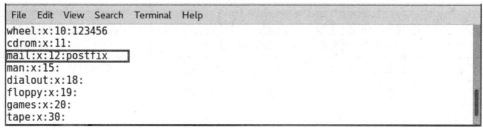

图 2-15　group 文件

group 文件中信息的存储格式是以":"分开的 4 列，其格式如下。

组名：密码：GID：组内用户列表

每列含义如表 2-12 所示。

表 2-12　group 文件中名列含义

| 含　义 | 含义说明 | 示例 |
| --- | --- | --- |
| 组名 | 是用户组的名称，由字母或数字构成 | mail |
| 密码 | 用户组密码，可以为空的或!，如果是空的或有!，表示没有密码，一般用 x 隐藏密码 | x |
| GID | 如果有多个用户组管理者，用","号分割 | 12 |
| 组内用户列表 | 可以为空，如果有多个成员，用","号分割 | postfix |

（2）gshadow 文件

gshadow 文件用于存储密码的相关信息，其内容如图 2-16 所示。

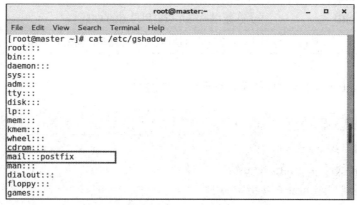

图 2-16　gshadow 文件

gshadow 文件中信息的存储格式是以":"分开的 4 列,其格式如下。

> 组名:密码:组管理者:组内用户列表

gshadow 每列含义如表 2-13 所示。

表 2-13 gshadow 文件

| 含 义 | 含义说明 | 示例 |
| --- | --- | --- |
| 组名 | 是用户组的名称,由字母或数字构成 | mail |
| 密码 | 用户组密码,这个段可以是空的或 !,如果是空或有 !,表示没有密码 | |
| 组管理者 | 这个字段可为空,如果有多个用户组管理者,用","号分割 | |
| 组内用户列表 | 可以为空,如果有多个成员,用","分割 | postfix |

## 4 用户组操作

Linux 系统中可以对用户组进行一系列操作,如添加用户组、删除用户组、修改用户组等。

(1)添加用户组

当新建一个用户而没有指定用户组时系统会自动创建一个与用户名称相同的用户组,当想要手动增加用户组时需要使用"groupadd"命令,可使用"groupadd --help"命令查看其说明,其命令格式如下所示。

> groupadd --help
> 用法:groupadd [ 选项 ] 组

增加用户组命令的常用选项如表 2-14 所示。

表 2-14 添加用户组命令常用选项

| 选 项 | 说 明 |
| --- | --- |
| 为空 | 创建指定用户组 |
| -g GID | 创建新用户组并指定用户组的 GID |
| -o | 与 -g 选项同时使用,表示可以和已有的用户组同时使用一个 GID |

使用 groupadd 命令新建组,如示例代码 CORE0206 所示。

> 示例代码 CORE0206 新建用户组
> # 创建用户组 user1
> [root@master ~]# groupadd user1
> # 创建新用户组 user0,并指定 GID
> [root@master ~]# groupadd -g 9999 user0

执行结果可通过"cat /etc/group"命令查看,结果如图 2-17 所示,user1 用户组被创建,user0 用户组被创建并指定了 GID。

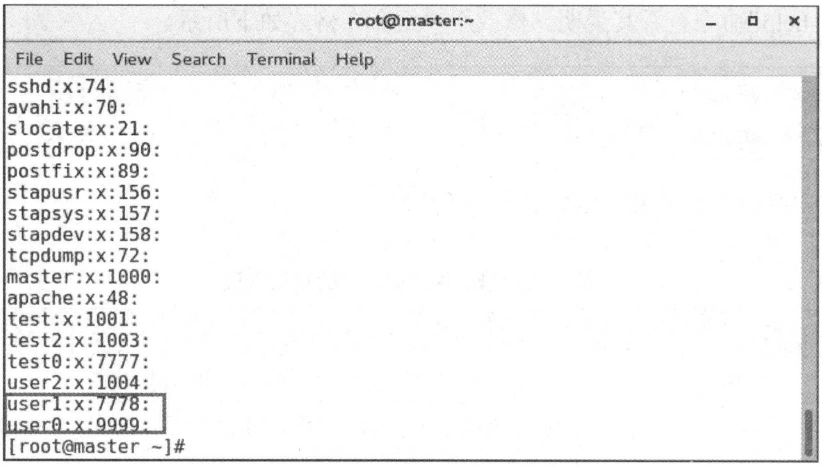

图 2-17　创建用户组命令执行结果

（2）删除用户组

对于已经不需要的用户组,可以使用删除用户组命令"groupdel",可使用"groupdel --help"命令查看其说明。删除用户组格式如下所示。

```
groupdel --help
用法：groupdel [ 选项 ] 组
```

使用"groupdel"命令删除组,如示例代码 CORE0207 所示。

```
示例代码 CORE0207 删除用户组
# 删除 user1 用户组
[root@master ~]# groupdel user1
```

执行结果可通过"cat /etc/group"命令查看,结果如图 2-18 所示,user1 用户组已被删除。

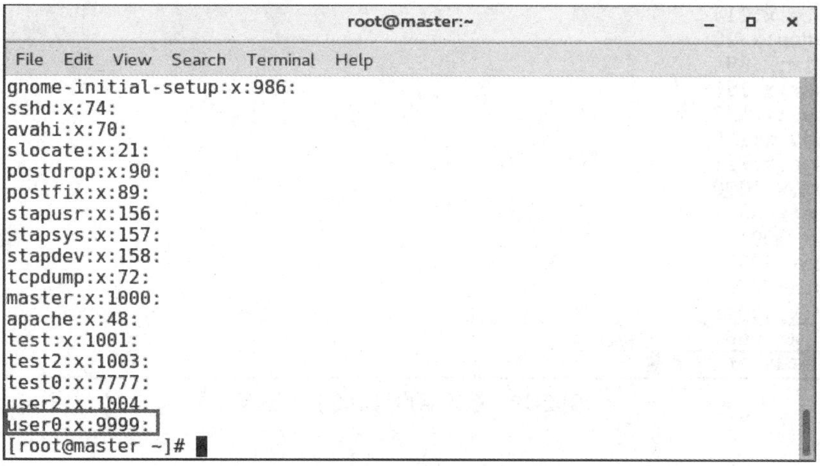

图 2-18　删除用户组命令执行结果

(3)修改用户组

如果需要对用户组做属性上的修改时，可以使用修改用户组命令“groupmod”，可使用“groupmod--help”命令查看其说明。修改用户组命令格式如下所示。

```
groupmod --help
用法: groupmod [ 选项 ] 组
```

修改用户组命令的常用选项如表 2-15 所示。

表 2-15　修改用户组命令的常用选项

| 选　项 | 说　明 |
|---|---|
| -g GID | 修改用户组的 GID，为用户组重新指派标识符 |
| -o | 与 -g 同时使用，表示可以已有的用户组同时使用一个 GID |
| -n 新用户组 | 更改用户组名 |

使用“groupmod”命令修改用户组，如示例代码 CORE0208 所示。

示例代码 CORE0208 修改用户组

```
# 更改 user0 用户组的 GID
[root@master ~]# groupmod -g 6666 user0
```

执行结果可通过“cat /etc/group”命令查看，结果如图 2-19 所示，user0 用户组的 GID 已被更改为 6666。

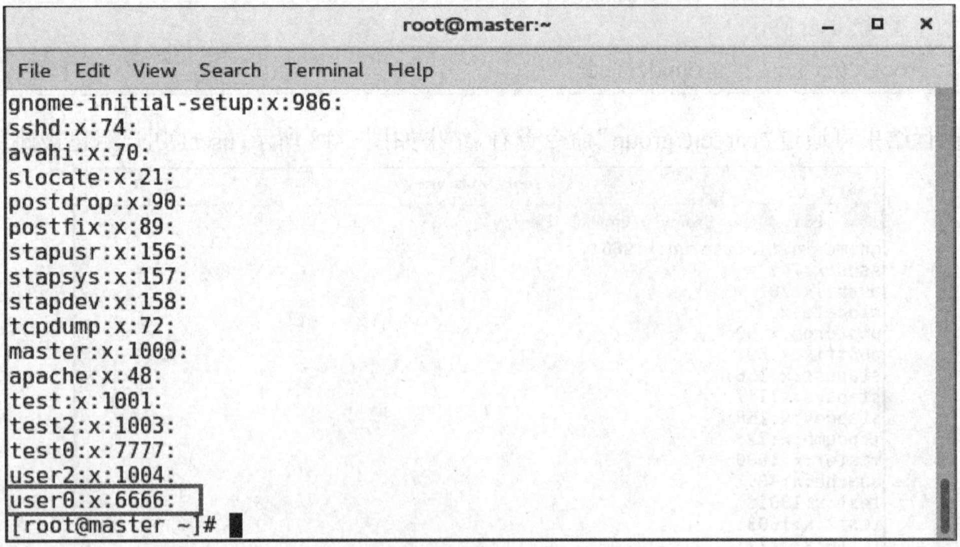
root@master:~
File Edit View Search Terminal Help
gnome-initial-setup:x:986:
sshd:x:74:
avahi:x:70:
slocate:x:21:
postdrop:x:90:
postfix:x:89:
stapusr:x:156:
stapsys:x:157:
stapdev:x:158:
tcpdump:x:72:
master:x:1000:
apache:x:48:
test:x:1001:
test2:x:1003:
test0:x:7777:
user2:x:1004:
user0:x:6666:
[root@master ~]#

图 2-19　删除用户组命令执行结果

# 技能点三　目录管理

## 1　FHS 目录标准

如果打开刚刚安装完成的 Linux 系统，会看到 Linux 系统创建了很多目录，而这些目录中也存放了很多文件。而这些目录的创建和文件的放置，都依据"文件系统层次标准（FHS）"。

FHS 是所有 Linux 系统版本创建目录的标准。FHS 规则设定的目的是希望 Linux 系统的使用者明白已安装软件放置的位置，同时也希望使用者都遵守这个规则。设定 FHS 标准的原因是由于使用 Linux 开发产品的公司数量庞大，且 Linux 版本众多，如果没有一个标准，会导致管理的混乱。

FHS 标准根据过去的经验持续改版，其规则并没有将所有目录的位置都指定为不可变动，而是根据用户使用的频率进行调整。FHS 将目录定义成四种交互形态，主要分为两组：不变的、可变动的；可分享的、不可分享的。其具体内容如表 2-16 所示。

表 2-16　FHS 交互形态

|  | 可分享的 | 不可分享的 |
|---|---|---|
| 不变的 | /usr（软件放置处） | /etc（配合文件） |
| | /opt（第三方协作软件） | /boot（开机与核心） |
| 可变动的 | /var/mail（邮件信箱） | /var/run（程序相关） |
| | /var/spool/news（新闻组） | /var/lock（程序相关） |

表 2-16 中定义了四个属性，这四个属性代表的内容如表 2-17 所示。

表 2-17　FHS 标准属性详解

| 属　性 | 说　明 |
|---|---|
| 可分享的 | 可以分享给其他系统（网络上其他主机）挂载使用的目录 |
| 不可分享的 | 本机上运行的配置文件或是与程序有关的数据档案 |
| 不变的 | 有些数据是不会经常变动的，如软件运行的配置文件 |
| 可变的 | 经常变动的数据，如登录文件 |

而从实际开发和使用情况出发，FHS 主要定义出三层目录的数据放置，如表 2-18 所示。

表 2-18　FHS 定义的三层目录数据放置内容

| 目　录 | 放置内容 |
|---|---|
| /（根目录） | 与开机有关内容 |
| /usr | 与软件安装执行有关 |
| /var | 与系统运作有关 |

（1）根目录

根目录是系统最重要的一个目录，所有的目录都是由根目录"/"衍生出来的，同时根目录也与系统的开机、还原和修复等有关。因此 FHS 建议，根目录中的文件数量不要过多，以保证根目录在正常运行时少出错误。根目录包含的内容如表 2-19 所示。

表 2-19　根目录包含内容

| 目　录 | 介　绍 |
|---|---|
| /bin | 存放二进制可执行文件（ls，cat，mkdir 等），常用命令一般都在这里 |
| /dev | 用于存放设备文件 |
| /home | 存放所有用户文件的根目录，是用户主目录的基点 |
| /lib64 | 标准程序设计库，又叫动态链接共享库 |
| /mnt | 系统管理员安装临时文件系统的安装点，系统提供这个目录是让用户临时挂载其他的文件系统 |
| /proc | 虚拟文件系统目录，是系统内存的映射。可直接访问这个目录来获取系统信息 |
| /run | 存放系统运行时需要的文件，不能随便删除，但在重启时应该抛弃，下次系统运行时重新生成 |
| /srv | 主要用来存储本机或本服务器提供的服务或数据 |
| /tmp | 用于存放各种临时文件，是公用的临时文件存储点 |
| /var | 用于存放运行时需要改变数据的文件，也是某些大文件的溢出区，比方说各种服务的日志文件（系统启动日志等）等 |
| /boot | 存放用于系统引导时使用的各种文件 |
| /etc | 存放系统管理和配置文件 |
| /lib | 存放根文件系统中的程序运行所需要的共享库及内核模块。共享库又叫动态链接共享库，作用类似 Windows 中的 .dll 文件，存放了根文件系统程序运行所需的共享文件 |
| /media | 有些 Linux 的发行版使用这个目录来挂载那些 USB 接口的移动硬盘（包括 U 盘）、CD/DVD 驱动器等 |
| /opt | 额外安装的可选应用程序包所放置的位置 |
| /root | 系统管理员的主目录 |
| /sbin | 存放二进制可执行文件，只有 root 才能访问。这里存放的是系统管理员使用的系统级别的管理命令和程序 |

续表

| 目录 | 介绍 |
| --- | --- |
| /sys | 该目录下安装了 2.6 内核中新出现的一个文件系统 sysfs。sysfs 文件系统集成了下面三种文件系统的信息：针对进程信息的 proc 文件系统、针对设备的 devfs 文件系统以及针对伪终端的 devpts 文件系统。该文件系统是内核设备树的一个直观反映。当一个内核对象被创建的时候，对应的文件和目录也在内核对象子系统中被创建 |
| /usr | 用于存放系统应用程序 |

（2）"/usr"目录

"/usr"目录在 FHS 定义中通常存放 Linux 系统运行所需的软件。FHS 建议所有开发人员应合理使用此文件夹，不要在此文件夹下创建额外的文件夹。该目录的存放内容类似于 Window 系统下的"C:\Windows（部分）"目录和"C:\Program files"目录的综合体。"/usr"目录下包含的内容如表 2-20 所示。

表 2-20  "/usr"包含内容

| 目录 | 应放置内容 |
| --- | --- |
| FHS 建议存放目录 | |
| /usr/bin | 所有用户可用的指令 |
| /usr/lib | 与 /lib 功能相似，/lib 就是连接到此 |
| /usr/local | 系统管理员在本机自行安装已下载的软件 |
| /usr/share | 放置只读架构和共享文件 |
| /usr/sbin | 非系统正常运作需要的指令 |
| FHS 建议可以存在目录 | |
| /usr/games | 与游戏相关的目录 |
| /usr/include | c/c++ 程序语言的头部文件存放处 |
| /usr/src | 一般原始码建议存放目录 |
| /usr/libexec | 不被一般使用者惯用的执行文件或脚本 |

（3）"/var"目录

"/var"目录主要存放变动性较大的文件，包括某些软件运行所产生的文件，如 MySQL 数据库文件等，"/var"目录存放的文件如表 2-21 所示。

表 2-21  "/var"目录存放内容

| 目录 | 应放置文件内容 |
| --- | --- |
| FHS 要求必须要存在的目录 | |
| /var/cache | 应用程序本身运行产生的缓存文件 |

续表

| 目录 | 应放置文件内容 |
|---|---|
| /var/lib | 程序本身执行的过程 |
| /var/lock | 装置锁,确保该装置只会被单一软件使用 |
| /var/log | 登录文件放置目录 |
| /var/mail | 个人电子邮件存放目录 |
| /var/run | 程序或服务的 PID 存放目录 |
| /var/spool | 队列数据:排队等待其他应用程序使用的数据 |

想了解更多的目录结构介绍请扫描下方二维码。

## 2 目录树

Linux 下,所有文件与目录都是由根目录开始的,因此根目录是所有文件的源头。如树一般,从树根生长,然后一枝一枝的分开,这种目录配置方式被称为目录树。Linux 文件配置方式也是采用目录树的方式,Linux 目录树结构如图 2-20 所示。

图中目录及其作用都做出过介绍,在此不再赘述。值得注意的是,图中虚线框代表链接目录,而箭头所指的目录是指真实目录。链接目录可以理解为:类似 Windows 系统中为文件创建快捷方式。

## 3 路径介绍

每一个目录都有其所属的路径。路径指的是用户在系统中寻找文件时,所历经的文件线路。在日常系统使用过程中,路径往往被用来形容一个文件/目录在磁盘上的位置。路径分为相对路径和绝对路径。

绝对路径:从根目录开始,一直到文件所在的位置,被称为绝对路径,绝对路径以"/"开始。例如:"/usr/local/lib"。

相对路径:指从当前文件夹开始的路径,通常以"."开头。例如:"./lib"。

路径的操作命令有查看路径、切换路径。

(1)查看路径

当不知道当前目录的绝对路径时可以使用"pwd"命令查看当前目录的绝对路径,使用"pwd"命令执行如示例代码 CORE0209 所示。

项目二　Linux 文件权限

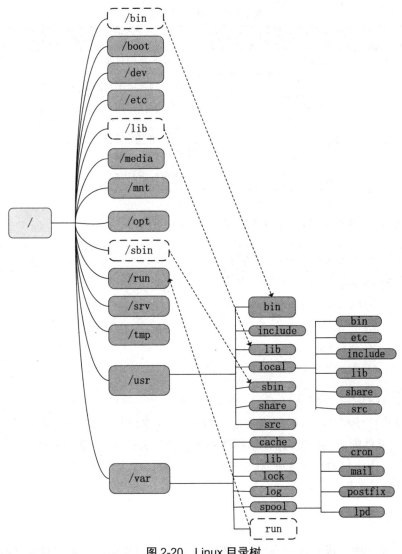

图 2-20　Linux 目录树

| 示例代码 CORE0209 查看绝对路径 |
|---|
| [root@localhost usr]# pwd<br>/usr |

（2）切换路径

当不在当前目录操作时，可以使用"cd"命令来改变当前工作目录，格式如下所示。

| cd [ 选项 ] |
|---|

选项如表 2-22 所示。

表 2-22 "cd"命令的选项

| 选 项 | 说 明 |
|---|---|
| 目录名 | 切换到指定目录 |
| ~ | 切换到当前用户的默认工作目录 |
| ~用户名 | 切换到指定用户的默认工作目录 |
| .. 或 ../ | 切换到上级目录 |
| / | 切换到根目录 |
| 为空 | 切换到主目录 |

使用"cd"命令切换目录，如示例代码 CORE0210 所示。

```
示例代码 CORE0210 切换目录
# 切换到 home 目录
[root@master ~]# cd /home
# 切换回主目录
[root@master home]# cd
# 切换到根目录
[root@master ~]# cd /
```

两种路径的比较：对于日常使用来说，绝对路径的使用率较高，因为绝对路径可以从根目录直接地指向文件的所在位置，路径结构性和逻辑性较为稳定，正确度较高。而相对路径特点是灵活性较大，因为相对路径只依附于文件上级目录。综上所述，为了查找文件位置的正确性，建议使用绝对路径。

## 4 目录操作

在 Linux 系统中可以对目录进行一系列操作，如显示目标列表、创建目录、删除目录等。
（1）显示目标列表
可以使用"ls"命令查看指定目录下的文件，可使用"ls --help"命令查看其说明，格式如下所示。

```
ls --help
用法:ls [ 选项 ]... [ 文件 ]...
```

常用选项如表 2-23 所示。

表 2-23 "Ls"命令常用选项

| 选项 | 说明 |
| --- | --- |
| -a | 查看全部文件以及目录，包括隐藏文件和目录 |
| -d | 仅列出目录本身，不包括文件 |
| -l | 列出文件的详细信息 |
| -i | 显示文件索引节点号（inode）。一个索引节点代表一个文件 |
| -m | 用","号区隔每个文件和目录的名称 |
| -L | 如果遇到性质为符号链接的文件或目录，直接列出该链接所指向的原始文件或目录 |
| -R | 递归处理，将指定目录下的所有文件及子目录一并处理 |
| -F | 在每个输出项后追加文件的类型标识符，具体含义："*"表示具有可执行权限的普通文件，"/"表示目录，"@"表示符号链接，"\|"表示命令管道 FIFO，"="表示 sockets 套接字；当文件为普通文件时，不输出任何标识符 |
| -A | 显示除隐藏文件"."和".."以外的所有文件列表 |
| -C | 多列显示输出结果，这是默认选项 |
| -c | 与"-lt"选项连用时，按照文件状态时间排序输出目录内容，排序的依据是文件的索引节点中的 ctime 字段。与"-l"选项连用时，则排序的依据是文件的状态改变时间 |
| --file-type | 与"-F"选项的功能相同，但是不显示"*" |
| -k | 以 KB（千字节）为单位显示文件大小 |
| -n | 以用户识别码和群组识别码替代其名称 |
| -r | 以文件名反序排列并输出目录内容列表 |
| -s | 显示文件和目录的大小，以区块为单位 |
| -t | 用文件和目录的更改时间排序 |
| --full-time | 列出完整的日期与时间 |

使用"ls"命令查看目录列表，如示例代码 CORE0211 所示。

```
示例代码 CORE0211 查看目录列表
# 查看当前目录
[root@master dir1]# ls
dir2
# 查看全部文件并列出全部信息
[root@master dir1]# ls –al
total 4
drwxr-xr-x.  2 root root   18 May  9 18:29 .
dr-xr-x---. 23 root root 4096 May  9 18:28 ..
-rw-r--r--.  1 root root    0 May  9 18:29 dir2
```

```
# 查看文件 dir2 的节点号
[root@master dir1]# ls -i dir2
2446000 dir2
```

（2）创建目录

使用"mkdir"命令创建目录，可使用"mkdir --help"命令查看其说明，其格式如下所示。

```
mkdir --help
用法：mkdir [ 选项 ]... 目录…
```

选项如表 2-24 所示。

表 2-24 "mkdir"命令选项

| 选 项 | 说 明 |
| --- | --- |
| 为空 | 创建指定目录 |
| –m | 创建目录的同时设置存取权限 |
| –p | 递归创建目录 |

使用"mkdir"命令创建用户，如示例代码 CORE0212 所示。

```
示例代码 CORE0212 创建用户
# 显示没有 dir1 目录
[root@master ~]# ls
Desktop   Downloads memcached-1.4.29 Pictures rpmbuild Templates
Documents ll        Music            Public   sno      Videos
# 创建目录 dir1
[root@master ~]# mkdir dir1
# 显示有 dir1 目录
[root@master ~]# ls
Desktop Documents ll        Music  Public sno      Videos
dir1    Downloads memcached-1.4.29 Pictures rpmbuild Templates
# 利用 -p 在创建 dir2 时在 dir2 下创建 dir3
[root@master ~]# mkdir -p dir2/dir3
# 显示有 dir2 目录
[root@master ~]# ls
Desktop dir2    Downloads memcached-1.4.29 Pictures rpmbuild Templates
dir1    Documents ll      Music            Public   sno      Videos
# 进入 dir2 目录
```

项目二　Linux 文件权限

```
[root@master ~]# cd dir2
# 显示有 dir3 目录
[root@master dir2]# ls
dir3
# 切换回主目录
[root@master dir2]# cd
# 创建 dir4 目录,并且只有文件主有读、写和执行权限,其他人无权访问
[root@master ~]# mkdir -m 700 dir4
# 显示有 dir4 目录
[root@master ~]# ls
Desktop  dir2  Documents  ll           Music    Public  sno       Videos
dir1     dir4  Downloads  memcached-1.4.29  Pictures  rpmbuild  Templates
[root@master ~]#
```

（3）删除目录

"rmdir"命令删除目录。但必须离开目录,并且目录必须为空目录,不然提示删除失败。"rmdir"命令格式如下所示。

rmdir [ 选项 ] 目录

常用选项如表 2-25 所示。

表 2-25　"mkdir"命令选项

| 选项 | 说明 |
| --- | --- |
| -p | 删除指定目录后,若该目录的上层目录已变成空目录,则将其一并删除 |
| -v | 显示命令的详细执行过程 |

使用"rmdir"命令删除目录,如示例代码 CORE0213 所示。

示例代码 CORE0213 删除目录

```
[root@master ~]# mkdir dir10
[root@master ~]# ls -al dir10
total 4
drwxr-xr-x.  2 root root    6 Jun  1 13:17 .
dr-xr-x---. 22 root root 4096 Jun  1 13:17 ..
[root@master ~]# rmdir dir10
[root@master ~]# ls -al dir10
ls: cannot access dir10: No such file or directory
```

## 技能点四　文件管理

### 1　文件简介

"文件"概念提出的原因是信息不能被长期存储。在 Linux 系统中一切皆是文件。Linux 系统的设计者为磁盘上的文本与图像、鼠标与键盘等输入设备以及网络交互等 I/O 操作设计了一组通用 API，使它们被处理时均可统一使用字节流方式（文件方式）。

Linux 系统中文件被分成两个部分：用户数据（user data）与元数据（metadata）。
- 用户数据，又名文件数据块（data block），用于记录文件真实内容；
- 元数据，用于记录文件的附加属性，如文件大小、创建时间、所有者等信息。

Linux 系统中，文件的唯一标识是元数据中的 inode 号而非文件名（inode 号即索引节点号，是文件元数据的一部分但其并不包含文件名）。文件名仅是为了方便人们记忆和使用文件而被命名的，系统或程序要找到正确的文件数据块必须通过 inode 号来查找。程序通过文件名获取文件内容的过程如图 2-21 所示。

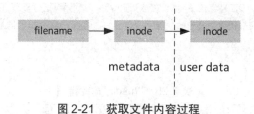

图 2-21　获取文件内容过程

### 2　硬链接与软链接

当文件需要很多人共同编写时，只有一条路径通往 inode，这种方式导致文件的共享不易实现，为了解决这个问题，Linux 系统引入两种链接：硬链接（hard link）与软链接（soft link）。

（1）硬链接

硬链接是指一个 inode 号对应多个文件名。

硬链接存在以下几点特性。
- 链接的文件有相同的 inode 及 data block；
- 只能链接已存在的文件；
- 在创建硬链接时文件系统不能交叉使用；
- 不能对目录创建链接，只可对文件创建链接；
- 删除一个硬链接文件并不影响其他有相同 inode 号的文件。

硬链接适用于多人在同一个文件夹中操作不同的文件。

（2）软链接

软链接又称符号链接（soft link 或 symbolic link），与硬链接不同，若文件用户数据块中存放的内容是指向另一文件的路径名,则该文件就是软链接。当然软链接的用户数据也可以是另一个软链接的路径,其解析过程是递归的。在创建软链接时原文件路径的指向使用绝对路径,使用相对路径创建的软链接由于链接数据块中记录的也是相对路径,所以被移动后该软链接文件将成为一个死链接(dangling link)。总之,软链接就是一个普通文件,只是数据块内容比较特殊而已。软链接有自己的 inode 号以及用户数据块。因此软链接的创建与使用没有诸多限制。软链接的访问如图 2-22 所示。

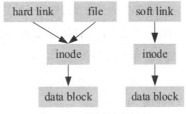

图 2-22　软链接的访问

软链接存在以下几点特性。
- 有自己的文件属性及权限等;
- 可对不存在的文件或目录创建软链接;
- 创建软链接时可交叉使用文件系统;
- 文件或目录均可被创建软链接;
- 创建软链接时,链接计数 i_nlink 不会增加;
- 删除软链接并不影响被指向的文件,但若被指向的原文件被删除,则相关软链接被称为死链接,若被指向路径文件被重新创建,死链接可恢复为正常的软链接。

软链接适用于多人在不同的文件夹中操作同一个文件。

链接不仅为 Linux 系统解决了文件共享的难题,还带来了隐藏文件路径、增加权限安全及节省存储空间等诸多好处。

(3)"ln"命令

"ln"命令用来为文件创建链接,默认的连接类型是硬链接,可使用"ln --help"命令查看其说明。

```
ln --help
用法:ln [ 选项 ]... [-T] 目标 链接名    (第一种格式)
  或:ln [ 选项 ]... 目标              (第二种格式)
  或:ln [ 选项 ]... 目标 ... 目录      (第三种格式)
  或:ln [ 选项 ]... -t 目录 目标 ...    (第四种格式)
```

常用选项如表 2-26 所示。

表 2-26 "ln"命令常用选项

| 选项 | 说明 |
| --- | --- |
| -b | 删除,覆盖目标文件之前的备份 |
| -d 或 -F 或 -directory | 建立文件的硬链接 |
| -f 或 -force | 强行建立文件或目录的链接,不论文件或目录是否存在 |
| -i 或 -interactive | 覆盖既有文件之前先询问用户 |
| -n 或 --no-dereference | 把符号链接的目的目录视为一般文件 |
| -s 或 -symbolic | 对源文件建立符号链接,而非硬链接 |
| -v 或 -verbose | 显示指令执行过程 |

创建硬链接,如示例代码 CORE0214 所示。

示例代码 CORE0214 创建硬链接

[root@master ~]# touch test4.txt
[root@master ~]# ln -d test4.txt test6.txt

创建软链接,如示例代码 CORE0215 所示。

示例代码 CORE0215 创建软链接

[root@master ~]# touch test5.txt
[root@master ~]# ln -s test7.txt test5.txt
lrwxrwxrwx. 1 root root 9 May 15 10:22 test7.txt -> test5.txt

## 3 文件操作

Linux 系统中可以对文件进行一系列操作,如创建文件、文件查询、查看文件内容、删除文件、移动与重命名、复制文件/目录、压缩文件等。

(1)创建文件

使用"touch"命令创建文件,可使用"touch --help"命令查看其说明。

touch --help
用法:touch [ 选项 ]... 文件 ...

常用选项如表 2-27 所示。

项目二　Linux 文件权限

表 2-27　"touch"命令常用选项

| 选　项 | 说　明 |
|---|---|
| -a | 改变文件的访问时间为当前系统时间 |
| -m | 改变文件的修改时间为当前系统时间 |
| -c | 如果文件存在则不创建 |
| -d/-t | 设置指定的日期时间 |
| -r | 使指定内容的日期时间与参考内容的相同 |

使用"touch"命令新建文件，如示例代码 CORE0216 所示。

示例代码 CORE0216 新建文件

[root@master ~]# cd dir1
# 在 dir1 目录中创建 dir2 文件
[root@master dir1]# touch dir2.txt
# 显示文件
[root@master dir1]# ls
dir2.txt

（2）文件查询

当创建的文件很多时可以使用"find"命令查找指定路径下的文件，其格式如下。

find 目录名 [ 选项 ] 范围

选项与范围如表 2-28 所示。

表 2-28　"find"命令的选项与范围

| 选项 + 范围 | 格式介绍 |
|---|---|
| -name [ 文件名 ] | 查找指定目录下所有名为指定名字的文件 |
| -name '*.[ 后缀 ]' | 查找指定目录下所有后缀为指定后缀的文件 |
| -name "[A-Z]*" | 查找指定目录下所有以大写字母开头的文件 |
| -size [ 文件大小 ] | 查找指定目录下等于指定文件大小的文件 |
| -size +[ 文件大小 ] | 查找指定目录下大于指定文件大小的文件 |
| -size –[ 文件大小 ] | 查找指定目录下小于指定文件大小的文件 |
| -size +[ 文件大小 ] -size –[ 文件大小 ] | 查找指定目录下大于前指定文件大小，小于后指定文件大小的文件 |
| -perm [ 文件权限 ] | 查找指定目录下权限为指定文件权限的文件或目录 |

使用"find"命令查询指定路径下的文件，如示例代码 CORE0217 所示。

> 示例代码 CORE0217 文件查询
>
> # 在 dir1 目录下查名为 dir2 的文件
> [root@master ~]# find dir1 -name dir2.txt
> dir1/dir2.txt

（3）查看文件内容

找到文件后用"cat"命令查看文件内容。可使用"cat --help"命令查看其说明。

> cat --help
> 用法：cat [ 选项 ]... [ 文件 ]...

常用选项如表 2-29 所示。

表 2-29 "cat"命令常用选项

| 选 项 | 说 明 |
| --- | --- |
| -A | 查看所有文件 |
| -n | 对输出的一切行编号 |
| -b | 对非空输出行编号 |
| -e | 等价于 -vE |
| -E | 在每行完毕处显现 $ |
| -s, | 不输出多行空行 |
| -t | 与 -vT 等价 |
| -T | 将跳字符显现为 ^I |
| -v | 运用 ^ 和 M- 引证，除了 LFD 和 TAB 之外 |

使用"cat"命令查看文件内容，如示例代码 CORE0218 所示。

> 示例代码 CORE0218 查看文件内容
>
> # 使用编辑器在 dir2 中编写"hello world"
> [root@master dir1]# vim dir2.txt
> # 使用 cat 目命令查看
> [root@master dir1]# cat dir2.txt
> hello world

（4）删除文件

当某个文件没用的时候用"rm"（remove）命令删除这个文件，可使用"rm --help"命令查看其说明。

```
rm --help
用法：rm [ 选项 ]... 文件 ...
```

常用选项如表 2-30 所示。

表 2-30 "rm"命令常用选项

| 选 项 | 说 明 |
|---|---|
| -f | 忽略文件不存在的问题 |
| -i | 在删除时要手动确认 |
| -r | 递归删除目录及其内容 |

使用"rm"命令删除文件，如示例代码 CORE0219 所示。

```
示例代码 CORE0219 删除文件
# 查看文件
[root@master dir1]# ls
dir2.txt
# 删除文件
[root@master dir1]# rm dir2.txt
rm: remove regular empty file 'dir2' ? y
# 删除成功
[root@master dir1]# ls
[root@master dir1]#
```

(5) 移动与重命名

"mv"(move)命令可以移动文件到指定位置，或是进行重命名。可使用"mv --help"命令查看其说明。

```
mv --help
用法：mv [ 选项 ]... [-T] 源文件 目标文件
  或：mv [ 选项 ]... 源文件 ... 目录
  或：mv [ 选项 ]... -t 目录 源文件 ...
```

选项如表 2-31 所示。

表 2-31 "mv"命令选项

| 选 项 | 说 明 |
|---|---|
| -i | 提示是否覆盖的信息，需手动确认 |
| -f | 不给提示，直接覆盖 |
| -v | 显示详细的进行步骤 |

使用"mv"命令重命名文件,如示例代码 CORE0220 所示。

| 示例代码 CORE0220 文件重命名 |
| --- |
| # 将 dir2 改名为 dir3<br>[root@master dir1]# mv dir2.txt dir3.txt<br>mv: overwrite 'dir3.txt' y<br>[root@master dir1]# ls<br>dir3.txt  # 修改成功 |

(6)复制文件/目录

"cp"命令可以用来复制文件/目录到指定目录,可使用"cp --help"命令查看其说明。

| |
| --- |
| cp --help<br>用法:cp [ 选项 ]... [-T] 源文件 目标文件<br>　或:cp [ 选项 ]... 源文件 ... 目录<br>　或:cp [ 选项 ]... -t 目录 源文件 ... |

选项如表 2-32 所示。

表 2-32　"cp"命令选项

| 选　项 | 说　明 |
| --- | --- |
| -a | 保留所有的信息,并递归复制目录 |
| -r | 递归复制目录 |
| -V | 显示详细的进行步骤 |

使用"cp"命令复制文件到指定目录,如示例代码 CORE0221 所示。

| 示例代码 CORE0221 文件复制 |
| --- |
| # 创建 dir2 目录<br>[root@master dir1]# mkdir dir2<br># 将 dir3 文件移到 dir2 目录中<br>[root@master dir1]# cp dir3.txt dir2<br>[root@master dir1]# ls<br>dir2  dir3.txt<br>[root@master dir1]# cd dir2<br>[root@master dir2]# ls<br>dir3.txt  # 移动成功 |

(6)压缩文件

当文件比较多的时候,会占据比较大的存储空间,并且移动起来十分不便,这时候就可以使用压缩技术,将一堆文件都压缩到一块,可以减少所占存储空间。常用的压缩命令"tar",可使用"tar --help"命令查看其说明。

```
tar --help
用法：tar [ 选项 ...] [FILE]...
```

常用选项如表 2-33 所示。

表 2-33 "tar"命令常用选项

| 选 项 | 说 明 |
| --- | --- |
| -c | 创建打包文件 |
| -v | 显示进度 |
| -f | 指定打包文件名称,一定是最后一个选项 |
| -t | 列出包中包含的文件 |
| -x | 解开包文件 |
| -zcvf | 指定压缩包格式为 xxxx.tar.gz |
| -zxvf | 解压 xxxx.tar.gz 格式的压缩包 |
| -jcvf | 指定压缩格式为 xxxx.tar.bz2 |
| -jxvf | 解压 xxxx.tar.bz2 格式的压缩包 |

使和"tar"命令压缩文件,如示例代码 CORE0222 所示。

```
示例代码 CORE0222 压缩文件
# 压缩文件
[root@master ~]# tar -cvf test4.txt.tar test4.txt
test4.txt
[root@master ~]# ls test4.txt.tar
test4.txt.tar  # 压缩文件成功
```

（7）修改文件用户组

使用"chgrp"命令修改文件的用户组,其格式如下所示。

```
chgrp [ 选项 ] 组 文件
```

选项如表 2-34 所示。

表 2-34 "chgrp"命令选项

| 选 项 | 说 明 |
|---|---|
| -c | 当发生改变时输出调试信息 |
| -f | 不显示错误信息 |
| -R | 处理指定目录以及其子目录下的所有文件 |
| -v | 运行时显示详细的处理信息 |
| --dereference | 作用于符号链接的指向,而不是符号链接本身 |
| -no-dereference | 作用于符号链接本身 |

"chgrp"命令修改文件所在用户组,如示例代码 CORE0223 所示。

示例代码 CORE0223 修改文件所在组

# 查看文件所属用户
[root@master dir2]# ls -al dir3.txt
-rw-r--r--. 1 root root 0 May 15 11:15 dir3.txt
# 修改文件所在用户组为 user0
[root@master dir2]# chgrp user0 dir3.txt
 [root@master dir2]# ls -al dir3.txt
-rw-r--r--. 1 root user0 0 May 15 11:15 dir3.txt  # 修改成功

(8)修改文件用户与用户组

使用"chown"命令修改文件所属的用户或用户组,其格式如下所示。

chown [ 选项 ] user[:group] file...

各选项含义如表 2-35 所示。

表 2-35 "chown"命令选项

| 选 项 | 说 明 |
|---|---|
| user | 新的文件拥有者的使用者 |
| group | 新的文件拥有者的使用者群体 |
| -c | 若该文件拥有者确实已经更改,才显示其更改动作 |
| -f | 若该文件拥有者无法被更改也不要显示错误讯息 |
| -h | 只对于链接(link)进行变更,而非该 link 真正指向的文件 |
| -v | 显示拥有者变更的详细资料 |
| -R | 对目前目录下的所有文件与子目录进行相同的拥有者变更 |

"chown"命令修改文件所属的用户或用户组,如示例代码 CORE0224 所示。

项目二　Linux 文件权限

| 示例代码 CORE0224 修改文件所属用户或用户组 |
|---|
| # 查看文件所属用户与用户组 <br> [root@master ~]# ls -al dir3.txt <br> -rw-r--r--. 1 root root 0 May 31 13:59 dir3.txt <br> # 修改文件所属用户与用户组 <br> [root@master ~]# chown user1:user1 dir3.txt <br>  [root@master ~]# ls -al dir3.txt <br> -rw-r--r--. 1 user1 user1 0 May 31 13:59 dir3.txt　# 修改成功 |

## 技能点五　权限控制

### 1　权限概念

权限是指某一个用户或用户组对一个文件是否拥有读取、修改、执行的权力。如果一个用户对一个文件拥有修改的权力，那么就说该用户对该文件拥有修改权限。

"/usr"目录下的文件权限如图 2-23 所示。

```
[root@master ~]# cd /usr/
[root@master usr]# ls -l
total 284
dr-xr-xr-x.    2 root root  53248 Mar 17 22:39 bin
drwxr-xr-x.    2 root root      6 Nov  5  2016 etc
drwxr-xr-x.    2 root root      6 Nov  5  2016 games
drwxr-xr-x.   38 root root   8192 Mar 18 05:34 include
drwxr-xr-x    3 root root     55 Mar 17 22:27 java
dr-xr-xr-x.   44 root root   4096 Mar 18 05:32 lib
dr-xr-xr-x.  159 root root  86016 Mar 18 05:38 lib64
drwxr-xr-x.   47 root root  12288 Mar 18 05:33 libexec
drwxr-xr-x.   12 root root    162 Mar 17 22:25 local
dr-xr-xr-x.    2 root root  20480 Mar 18 05:37 sbin
drwxr-xr-x.  254 root root   8192 Mar 18 05:36 share
drwxr-xr-x.    4 root root     34 Mar 18 04:52 src
lrwxrwxrwx.    1 root root     10 Mar 18 04:52 tmp -> ../var/tmp
[root@master usr]#
```

图 2-23 "/usr"目录下的文件权限

图中被圈出文件夹，在 Linux 终端中，由一串字符开头，最左侧的一列是权限，总共有 10 位，其代表的含义如图 2-24 所示。

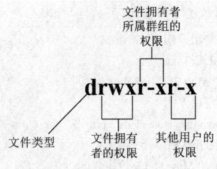

图 2-24 文件权限的定义

第一位是文件类型的说明,主要选项有如表 2-36 所示。

表 2-36 文件类型的选项

| 选　项 | 说　明 |
| --- | --- |
| d | 目录 |
| - | 文件 |
| l | 链接文件 |
| b | 装置文件里面的可供储存的接口设备 |
| c | 装置文件里面的串行端口设备 |

其余的 9 位中,每三位分为一组,且均以 rwx 选项的形式组合,分别代表可读、可写、可执行。从左到右三个组分别为文件拥有者的权限、同群组的权限、其他群组的权限。

在使用 Linux 系统时要遵循最小特权原则。最小特权原则是系统安全中最基本的原则之一。最小特权指的是在完成某种操作时,赋予用户所必需的最小特权,确保当系统遭遇事故、错误、篡改等问题时,造成的损失降到最小。在通常情况下,为了使系统的运行更加安全,Linux 系统依据最小特权原则对用户的特权进行划分,每个用户只能拥有刚够完成工作的最小权限,然后根据工作设立角色,依据角色划分权限,每个角色各负其责,权限各自分立,一个用户不拥有另一个用户的权限。在 Linux 系统中,用户为了方便,习惯在日常使用时就用 root 登录。一旦 root 用户密码泄露,系统就很有可能受到严重的破坏。比较好的做法是,正常操作时使用普通用户,当需要 root 权限时,调用"sudo"命令实现。可使用"sudo --help"命令查看其说明。

```
sudo [ 选项 ] [ 命令 ]
```

常用选项如表 2-37 所示。

项目二  Linux 文件权限

表 2-37  "sudo"命令常用选项

| 选 项 | 说 明 |
| --- | --- |
| -b | 在后台执行指令 |
| -H | 将 HOME 环境变量设为新身份的 HOME 环境变量 |
| -k | 结束密码的有效期限 |
| -l | 列出目前用户可执行与无法执行的指令 |
| -p | 改变询问密码的提示符号 |
| -s<shell> | 执行指定的 shell |
| -u<用户> | 以指定的用户作为新的身份。若无此选项,则默认设以 root 作为新的身份 |

在使用"sudo"命令之前需要配置"/etc/sudoers"文件,使用"visudo"命令打开文件,在如图 2-25 所示位置配"user1  ALL=(ALL)   ALL"。

```
File  Edit  View  Search  Terminal  Help
##
## Allow root to run any commands anywhere
root    ALL=(ALL)        ALL
user1   ALL=(ALL)        ALL
## Allows members of the 'sys' group to run networking, software,
## service management apps and more.
# %sys ALL = NETWORKING, SOFTWARE, SERVICES, STORAGE, DELEGATING, PROCESSES,
  LOCATE, DRIVERS

-- INSERT --
```

图 2-25  /etc/sudoer 文件

在"user1  ALL=(ALL)   ALL"中 user1 是用户名,第一个 ALL 是网络中的主机,第二个 ALL 是目标用户,第三个 ALL 是命令。

使用"sudo"命令使普通用户可以在 root 用户中操作,如示例代码 CORE0225 所示。

---

示例代码 CORE0225 设置普通用户权限

[root@master ~]# su user1  # 切换到 user1
[user1@master root]$ sudo ls /root  # 查看 root 用户中的根目录

We trust you have received the usual lecture from the local System Administrator. It usually boils down to these three things:

　#1) Respect the privacy of others.
　#2) Think before you type.
　#3) With great power comes great responsibility.

[sudo] password for user1:
Desktop  dir4          memcached-1.4.29  Public      test1.txttest5.txt  test.txt

```
dir1        Documents  Music      rpmbuild         test4.txttest6.txt  Videos
dir2        Downloads  Pictures   Templates  test4.txt.tar            test7.txt
[user1@master root]$
```

## 2 chmod 命令

文件的权限可以通过"chmod"命令来设置,命令格式如下。

```
chmod --help
用法:chmod [ 选项 ]... 模式 [,模式 ]... 文件 ...
  或:chmod [ 选项 ]... 八进制模式 文件 ...
  或:chmod [ 选项 ]... --reference= 参考文件 文件 ..
```

权限可以使用 rwx 三个的值相加所得的数值,r、w、x 对应分别为 4、2、1 的值,所以当 rwx 都有的权限对应的值为 4+2+1=7。使用"chmod"命令修改权限,如示例代码 CORE0226 所示。

```
示例代码 CORE0226 权限修改
[root@master dir1]# ls -al dir3
-rw-r--r--. 1 root root 0 May 10 10:03 dir3
# 更改权限为所有者为 w、x,所属群组可 w,其他用户可 x
[root@master dir1]# chmod 321 dir3
[root@master dir1]# ls -al dir3
--wx-w---x. 1 root root 0 May 10 10:03 dir3
```

除了用数值直接改变权限之外,还有一种用符号类型改变文件权限的方式。

```
chmod [u/g/o/a] [+/-/=] [r/w/x] 文件名
```

常用选项说明如表 2-38 所示。

表 2-38 "chmod"命令常用选项

| 选 项 | 说 明 |
| --- | --- |
| u | 代表文件拥有者 |
| g | 代表同组者 |
| o | 代表其他组 |
| a | 代表所有人 |
| + | 代表添加某权限 |
| - | 代表除去某权限 |
| = | 代表设定某权限 |

使用"chmod"命令修改权限，如示例代码 CORE0227 所示。

| 示例代码 CORE0227 修改权限 |
| --- |
| [root@master dir1]# ls -al dir3 |
| --wx-w---x. 1 root root 0 May 10 10:03 dir3 |
| [root@master dir1]# chmod u+r dir3 |
| [root@master dir1]# ls -al dir3 |
| -rwx-w---x. 1 root root 0 May 10 10:03 dir3 |

## 3　默认权限与"umask"命令

新建一个文件或目录时，它的默认权限与"umask"命令有关，"umask"命令是指定目前用户新建文件或目录时的权限默认值。

使用"umask"命令查看权限设置分数的方式有两种，一种是直接输入 umask，可以直观地看到数字形态的权限设置分数；一种则是加入 -S 选项，会以符号类型的方式来显示出权限。查看默认权限如示例代码 CORE0228 所示。

| 示例代码 CORE0228 权限查看 |
| --- |
| [root@master ~]# umask |
| 0022 |
| [root@master ~]# umask -S |
| u=rwx,g=rx,o=rx |

对于目录与文件而言默认权限是不一样的，x 权限对于目录非常重要，但是一般文件在创建时通常用于记录数据而不应该有执行的权限。因此在创建文件与目录的默认情况如下所示。

● 在用户创建文件时，默认不执行 x 权限，只有 r、w 这两个选项，所以最大为 666，默认权限为：-rw-rw-rw-；

● 在用户新建目录时，由于 x 与是否可进入此目录有关，因此默认所有权限均开放，最大为 777，默认权限为：drwxrwxrwx。

"umask"命令同"chmod"命令一样可以通过数值来改变默认权限，但不一样的是"umask"命令的数值指的是该默认值需要去掉的权限，如表 2-39 所示。

表 2-39　"umask"数值

| 去掉的权限 | 减去的数值 |
| --- | --- |
| w | 2 |
| r | 4 |
| w 和 r | 6 |
| r 和 x | 5 |
| w 和 x | 3 |

以上面的例子来说，因为 umask 的值为 0022，所以用户并没有被去掉任何权限，不过同群组的权限与其他群组的权限被拿掉了 2，也就是 w 权限，那么当用户新建文件与目录时的权限如下所示。

新建文件：(-rw-rw-rw-)-(-----w--w-)=-rw-r--r--

新建目录：(drwxrwxrwx)-(d----w--w-)=drwx-r-xr-x

如果设定"umask"命令的值为 0022 的话，那么新建的数据只有用户自己具有 w 权限，同用户组的人只有 r 这个可读的权限而已，并无法修改。所以，当需要创建文件给同组的用户共同编辑时，那么用户组就不能拿掉 w 权限。"umask"命令需要 0002 之类的数值才可以，这样新建文件才能够是 -rw-rw-r-- 的权限模样，那么设置默认权限只须直接在"umask"命令后面输入 0002。设置默认权限如示例代码 CORE0229 所示。

| 示例代码 CORE0229 设置默认权限 |
| --- |
| [root@master ~]# umask |
| 0022 |
| [root@master ~]# umask 0002 |
| [root@master ~]# umask |
| 0002 |
| [root@master ~]# umask 0022 |
| [root@master ~]# umask |
| 0022 |

"umask"命令对与新建文件与目录的默认权限是很有关系的，这个概念可以用在任何服务器上。但是，值得注意的是假设 umask 的值为 0003，那么这种情况下新建的文件和目录的权限如果使用默认值相减的话，则文件变成 666-003=663，即是 -rw-rw-wx，这是完全不对的，如果原本文件就拿掉了 x 的默认属性，后来不可能又冒出来 x 的默认属性，正确的做法如下所示。

文件：(-rw-rw-rw-)-(---------wx)=-rw-rw-r--

目录：(drwxrwxrwx)-(---------wx)=drwxrwxr--

通过如下步骤，在 root 用户下新建三个用户和两个用户组；将其中一个用户添加到一个用户组，另外两个用户添加到另一个用户组中；在含有两个用户的组中选一个用户创建文件，然后通过改变文件权限使同组用户可以操作该文件。

第一步：使用 root 用户登录 Linux 操作系统并新建用户 user1、user2、user3，然后查看结果，如示例代码 CORE0230 所示。

项目二　Linux 文件权限　　77

示例代码 CORE0230 新建用户

\# 新建用户 user1、user2、user3
[root@master ~]# useradd user1
[root@master ~]# useradd user2
[root@master ~]# useradd user3
[root@master ~]# cat /etc/passwd

查询用户，结果如图 2-26 所示。

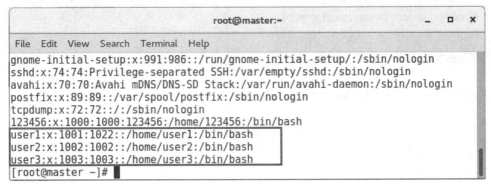

图 2-26　查询用户结果图

第二步：为 user1、user2、user3 设置密码，如示例代码 CORE02231 所示。

示例代码 CORE0231 设置密码

\# 修改用户密码
[root@master ~]# passwd user1
Changing password for user user1.
New password:
BAD PASSWORD: The password is shorter than 7 characters
Retype new password:
passwd: all authentication tokens updated successfully.
[root@master ~]# passwd user2
Changing password for user user2.
New password:
BAD PASSWORD: The password is shorter than 7 characters
Retype new password:
passwd: all authentication tokens updated successfully.
[root@master ~]# passwd user3
Changing password for user user3.
New password:

```
BAD PASSWORD: The password is shorter than 7 characters
Retype new password:
passwd: all authentication tokens updated successfully.
[root@master ~]#
```

第三步：创建用户组 group1、group2，并查看结果，如示例代码 CORE0232 所示。

示例代码 CORE0232 创建用户组

```
# 新建用户组 group1、group2
[root@master ~]# groupadd group1
[root@master ~]# groupadd group2
[root@master ~]# cat /etc/group
```

查询用户组，结果如图 2-27 所示。

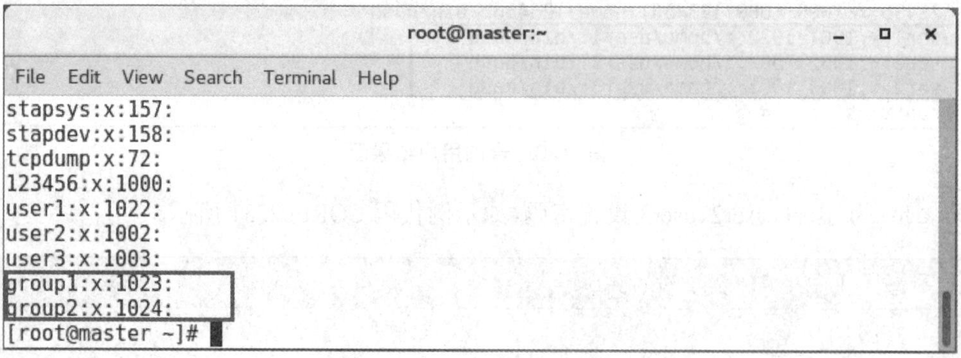
root@master:~
File Edit View Search Terminal Help
stapsys:x:157:
stapdev:x:158:
tcpdump:x:72:
123456:x:1000:
user1:x:1022:
user2:x:1002:
user3:x:1003:
group1:x:1023:
group2:x:1024:
[root@master ~]#

图 2-27 查询用户组结果图

第四步：将 user1 添加到用户组 group1，将 user2、user3 添加到用户组 group2，并查看结果，如示例代码 CORE0233 所示。

示例代码 CORE0233 将用户添加到用户组

```
# 将 user1 添加到用户组 group1
[root@master ~]# usermod -G group1 user1
# 将 user2、user3 添加到用户组 group2
[root@master ~]# usermod -G group2 user2
[root@master ~]# usermod -G group2 user3
[root@master ~]# cat /etc/group
```

查询用户组中的用户，结果如图 2-28 所示。

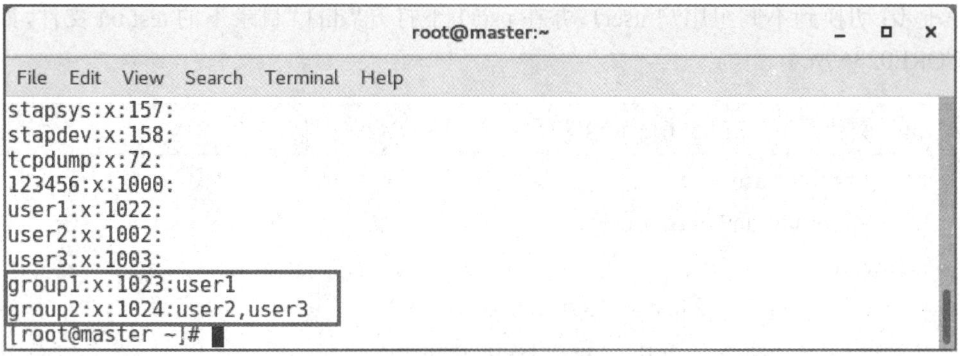

## 项目二  Linux 文件权限

```
stapsys:x:157:
stapdev:x:158:
tcpdump:x:72:
123456:x:1000:
user1:x:1022:
user2:x:1002:
user3:x:1003:
group1:x:1023:user1
group2:x:1024:user2,user3
[root@master ~]#
```

图 2-28  查询用户组中的用户

第五步：切换到用户 user2，在 user2 下，新建目录"dir1"，在"dir1"中新建文件 test.txt 文件，并查看结果，如示例代码 CORE0234 所示。

| 示例代码 CORE0234 切换用户 |
|---|
| # 切换到用户 user2 |
| [root@master ~]# su - user2 |
| # 新建目录 |
| [user2@master ~]$ mkdir dir1 |
| [user2@master ~]$ cd dir1 |
| # 新建文件 test.txt |
| [user2@master dir1]$ touch test.txt |
| [user2@master dir1]$ ls –al |

查询文件，结果如图 2-29 所示。

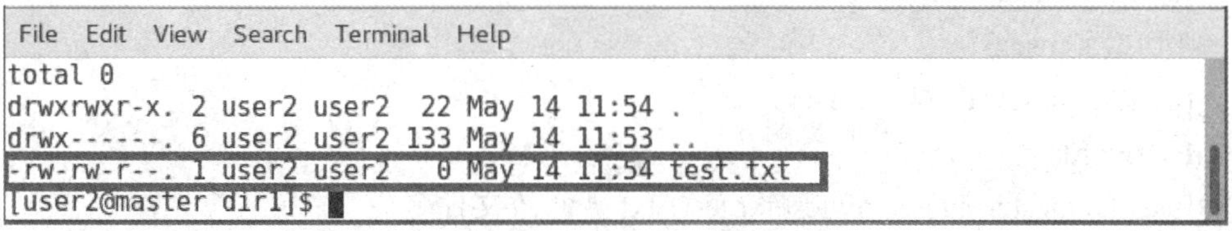

```
total 0
drwxrwxr-x. 2 user2 user2  22 May 14 11:54 .
drwx------. 6 user2 user2 133 May 14 11:53 ..
-rw-rw-r--. 1 user2 user2   0 May 14 11:54 test.txt
[user2@master dir1]$
```

图 2-29  查询文件结果图

第六步：切换到同组用户 user3，并在 user3 下打开"dir1"目录下的 test.txt 文件，如示例代码 CORE0235 所示。

| 示例代码 CORE0235 使用 user3 用户打开 test.txt 文件 |
|---|
| # 切换到用户 user3 |
| [user2@master dir1]$ su user3 |
| Password: |
| [user3@master dir1]$ mv test.txt test1.txt |
| mv: failed to access 'test1.txt': Permission denied |

第七步：切换到不同组用户 user1，并在 user1 下打开"dir1"目录下的 test.txt 文件，如示例代码 CORE0236 所示。

---

**如示例代码 CORE0236 不同组内用户打开 test.txt 文件**

```
# 切换到用户 user1
[user3@master dir1]$ su user1
Password:
[user1@master dir1]$ mv test1.txt test.txt
mv: failed to access 'test.txt': Permission denied
```

---

第八步：改变 test.txt 文件的用户组为 group2，并修改文件的权限，使得同组用户 user3 可以访问文件 test.txt，而不同组用户 user1 不能访问该文件，如示例代码 CORE0237 所示。

---

**示例代码 CORE0237 设置权限**

```
# 退出当前用户
[user1@master dir1]$ exit
exit
[user3@master dir1]$ exit
exit
[user2@master dir1]$ cd
# 修改文件的用户与用户组
[user2@master ~]$ chown -R user2:group2 /home/user2/dir1/test.txt
# 修改文件的权限
[user2@master ~]$ chmod 770 /home/user2/dir1/test.txt
[user2@master ~]$ cd dir1
# 切换到 user3
[user2@master dir1]$ su user3
Password:
[user3@master dir1]$ mv test.txt test1.txt  # 修改文件名
[user3@master dir1]$ ls -al
total 0
drwxrwx---. 2 user2 group2  23 May 31 13:15 .
drwxrwx---. 6 user2 group2 211 May 31 10:04 ..
-rwxrwx---. 1 user2 group2   0 May 31 10:05 test1.txt  # 修改成功
# 切换到用户 user1
[user3@master dir1]$ su user1
Password:
[user1@master dir1]$ mv test1.txt test.txt  # 修改文件名
mv: failed to access 'test.txt': Permission denied  # 失败
```

本项目主要介绍对文件权限的操作,重点讲解如何新增用户与用户组,并修改用户权限使用户可以对文件进行管理。通过对本项目的学习可以了解用户、用户组、目录、文件与权限的概念与操作方法,提高对 Linux 系统使用的熟练度。

| root | 根 | group | 组 |
| shadow | 影子 | others | 其他 |
| sign | 标志 | user | 用户 |
| download | 下载 | picture | 图片 |
| comment | 评论 | music | 音乐 |
| block | 块 | symbolic | 符号 |

## 一、选择题

(1)下面哪个不是 Linux 系统中用户的分类(　　)。
A. 根用户　　　B. 系统用户　　　C. 默认用户　　　D. 普通用户
(2)下面哪个文件用来存储用户名(　　)。
A. /etc/passwd　B. /etc/shadow　　C. /etc/gshadow　D. /etc/group
(3)下面哪个是用户标识符(　　)。
A. UID　　　　B. GID　　　　　C. CID　　　　　D. VID
(4)软链接与硬链接的引入是为了解决下面的哪个问题(　　)。
A. 文件过大　　B. 文件名重复　　C. 文件加密　　　D. 文件共享
(5)修改文件权限的命令是哪个命令(　　)。
A. chmod　　　B. touch　　　　C. find　　　　　D. su

## 二、简答题

(1)Linux 系统中用户的种类。
(2)文件的软链接与硬链接的概念与特性。

## 三、操作题

把 shelly 用户对 test.txt 文件的权限从 rwx 改为 r--。

# 项目三　Linux 磁盘与文件系统

通过对 Linux 系统磁盘的管理，了解文件系统、磁盘和外部存储的概念，熟悉磁盘查看、分区、格式化和挂载的命令与操作，掌握对外部存储设备挂载的操作。在任务实施过程中：
- 了解磁盘的基本知识；
- 熟悉外部存储的挂载；
- 掌握对 Linux 系统添加磁盘的相关操作；
- 具有对 Linux 系统磁盘管理的能力。

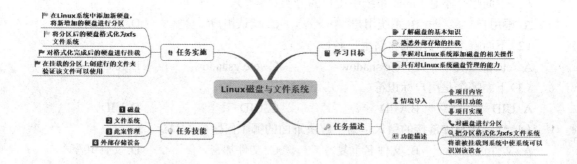

## 【情境导入】

无论是在日常使用中广为人知的 Windows 系统,还是在服务器领域长盛不衰的 Linux 系统,磁盘都是系统中不可缺少的部分。作为整个系统的载体,磁盘承担了对系统中所有数据和文件存储的任务,并且可以保证数据长期存储而不丢失。本项目从磁盘的产生开始,全面讲解 Linux 系统中磁盘和存储的相关知识,最终完成对新磁盘的添加和格式化。

### 【功能描述】

- 对磁盘进行分区;
- 把分区格式化为 xfs 文件系统;
- 将设备挂载到系统中使系统可以识别该设备。

### 【效果展示】

通过对本项目的学习,在 Linux 系统中添加新硬盘,然后对新添加的硬盘进行分区。在分区完成后,将其格式化为 xfs 文件系统。对格式化完成后的磁盘进行挂载,之后在挂载的分区上创建新的文件夹,验证该文件夹是否可用。具体实现方式如图 3-1 所示。

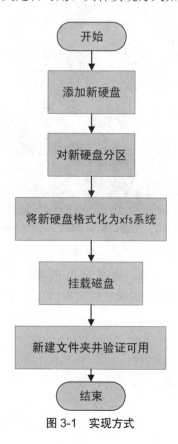

图 3-1　实现方式

## 技能点一 磁盘

### 1 磁盘与硬盘

磁盘是计算机中的重要组成部件之一，磁盘是通过对硬盘分区而产生的虚拟概念，例如：在 Windows 系统中常见的"本地磁盘 C"，就是系统对硬盘的一部分分区。硬盘与磁盘的概念容易被混淆，在此需要一定注意。硬盘其主要作用是用来存储计算机中的数据。最早的硬盘是 IBM（国际商用机器公司）公司的 IBM 305 RAMAC，其体积相当于两个电冰箱的体积，而存储容量却只有 5MB，如图 3-2 所示。

图 3-2 硬盘的前身 IBM 305 RAMAC

随着技术的发展，显然这种硬盘无法满足日常的需求，随后 IBM 公司发布了名为"温彻斯特"的硬盘，该硬盘为现代硬盘的雏形。通过 60 年的发展，硬盘由 5 400 rpm（转速）到 7 200 rpm 再到固态硬盘，由最开始的 5 MB 到现在最大 60 TB 的硬盘，硬盘的体积越来越小的同时，其转速和容量也在不断增加。

### 2 硬盘基本参数

硬盘的参数主要有容量、转速、传输速率和缓存。

（1）容量

容量是硬盘最主要的参数，也是人们对硬盘性能最为直观的感受。现代硬盘容量通常是以 GB 字节进行计算的,最为常见的是 500 GB 和 1 TB(1 024 GB)的硬盘。通常情况下,在选购硬盘时,如果选择 500 GB 的硬盘,使用容量要比 500 GB 小,因为硬盘的生产厂商是按照 1 MB=1 000 KB 计算生产的。

（2）转速

转速是指硬盘内主轴的旋转速度,也是就硬盘盘片在一分钟内能完成最大的转数。转速往往可以用来区分硬盘的档次。转速越高的硬盘,价格也往往越高。转速直接影响到硬盘对文件的传输速率。通常台式机的硬盘转速以 5 400 rpm 和 7 200 rpm 为主,而笔记本的硬盘往往以 4 200 rpm 和 5 400 rpm 为主。转速越高的硬盘读写速度越快,但高转速所带来的负面作用是温度升高、电机磨损和工作噪音。

（3）传输速率

传输速率是指硬盘对数据的传输速度,单位是 MB/s(兆字节每秒)。

（4）缓存

缓存是硬盘控制器上的一块内存芯片,具有极快的存取速度,是硬盘与外部接口之间的缓冲器。想要了解关于硬盘的更多知识,请扫描下方二维码。

## 3　磁盘相关命令

了解完磁盘与硬盘的基本知识之后,需要掌握磁盘查看相关命令。

（1）磁盘查看命令

磁盘查看命令为"lsblk",可使用"lsblk --help"命令查看其说明,格式如下所示。

```
lsblk --help
用法：lsblk [ 选项 ...] < 磁盘名称 >
```

磁盘查看命令的常用选项,如表 3-1 所示。

表 3-1　"lsblk"命令选项

| 选项 | 说明 |
| --- | --- |
| 为空 | 以树状列出所有块设备 |
| -d | 仅列出磁盘本身,并不会列出该磁盘的分区数据 |
| -f | 同时列出该磁盘内的文件系统名称 |
| -i | 使用 ASCII 的线段输出 |
| -m | 同时输出该装置在 /dev 底下的权限数据 |
| -p | 列出该装置的完整文件名 |
| -t | 列出该磁盘装置的详细数据 |

“lsblk”命令执行结果如图 3-3 所示。

```
File  Edit  View  Search  Terminal  Help
[root@master ~]# lsblk
NAME    MAJ:MIN RM  SIZE RO TYPE MOUNTPOINT
sda       8:0    0   20G  0 disk
├─sda1    8:1    0  190M  0 part /boot
├─sda2    8:2    0 15.8G  0 part /
├─sda3    8:3    0    2G  0 part [SWAP]
├─sda4    8:4    0    1K  0 part
├─sda5    8:5    0    2G  0 part /home
└─sda6    8:6    0    1M  0 part
sdb       8:16   0   20G  0 disk /opt
sr0      11:0    1  4.2G  0 rom  /run/media/root/CentOS 7 x86_64
[root@master ~]#
```

图 3-3 “lsblk”命令结果

与查看文件系统相似，“lsblk”命令结果会以七列显示，其各列代表的信息（以圈出部分为例）如表 3-2 所示。

表 3-2 “lsblk”命令结果说明

| 标　识 | 内　容 | 说　明 |
|---|---|---|
| NAME | sda | 装置的文件名，会省略 /dev 等前导目录 |
| MAJ:MIN | 8:0 | CPU 认识装置代码，分别是“主要（MAJ）”:“次要（Min）”装置代码 |
| RM | 0 | 是否为可卸除装置（removable device），0 为不是，1 为是 |
| SIZE | 20G | 容量 |
| RO | 0 | 是否为只读装置，0 为不是只读，1 为只读 |
| TYPE | disk | 磁盘类型分为：磁盘（disk）、分区槽（partition）、只读存储器（rom） |
| MOUNTPOINT | | 挂载点 |

（2）磁盘参数相关命令

磁盘相关参数查看命令为“blkid”，可使用该命令查看 UUID（通用唯一识别码）等参数。“blkid”命令结果如图 3-4 所示。

```
File  Edit  View  Search  Terminal  Help
[root@master ~]# blkid
/dev/sda1: UUID="7a092462-c909-400d-b911-f7ab47af2436" TYPE="xfs"
/dev/sda2: UUID="YeJykM-G2xq-0jek-Fje1-pOZN-hH7o-apZkrU" TYPE="LVM2_member"
/dev/mapper/centos-root: UUID="ba830acc-83bb-454e-b1ce-317cf70efbfa" TYPE="xfs"
/dev/mapper/centos-swap: UUID="b6627d00-d501-4a1d-afae-5c7bb0e0d8b0" TYPE="swap"
[root@master ~]#
```

图 3-4 “blkid”命令结果

如上所示，每一行代表一个文件系统，主要列出装置名称、UUID 名称以及文件系统的类型。

# 技能点二　文件系统

## 1　简介

随着计算机使用的时间越来越长,存储到磁盘上的文件也越来越多,当各种类型的信息存储在一起时,就会导致查找文件和获取文件变得十分麻烦,为了解决这种问题,产生了文件系统。

文件系统是存储和组织计算机数据的一种方式。文件系统的功能是确定存储设备或系统硬盘分区中文件的组织方法和数据的存储结构。简而言之,文件系统用于确定如何在存储设备上组织文件。

最早的文件系统是 MS-DOS 系统所使用的 FAT 文件系统。文件系统的提出使计算机访问和搜索数据变得非常方便。文件系统使用文件和目录树的概念,替代了物理设备所使用的数据块的概念。因此用户在使用操作系统时,不需要担心文件系统用什么样子的方式存储文件(实际上文件还是被存储在硬盘的数据块当中),仅仅需要记住文件的路径和目录即可。在向存储设备内写入新数据时,也不用关心硬盘上的数据块地址是否被使用,只需要记住新写入的数据存储在了哪一文件中即可。

## 2　常见文件系统的格式

文件系统的种类繁多,且并不是所有文件系统都会被使用到,在此对几种常用的文件系统格式进行介绍,常见的文件系统格式有 FAT、NTFS、exFAT、EXT 等。

（1）FAT 文件系统

FAT 文件系统是 Microsoft（微软）公司在其操作系统上使用的一种文件系统格式。FAT 并不是指单单一种文件系统模式,而是微软 FAT 文件系统系列的统称。该文件系统最早出现在 1982 年的 MS-DOS 系统中,当时 FAT 文件系统名为 FAT16,全称为文件分配表系统。

但是由于该文件系统支持的容量较小,使用的簇（磁盘文件中的最小单位）也较大,不能将磁盘的空间更有效的利用,随着 Windows 系统的更新,微软给人们带来了新的文件管理系统：FAT32。FAT32 文件系统在 FAT16 之后升级,该文件系统被广泛应用于今天。FAT32 文件系统支持自 Windows 95 至 Windows 10 的操作系统,部分移动设备（如 U 盘、智能手机等）同时支持这种文件系统格式。该文件系统格式突破了 FAT16 对于每一个文件大小不能超过 2GB 的限制,最大支持的单个文件 4GB。FAT32 文件系统如图 3-5 所示（截取自 Windows 系统）。

（2）NTFS 文件系统

随着计算机技术的发展,单个文件越来越大,对于单个文件 4 GB 的约束,已经难于满足用户对文件系统的需求。自 1993 年至今 NTFS 文件系统已经变得越发成熟,它突破了老式的 FAT 文件系统的束缚,最大支持单个文件 2 TB 的大小,即使面对最为严苛的数据存储,以目前的数据大小,NTFS 也可以胜任。

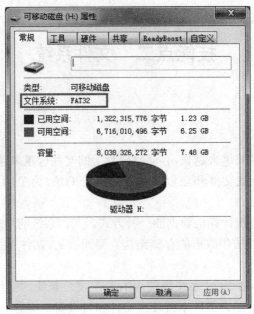

图 3-5 FAT32 文件系统

该文件系统的详细定义属于商业机密,微软公司已经将其注册为知识产权产品。NTFS 文件系统如图 3-6 所示(截取自 Windows 系统)。

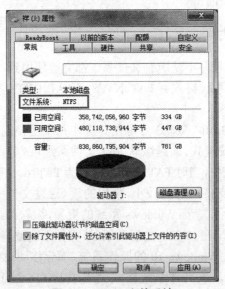

图 3-6 NTFS 文件系统

(3)exFAT 文件系统

在 U 盘插入计算机后,如果要对其进行分区,会出现另外一个文件系统 exFAT,它是由于 FAT32 文件系统等不支持 4 G 及其更大的文件而被推出。exFAT 是微软为闪存(常见的 SD 卡就为闪存的一种)而设计的文件系统。该文件系统常用于 U 盘等闪存设备,对于磁盘该文件系统并不适用。exFAT 文件系统如图 3-7 所示(截取自 Windows 系统)。

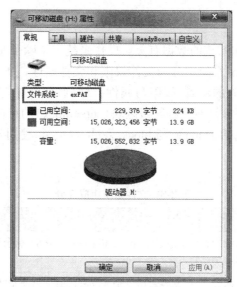

图 3-7　exFAT 文件系统

(4) EXT 文件系统

EXT（全称为 Extended file system，意为扩充文件系统）是 Linux 系统的第一个文件系统。最初版本的 EXT 文件系统于 1992 年发表，如今 EXT 的最新版本为 EXT 4。EXT 作为 Linux 系统中最常见的文件系统，被广泛地应用在各种 Linux 发行版之上，例如：CentOS 5.X、CentOS 6.X 版本，都支持 EXT 文件系统。而 EXT 文件系统虽然被使用广泛，但是依然有其自己的弊端：格式化较慢。因此在 CentOS 7.X 系统开始文件系统已经由 EXT 4，转变为了 XFS。

## 3　XFS 文件系统

XFS 文件系统并不是最近才出现的，XFS 最早于 1993 年发布。2000 年，该文件系统被移植到 Linux 系统上。XFS 的特点是擅长处理大文件，提供平滑的数据传输。目前 XFS 主要包含如下所示四个特性。

(1) 数据完整性

使用 XFS 作为文件系统时，如果发生死机的状况，由于 XFS 开启了日志文件功能，所以磁盘上的文件不会因为计算机意外"死机"遭到破坏，并且无论数据量的大小，XFS 文件系统都可以根据日志文件在短时内恢复数据内容。

(2) 传输特性

分配存储空间块是 XFS 的另一个特性，对 Linux 系统上的各种文件系统对比，XFS 文件系统性能最为出众。

(3) 可扩展性

XFS 是一个 64 位的文件系统，可以支持上百万 TB 字节存储空间。最大支持文件的大小为 9 EB，最大的系统文件尺寸为 18 EB。

(4) 传输带宽

XFS 吞吐量最高可以达到 7 GB/s。对单个文件的吞吐量可达到 4 GB/s。

## 4 文件系统工作原理

文件系统的运行和操作系统的数据有关。操作系统之中除了文件的实际数据之外，文件还有很多的属性，例如 Linux 系统中分为文件权限和文件属性。文件系统会将文件实际内容和文件属性分别存储在不同的位置，权限与属性存储到 inode 中，实际数据则被放置到 data block 区块中。除这两种之外，还有一种超级区块（superblock）的存在，超级区块会记录整个文件系统的整体内容，其中包括了 inode 与 block 总量、剩余量、使用量。三种区块的功能如表 3-3 所示。

表 3-3  文件系统组成部分

| 名 称 | 说 明 |
| --- | --- |
| superblock | 记录文件系统的整体信息包括 inode 和 block 的总量、剩余量和使用量，以及文件系统的格式与相关信息 |
| inode | 记录文件的属性，一个文件占用一个 inode，同时记录此文件的数据所在的 block 号码 |
| block | 实际记录文件的内容，若文件太大时，会占用多个 block |

通过表格可以得出，由于 inode 会存储 block 的号码，所以如果找到了一个文件的 inode 时，就可以通过 inode 记录的 block 号码找到文件的实际数据所存储的块，也就可以找到文件的实际数据。而这种读取文件的方式被称为索引式文件系统。索引式文件系统工作方式如图 3-8 所示。

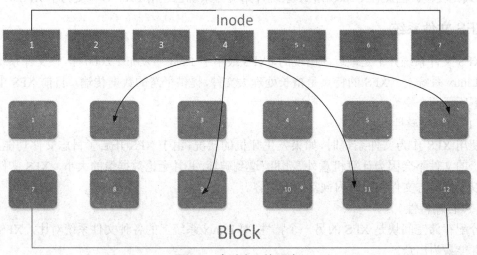

图 3-8  索引式文件系统

图中每个 inode 与 block 都有自己相应的编号，而每个文件都会占用一个 inode，inode 内会存储文件的相关属性和文件数据对应块的编号。因此如果可以找到编号为 4 的 inode 的话，就可以从 inode 读取出文件对应块的信息，进而找到 Block2、Block6、Block9 和 Block11 四个块，操作系统就可以按照顺序将文件内容读取出来。

## 5 文件系统常用命令

通过对文件系统讲解之后，明白文件磁盘的整体数据存储在 superblock 中，每个容量的相关信息存储在 inode 之中。

查看文件主要分为两个命令，一个为“df”，另外一个为“du”。

（1）“df”命令

查看文件系统整体磁盘使用量的命令为“df”，可以用“df --help”命令查看其说明，格式如下所示。

```
df --help
用法：df [ 选项 ]〈目录或文件名〉
```

“df”命令常用选项，如表 3-4 所示。

表 3-4 “df“命令常用选项

| 选 项 | 说 明 |
|---|---|
| 为空 | 默认会将系统内所有的都以 1KBytes 的容量来列出来 |
| -a | 推算目录所占容量 |
| -k | 列出所有的文件系统，包括特有的 /proc 等文件系统 |
| -m | 区块为 1 048 576 字节 |
| -h | 以人们较易阅读的 GBytes，MBytes，KBytes 等格式自行显示 |
| -H | 等于“-h”，但是计算式，1K=1 000，而不是 1K=1 024 |
| -T | 以 M=1 000K 取代 M=1 024K 的进位方式 |
| -i | 不用磁盘容量，而以 inode 的数量来显示 |

“df”命令执行结果如图 3-9 所示。

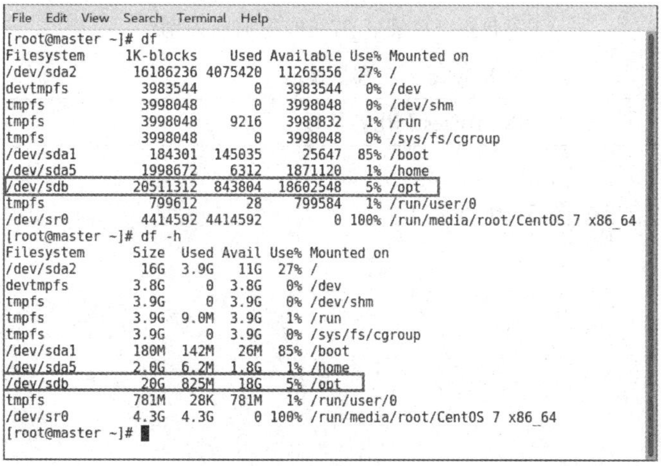

```
File Edit View Search Terminal Help
[root@master ~]# df
Filesystem     1K-blocks    Used Available Use% Mounted on
/dev/sda2       16186236 4075420  11265556  27% /
devtmpfs         3983544       0   3983544   0% /dev
tmpfs            3998048       0   3998048   0% /dev/shm
tmpfs            3998048    9216   3988832   1% /run
tmpfs            3998048       0   3998048   0% /sys/fs/cgroup
/dev/sda1         184301  145035     25647  85% /boot
/dev/sda5        1998672    6312   1871120   1% /home
/dev/sdb        20511312  843804  18602548   5% /opt
tmpfs             799612      28    799584   1% /run/user/0
/dev/sr0         4414592 4414592         0 100% /run/media/root/CentOS 7 x86_64
[root@master ~]# df -h
Filesystem      Size  Used Avail Use% Mounted on
/dev/sda2        16G  3.9G   11G  27% /
devtmpfs        3.8G     0  3.8G   0% /dev
tmpfs           3.9G     0  3.9G   0% /dev/shm
tmpfs           3.9G  9.0M  3.9G   1% /run
tmpfs           3.9G     0  3.9G   0% /sys/fs/cgroup
/dev/sda1       180M  142M   26M  85% /boot
/dev/sda5       2.0G  6.2M  1.8G   1% /home
/dev/sdb         20G  825M   18G   5% /opt
tmpfs           781M   28K  781M   1% /run/user/0
/dev/sr0        4.3G  4.3G     0 100% /run/media/root/CentOS 7 x86_64
[root@master ~]# 
```

图 3-9 “df”执行结果命令

"df"命令显示结果都是分为六列,其格式如表3-5所示。

表3-5 "df"命令查看结果说明

| 表头内容 | 内容 | 说明 |
| --- | --- | --- |
| Filesystem | /dev/sdb | 文件系统名称 |
| Size/1K-blocks | 20G/20511312 | 容量 |
| used | 843804/825M | 使用掉的磁盘空间 |
| Avail | 18G/18602548 | 剩余空间容量 |
| Use% | 5% | 使用率 |
| Mounted | /opt | 磁盘目录所在 |

(2) "du"命令

查看文件系统整体磁盘使用量的另一个命令为"du","du"命令是针对文件夹的命令。可以用"du --help"命令查看其说明,格式如下所示。

```
du--help
用法:du [ 选项 ]〈目录或文件名〉
```

"du"命令常用选项如表3-6所示。

表3-6 "du"命令常用选项

| 选项 | 说明 |
| --- | --- |
| 为空 | 列出系统所有文件夹,并且显示其个数 |
| -a | 列出所有的文件与目录容量,因为默认仅统计目录底下的文件量 |
| -h | 以较易读的容量格式(GB、MB)显示 |
| -s | 列出总量,而不分别列出每个的目录占用容量 |
| -S | 不包括子目录下的总计,与 -s 有差别 |
| -k | 以 KBytes 列出容量显示 |
| -m | 以 MBytes 列出容量显示 |

"du"命令执行结果如图3-10所示。

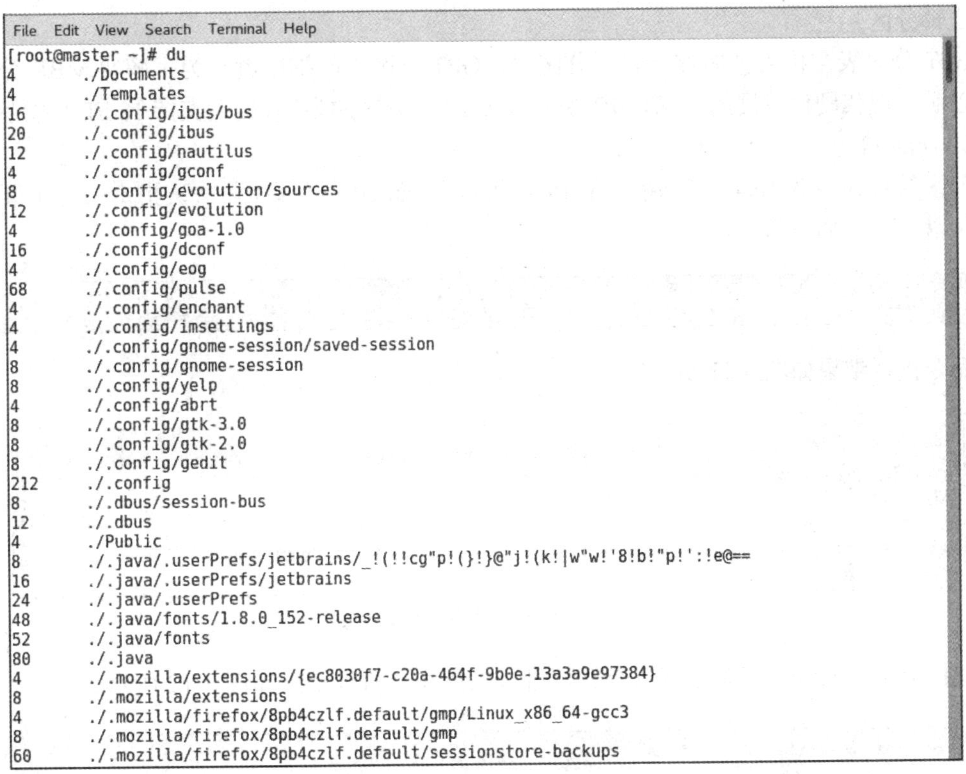

图 3-10 "du"命令执行结果

## 技能点三　磁盘管理

### 1　分区

（1）分区简介

分区就是将硬盘分割成若干块的区域，用来存放不同类型的数据。传统硬盘分区可以分为两类：主分区和扩展分区。主分区一般用来存放操作系统，而扩展分区则用于存储除操作系统之外的其他文件。

（2）硬盘分区表

硬盘分区表是整个硬盘的架构。硬盘分区表就像是分区的标识，而操作系统是通过硬盘分区表将硬盘分为若干个区域。如果硬盘分区表被损坏，将导致某个分区消失或者是硬盘无法使用。常见的分区方案有两种：MBR 分区表和 GPT 分区表。

MBR 全称是主引导记录，最早在 1983 年就已经提出。由于其存在于驱动器的开始部分的一个特殊启动扇区内，所以被称为"主引导记录"，在第一个扇区内，包含了已经安装的操作系统的启动器和逻辑分区信息。MBR 分区有两个特点：无法处理大于 2.2 TB 容量的分区和支持最多四个主分区（如果想要创建更多的分区，必须创建一个"扩展分区"，并在扩展分区内创建逻辑分区）。

GPT 分区表全称为全局唯一表示分区表，GPT 分区表的推出就是为了解决 MBR 分区表的难以满足现代硬件发展的需求，GPT 突破了 2.2 TB 分区的限制，最大支持 18 EB 的分区。

（3）parted 分区管理工具

分区管理命令为"parted"，输入"parted"可进入 parted 管理界面，默认指定第一个硬盘为操作硬盘。命令如下所示。

```
parted
```

命令执行结果如图 3-11 所示。

```
File Edit View Search Terminal Help
[root@master ~]# parted
GNU Parted 3.1
Using /dev/sda
Welcome to GNU Parted! Type 'help' to view a list of commands.
(parted)
```

图 3-11 "parted"命令执行结果

根据提示输入"help"命令可以查看可进行的操作。执行结果如图 3-12 所示。

```
File Edit View Search Terminal Help
[root@master ~]# parted
GNU Parted 3.1
Using /dev/sda
Welcome to GNU Parted! Type 'help' to view a list of commands.
(parted) help
  align-check TYPE N                        check partition N for TYPE(min|opt)
        alignment
  help [COMMAND]                            print general help, or help on
        COMMAND
  mklabel,mktable LABEL-TYPE                create a new disklabel (partition
        table)
  mkpart PART-TYPE [FS-TYPE] START END      make a partition
  name NUMBER NAME                          name partition NUMBER as NAME
  print [devices|free|list,all|NUMBER]      display the partition table,
        available devices, free space, all found partitions, or a particular
        partition
  quit                                      exit program
  rescue START END                          rescue a lost partition near START
        and END
  rm NUMBER                                 delete partition NUMBER
  select DEVICE                             choose the device to edit
  disk_set FLAG STATE                       change the FLAG on selected device
  disk_toggle [FLAG]                        toggle the state of FLAG on selected
        device
  set NUMBER FLAG STATE                     change the FLAG on partition NUMBER
  toggle [NUMBER [FLAG]]                    toggle the state of FLAG on partition
        NUMBER
  unit UNIT                                 set the default unit to UNIT
  version                                   display the version number and
        copyright information of GNU Parted
(parted)
```

图 3-12 "parted--help"命令执行结果

parted 工具可执行的常用命令及其说明如表 3-7 所示。

表 3-7 parted 可执行命令说明

| 命　令 | 命令可选参数 | 说　明 |
| --- | --- | --- |
| cp [FROM-DEVICE] FROM-MINOR TO-MINOR | 驱动器位置 | 将文件系统复制到另一个分区 |
| help [ 命令 ] | parted 命令 | 显示输入命令的帮助信息 |
| mklabel[ 标签类型 ] | gpt、mbr | 创建新的硬盘分区表 |
| mkpart [ 分区类型 ][ 文件系统类型 ] [ 起始点 ][ 终止点 ] | 分区类型：gpt、mbr<br>文件系统类型：ext2、ext3、ext4、xfs | 创建带有参数的分区 |
| name[ 编号 ] | 将要作为名称的编号 | 将编号作为所选分区的名称 |
| print |  | 打印所选分区的相关信息 |
| quit |  | 退出程序 |
| rescue[ 起始点 ][ 终止点 ] | 填写起始点和终止点的位置 | 恢复临近起始点和终止点的丢失分区 |
| select[ 设备名 ] | 硬盘名（设备） | 选择要编辑的硬盘（设备） |
| rm [ 编号 ] | 编号 | 删除编号为所选编号的分区 |
| version |  | 查看 parted 版本 |

通过以下命令查看硬盘信息。

parted /dev/sda print

命令执行结果如图 3-13 所示。

```
[root@master ~]# parted /dev/sda print
Model: VMware, VMware Virtual S (scsi)
Disk /dev/sda: 21.5GB
Sector size (logical/physical): 512B/512B
Partition Table: msdos
Disk Flags:

Number  Start   End     Size    Type      File system     Flags
 1      1049kB  200MB   199MB   primary   ext4            boot
 2      200MB   17.2GB  17.0GB  primary   ext4
 3      17.2GB  19.3GB  2147MB  primary   linux-swap(v1)
 4      19.3GB  21.5GB  2152MB  extended
 6      19.3GB  19.3GB  1049kB  logical
 5      19.3GB  21.5GB  2147MB  logical   ext4

[root@master ~]#
```

图 3-13 parted/dev/sda 磁盘信息

通过查看结果会得知该硬盘的相关信息（圈出的部分），结果图中所有信息如表 3-8 所示。

表 3-8　查看硬盘信息结果说明

| 标识 | 内容 | 说明 |
| --- | --- | --- |
| Model | VMware, VMware Virtual S (scsi) | 硬盘模块名称（厂商） |
| Disk | /dev/sda: 21.5GB | 硬盘的总容量 |
| Sector size (logical/physical): | 512B/512B | 磁盘的每个逻辑/物理扇区容量 |
| Partition Table: | msdos | 分区表类型 |
| Disk Flags: | | 硬盘标志 |
| Number | 1 | 编号 |
| Start | 1049KB | 分区起始位 |
| End | 200MB | 分区结束位 |
| Size | 199MB | 分区容量 |
| Type | primary | 分区类型 |
| File system | ext4 | 文件系统 |
| Flags | boot | 硬盘标志 |

（4）硬盘分区命令

硬盘分区命令分为两个："gdisk"和"fdisk"。两个命令在使用上并无区别，唯一区别在于：MBR 分区表使用"fdisk"分区，GPT 分区表使用"gdisk"分区。"fdisk"命令格式如下。

fdisk[ 必要选项 ][ 可选选项 ]

命令参数如表 3-9 所示。

表 3-9　分区命令选项

| 参数名称 | 说　明 |
| --- | --- |
| 必要选项 ||
| -l | 列出所有分区表 |
| -u | 与"-l"搭配使用，显示分区数目 |
| 可选选项 ||
| -s< 分区编号 > | 指定分区 |
| -v | 版本信息 |

通过以下命令可以查看分区信息。

fdisk -l -u

结果如图 3-14 所示。

```
File  Edit  View  Search  Terminal  Help
[root@master ~]# fdisk -l -u
Disk /dev/sdb: 21.5 GB, 21474836480 bytes, 41943040 sectors
Units = sectors of 1 * 512 = 512 bytes
Sector size (logical/physical): 512 bytes / 512 bytes
I/O size (minimum/optimal): 512 bytes / 512 bytes


Disk /dev/sda: 21.5 GB, 21474836480 bytes, 41943040 sectors
Units = sectors of 1 * 512 = 512 bytes
Sector size (logical/physical): 512 bytes / 512 bytes
I/O size (minimum/optimal): 512 bytes / 512 bytes
Disk label type: dos
Disk identifier: 0x000cfcd7

   Device Boot      Start         End      Blocks   Id  System
/dev/sda1   *        2048      391167      194560   83  Linux
/dev/sda2          391168    33546239    16577536   83  Linux
/dev/sda3        33546240    37740543     2097152   82  Linux swap / Solaris
/dev/sda4        37740544    41943039     2101248    5  Extended
/dev/sda5        37744640    41938943     2097152   83  Linux
/dev/sda6        37742592    37744639        1024   83  Linux

Partition table entries are not in disk order
[root@master ~]#
```

图 3-14　分区信息结果

如果要对硬盘进行分区操作，需要输入"gdisk/fdisk ［文件目录］"进入 gdisk/fdisk 工具。命令结果如图 3-15 所示。

```
File  Edit  View  Search  Terminal  Help
[root@master ~]# gdisk /dev/sda
GPT fdisk (gdisk) version 0.8.6

Partition table scan:
  MBR: MBR only
  BSD: not present
  APM: not present
  GPT: not present


***************************************************************
Found invalid GPT and valid MBR; converting MBR to GPT format.
THIS OPERATION IS POTENTIALLY DESTRUCTIVE! Exit by typing 'q' if
you don't want to convert your MBR partitions to GPT format!
***************************************************************

Command (? for help):
```

图 3-15　进入分区工具

分区工具进入后有命令选项，命令选项如表 3-10 所示。

表 3-10　分区工具命令选项

| 选　　项 | 说　　明 |
| --- | --- |
| m | 显示菜单和帮助信息 |

| 选项 | 说明 |
| --- | --- |
| a | 活动分区标记、引导分区 |
| d | 删除分区 |
| l | 显示分区类型 |
| n | 新建分区 |
| p | 显示分区信息 |
| q | 退出不保存 |
| t | 设置分区号 |
| v | 进行分区检查 |
| w | 保存修改 |
| x | 扩展应用,高级功能 |

## 2  磁盘格式化

在系统分区后,需要进行格式化,磁盘才可以使用。而格式化就是安装文件系统。磁盘格式化非常简单,只有一条命令,格式如下。

mkfs [ 选项 ] 磁盘名称

"mkfs"选项和使用方式如表 3-11 所示。

表 3-11  磁盘格式化命令参数

| 选项 | 参数附加值 | 说明 |
| --- | --- | --- |
| -V |  | 显示详细模式 |
| -t | xfs<br>ext4<br>ext3 | 格式化磁盘并将文件系统改为指定参数的附加值 |
| -c |  | 可以检查是否有坏轨 |
| block |  | 给定 block 的大小 |

通过以上命令格式化时需要注意以下两点。

● 格式化会将文件原有数据清空;

● 命令附加数值时如果不填写单位,默认是 Bytes(字节),可以使用 k、m、g、t、p(小写)来解释。

通过将硬盘格式化案例,明白该命令的用法,格式化硬盘如示例代码 CORE0301 所示。

| 示例代码 CORE0301 格式化硬盘 |
|---|
| # 将 /dev/sda1 格式化并写入 ext4 文件系统<br>mkfs -t ext4 /dev/sda1 |

"mkfs"是一个综合指令,"mkfs"命令可以查看所有系统所有支持的文件系统,查看所有文件系统命令如下所示,输入 mkfs 按两下 Tab 键。查看所支持文件系统结果如图 3-16 所示。

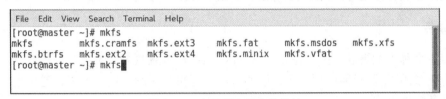

图 3-16 查看所支持文件系统

通过命令可以看到,CentOS 7.4 所支持的文件系统有十种,由于大多数企业和生产状况都使用 ext 文件系统,所以只需要了解其中四种(ext2/3/4、xfs)即可。

### 3 磁盘挂载

磁盘挂载是指将一个设备(存储设备)挂接到一个已经存在的目录上(可以在挂载时创建)。如果想要访问驱动器,必须将文件所在的分区挂载到一个目录上,通过目录访问存储设备。

在挂载磁盘时,如果原来被挂载的目录不是空的,那么原来目录的东西就会暂时无法查看。如果卸载掉分区后,该文件夹内容就会再次被读取出来。所以在此建议:如果需要挂载磁盘,创建一个新文件夹进行挂载。

(1)磁盘挂载命令

磁盘挂载需要使用"mount"命令,输入"mount --help"命令可以查看"mount"命令的帮助,"mount"命令格式如下所示。

| mount [ 选项 ] [ 挂载设备 ] [ 目标文件名 ] |
|---|

"mount"选项如表 3-12 所示。

表 3-12 磁盘挂载常用参数

| 选　项 | 说　明 |
|---|---|
| -V | 显示程序版本 |
| -h | 显示帮助信息 |
| -a | 将 /etc/fstab 中定义的所有档案系统挂上 |
| -F | 通常和 -a 一起使用,为每一个 mount 的动作产生一个行程负责执行。可以加快挂载的动作 |
| -t[ 类型 ] | 指定档案系统的型态,通常不必指定 |
| -o ro | 使用只读模式挂载 |

续表

| 选项 | 说明 |
| --- | --- |
| -o rw | 使用可读写模式挂载 |
| -L | 将含有特定标签的硬盘分割挂载 |

挂载命令具体使用方法，在本项目任务实施中会使用对硬盘的挂载和硬盘开机默认挂载。

### 4 逻辑卷

逻辑卷全称为逻辑卷分区。在为磁盘分区之后，基本磁盘分区不能随意扩展，如果想要将磁盘分为更多的区域，只能采用逻辑分区的方法。逻辑分区读写速率低于普通磁盘，但其拥有灵活的设备管理方式。

逻辑卷的创建过程：从安装硬件设备开始，硬件设备被创建成物理卷（PV），在物理卷上较为分散的各物理卷的存储空间组成卷组（VG），最后在卷组上可以分割不同的逻辑卷（LV）。

想要了解逻辑卷的更多知识，可以查看以下二维码相关信息。

## 技能点四　外部存储设备

### 1 外部存储设备简介

外部存储设备，顾名思义就是指不属于计算机内部（硬盘等）的存储设备。此类存储器一般断电后仍然可以保存数据。常见的外部存储有 U 盘、光盘、软盘、移动硬盘等。

### 2 外部存储设备挂载

在众多外部存储设备种类中，软盘已经被淘汰，而光盘的使用率也在下降。但是对于 Linux 系统来说，此类设备的访问方式都是相同的。如果想要访问外部存储设备，需要将设备挂载到本地的文件夹中，使用挂载命令，用户可以从系统中访问到该设备。

挂载外部设备的命令格式如下所示。

```
mount -t type device dir
```

对于挂载命令的参数说明，如表 3-13 所示，需要注意的是，Linux 系统只能在使用 root 用户权限的情况下挂载外部设备。

表 3-13 挂载设备参数说明

| 参　数 | 说　明 |
|---|---|
| mount | 挂载命令 |
| -t type | 指定文件系统类型，通常不必指定，mount 会自动选用正确的状态 |
| device | 需要挂载的设备 |
| dir | 目标文件夹 |

通过安装 VMware Tools（虚拟机工具）熟悉外部设备挂载命令的使用方法。此方式为模拟实体机进行操作，在使用实体机操作时，挂载步骤与此步骤的顺序和结果相同。

在安装虚拟机时，需要安装 VMware Tools。安装该工具时需要使用光盘挂载。挂载光盘之前需要装入光盘并查看光盘是否安装成功，查看方法如示例代码 CORE0302 所示。

| 示例代码 CORE0302 查看光盘是否安装成功 |
|---|
| [root@master ~]# lsblk |

查看光盘名称如图 3-17 所示。

```
[root@master ~]# lsblk
NAME    MAJ:MIN RM   SIZE RO TYPE MOUNTPOINT
sda       8:0    0   20G  0 disk
├─sda1    8:1    0  190M  0 part /boot
├─sda2    8:2    0 15.8G  0 part /
├─sda3    8:3    0    2G  0 part [SWAP]
├─sda4    8:4    0    1K  0 part
├─sda5    8:5    0    2G  0 part /home
└─sda6    8:6    0    1M  0 part
sdb       8:16   0   20G  0 disk /opt
sr0      11:0    1 55.7M  0 rom  /run/media/root/VMware Tools
[root@master ~]#
```

图 3-17　查看光盘名称

光盘安装成功后，开始进行挂载。在 Linux 系统中所有的外部设备都被放置在"/dev/ 设备名"目录下，挂载时需要使用该目录名挂载到系统中，挂载方法如示例代码 CORE0303 所示。

| 示例代码 CORE0303 光盘挂载 |
|---|
| # 在 /mnt 目录下创建 cdrom 供挂载光驱使用 |
| [root@master ~]# mkdir /mnt/cdrom |
| # 使用命令挂载光驱至 cdrom 目录 |
| [root@master ~]# mount /dev/sr0 /mnt/cdrom/ |
| #mount 命令会提示光驱只读，不可以写入 |
| mount: /dev/sr0 is write-protected, mounting read-only |

```
# 进入 /mnt/cdrom/ 目录查看挂载结果
[root@master ~]# cd /mnt/cdrom/
# 显示目录文件内容
[root@master cdrom]# ls
```

挂载结果如图 3-18 所示。

图 3-18　光盘挂载结果

"/mnt/cdrom"目录为刚刚创建的目录,内容为空。但是通过挂载之后,经过查看发现其中有了文件,说明挂载成功。

## 任务实施

通过对以上知识的学习,在 Linux 系统添加磁盘完成后对新磁盘格式化,然后对磁盘进行分区与挂载。本项目中使用 VMware Workstation 工具模拟在真实环境中添加硬盘,由于在学习阶段,重新购买硬盘会增加开销,因此使用该工具模拟硬盘的添加。值得注意的是,真实生产环境中添加硬盘后的操作和初始化,与本项目中的步骤与结果完全相同。

第一步:在系统关闭的情况下选中虚拟机,并点击导航栏的"虚拟机"按钮,如图 3-19 所示。

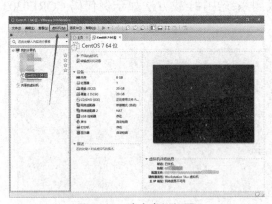

图 3-19　选中虚拟机图

图 3-20　虚拟机设置

第二步：点击之后，会出现菜单。在菜单栏点击"设置"按钮，弹出虚拟机设置界面，在界面中点击"添加"，如图 3-20 所示。

第三步：添加硬件向导页面，选择"硬盘"，点击"下一步"，如图 3-21 所示。

第四步：选择推荐"SCSI"类型硬盘，并点击"下一步"，如图 3-22 所示。

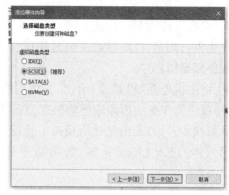

图 3-21　选择硬件类型　　　　　　　图 3-22　选择磁盘类型

第五步：选择"创建新的虚拟磁盘"，并点击"下一步"，如图 3-23 所示。

第六步：选择磁盘容量（建议 20 GB），并选择"将虚拟磁盘拆分成多个文件"，如图 3-24 所示。

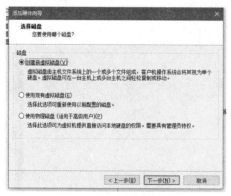
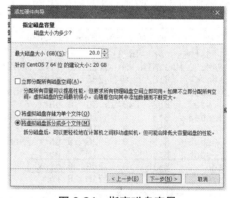

图 3-23　选择磁盘　　　　　　　　　图 3-24　指定磁盘容量

第七步：更改磁盘名称，推荐使用默认名称，并点击"完成"，如图 3-25 所示。

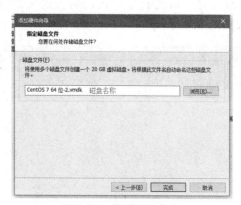

图 3-25　更改磁盘名称

需要注意的是，在使用实体 Linux 系统机器时，需要更换为如下步骤。
- 关闭正在使用的电脑。
- 将主机电源关闭，并将主机电源线拔除。
- 将主机上连接的外部设备线拔除。
- 将主机机箱外壳打开（可能会使用到螺丝刀等工具）。
- 将购置或需要添加的新硬盘，插入主板对应的插槽内（可能会使用到连接线），并将新硬盘在主机内固定，以防移动主机时连接线从插槽内掉落，或是硬盘晃动对主板或其他硬件设备造成外部损伤。
- 将主机外壳（机箱盖）合上，并使用拆开时使用到的零件固定（螺丝等零件）机箱外壳。
- 按照第 3 条的拆除顺序将外部设备重新插入，并连接主机电源线，打开电源。

从第八步开始，无论是使用模拟工具还是实体机，操作步骤相同。

第八步：进入 Linux 系统，使用命令查看硬盘是否添加成功。如示例代码 CORE0304 所示。

示例代码 CORE0304 查看添加硬盘的信息

[root@master ~]# lsblk

结果如图 3-26 所示，图中被框出的部分为新添加的硬盘。

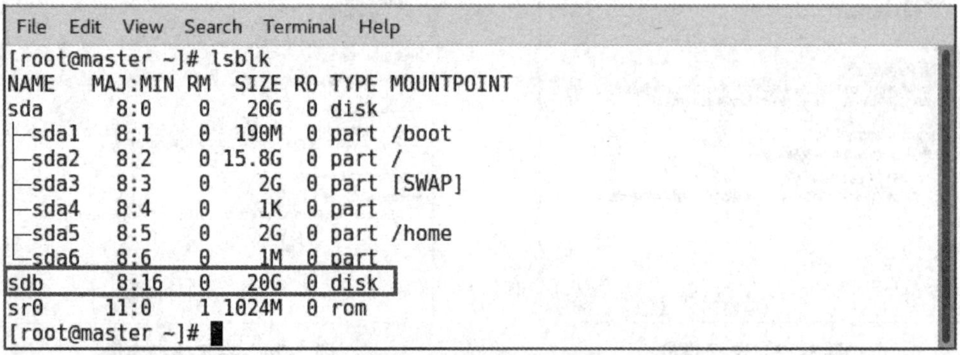

图 3-26 硬盘添加结果

第九步：添加硬盘成功后，对硬盘进行分区。硬盘分区方法需要使用 fidsk 工具，进入 fdisk 工具方法如示例代码 CORE0305 所示。

示例代码 CORE0305 使用 fdisk 工具选定磁盘

[root@master ~]# fdisk /dev/sdb

结果如图 3-27 所示。

项目三　Linux 磁盘与文件系统

```
File  Edit  View  Search  Terminal  Help
[root@master ~]# fdisk /dev/sdb
Welcome to fdisk (util-linux 2.23.2).

Changes will remain in memory only, until you decide to write them.
Be careful before using the write command.

Device does not contain a recognized partition table
Building a new DOS disklabel with disk identifier 0x3098de87.

Command (m for help):
```

图 3-27　使用 fdisk 工具

第十步：在进入 fdisk 工具后，输入 m 查看 fdisk 工具可提供的操作。操作命令如示例代码 CORE0306 所示。

示例代码 CORE0306　查看 fdisk 工具可以提供的操作

Command (m for help): m

结果如图 3-28 所示。

```
File  Edit  View  Search  Terminal  Help
Command (m for help): m
Command action
   a   toggle a bootable flag
   b   edit bsd disklabel
   c   toggle the dos compatibility flag
   d   delete a partition
   g   create a new empty GPT partition table
   G   create an IRIX (SGI) partition table
   l   list known partition types
   m   print this menu
   n   add a new partition
   o   create a new empty DOS partition table
   p   print the partition table
   q   quit without saving changes
   s   create a new empty Sun disklabel
   t   change a partition's system id
   u   change display/entry units
   v   verify the partition table
   w   write table to disk and exit
   x   extra functionality (experts only)

Command (m for help):
```

图 3-28　fdisk 可提供的操作

第十一步：通过给出的命令选项，完成硬盘分区。操作命令如例代码 CORE0307 所示。

示例代码 CORE0307　完成硬盘分区

Command (m for help): n

…………

Select (default p): e

…………

Partition number (1-4, default 1): 1

…………

First sector (2048-41943039, default 2048): 2048

…………

Last sector, +sectors or +size{K,M,G} (2048-41943039, default 41943039):

结果如图 3-29 所示。

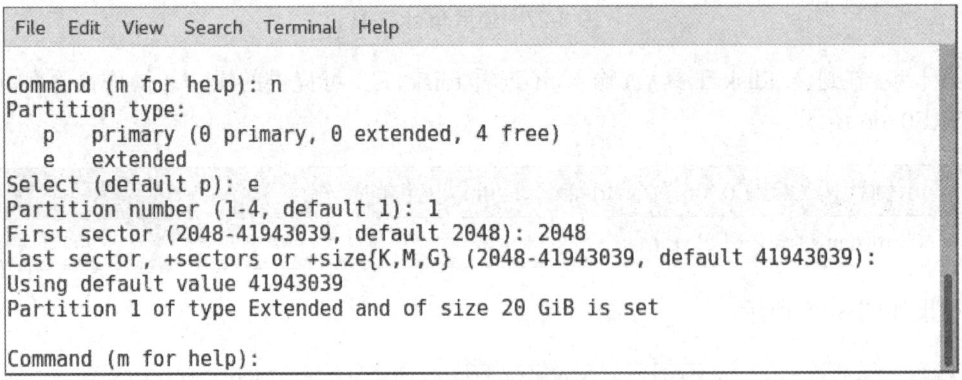

```
Command (m for help): n
Partition type:
   p   primary (0 primary, 0 extended, 4 free)
   e   extended
Select (default p): e
Partition number (1-4, default 1): 1
First sector (2048-41943039, default 2048): 2048
Last sector, +sectors or +size{K,M,G} (2048-41943039, default 41943039):
Using default value 41943039
Partition 1 of type Extended and of size 20 GiB is set

Command (m for help):
```

图 3-29　添加新分区执行结果

第十二步：保存分区结果。操作命令如示例代码 CORE0308 所示。

示例代码 CORE0308 保存分区结果

Command (m for help): w

结果如图 3-30 所示。

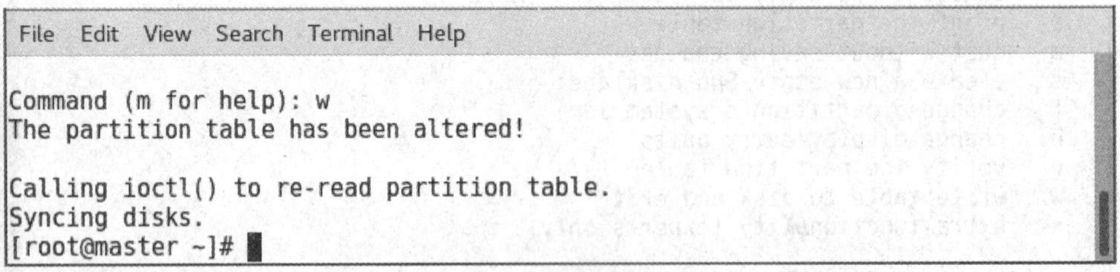

```
Command (m for help): w
The partition table has been altered!

Calling ioctl() to re-read partition table.
Syncing disks.
[root@master ~]#
```

图 3-30　保存分区结果

第十三步：对重新创建的分区进行格式化，文件系统为 xfs。操作命令如示例代码 CORE0309 所示。

示例代码 CORE0309 重新格式化

[root@master ~]# mkfs -t xfs /dev/sdb

结果如图 3-31 所示。

项目三 Linux 磁盘与文件系统    107

```
[root@master ~]# mkfs -t xfs -f /dev/sdb
meta-data=/dev/sdb              isize=512    agcount=4, agsize=1310720 blks
         =                      sectsz=512   attr=2, projid32bit=1
         =                      crc=1        finobt=0, sparse=0
data     =                      bsize=4096   blocks=5242880, imaxpct=25
         =                      sunit=0      swidth=0 blks
naming   =version 2             bsize=4096   ascii-ci=0 ftype=1
log      =internal log          bsize=4096   blocks=2560, version=2
         =                      sectsz=512   sunit=0 blks, lazy-count=1
realtime =none                  extsz=4096   blocks=0, rtextents=0
[root@master ~]#
```

图 3-31　分区格式化结果

第十四步：通过"blkid"命令查看格式化完成的分区的文件系统格式。操作命令如示例代码 CORE0310 所示。

| 示例代码 CORE0310 查看分区文件系统格式 |
| --- |
| [root@master ~]# blkid |

结果如图 3-32 所示。

```
[root@master ~]# blkid
/dev/sda2: UUID="36092d6c-ed09-4343-b935-1bf365b191a5" TYPE="ext4"
/dev/sda1: UUID="2858a099-9c36-4bb2-b02e-a5ce3e5bc745" TYPE="ext4"
/dev/sda3: UUID="ee39865f-4ef0-45e3-b9af-43fca6200a79" TYPE="swap"
/dev/sda5: UUID="81aea87d-0147-4d34-a65c-d34a8d7c5af4" TYPE="ext4"
/dev/sdb:  UUID="8af5eb06-95dd-490b-a8ea-d6a76e630f42" TYPE="xfs"
[root@master ~]#
```

图 3-32　查看新分区的分区格式

第十五步：将分区好的磁盘进行挂载，重新启动系统。操作命令如示例代码 CORE0311 所示。

| 示例代码 CORE0311 挂载磁盘并重新启动系统 |
| --- |
| [root@master ~]# vim /etc/fstab |
| # 在打开的文件中增加以下命令 |
| /dev/sdb /opt xfs defaults 1 1 |
| # 重启命令，输入完成后敲击回车就可以重启 |
| [root@master ~]# reboot |

结果如图 3-33 所示。

```
# 
# /etc/fstab
# Created by anaconda on Tue Apr  3 22:07:01 2018
#
# Accessible filesystems, by reference, are maintained under '/dev/disk'
# See man pages fstab(5), findfs(8), mount(8) and/or blkid(8) for more info
#
UUID=36092d6c-ed09-4343-b935-1bf365b191a5 /           ext4    defaults        1 1
UUID=2858a099-9c36-4bb2-b02e-a5ce3e5bc745 /boot       ext4    defaults        1 2
UUID=81aea87d-0147-4d34-a65c-d34a8d7c5af4 /home       ext4    defaults        1 2
UUID=ee39865f-4ef0-45e3-b9af-43fca6200a79 swap        swap    defaults        0 0
/dev/sdb /opt xfs defaults 1 1
```

图 3-33 挂载磁盘

第十六步：保存并重启，重启后自动生效。重启完成后使用 mount 查看。操作命令如示例代码 CORE0312 所示。

| 示例代码 CORE0312 使用 mount 命令查看 |
|---|
| [root@master ~]# mount |

结果如图 3-34 所示。

```
[root@master ~]# mount
sysfs on /sys type sysfs (rw,nosuid,nodev,noexec,relatime,seclabel)
proc on /proc type proc (rw,nosuid,nodev,noexec,relatime)
devtmpfs on /dev type devtmpfs (rw,nosuid,seclabel,size=3983544k,nr_inodes=995886,mode=755)
securityfs on /sys/kernel/security type securityfs (rw,nosuid,nodev,noexec,relatime)
tmpfs on /dev/shm type tmpfs (rw,nosuid,nodev,seclabel)
devpts on /dev/pts type devpts (rw,nosuid,noexec,relatime,seclabel,gid=5,mode=620,ptmxmode=000)
tmpfs on /run type tmpfs (rw,nosuid,nodev,seclabel,mode=755)
tmpfs on /sys/fs/cgroup type tmpfs (ro,nosuid,nodev,noexec,seclabel,mode=755)
cgroup on /sys/fs/cgroup/systemd type cgroup (rw,nosuid,nodev,noexec,relatime,xattr,release_agent=/usr/lib/system
d/systemd-cgroups-agent,name=systemd)
pstore on /sys/fs/pstore type pstore (rw,nosuid,nodev,noexec,relatime)
cgroup on /sys/fs/cgroup/net_cls,net_prio type cgroup (rw,nosuid,nodev,noexec,relatime,net_prio,net_cls)
cgroup on /sys/fs/cgroup/freezer type cgroup (rw,nosuid,nodev,noexec,relatime,freezer)
cgroup on /sys/fs/cgroup/cpu,cpuacct type cgroup (rw,nosuid,nodev,noexec,relatime,cpuacct,cpu)
cgroup on /sys/fs/cgroup/devices type cgroup (rw,nosuid,nodev,noexec,relatime,devices)
cgroup on /sys/fs/cgroup/memory type cgroup (rw,nosuid,nodev,noexec,relatime,memory)
cgroup on /sys/fs/cgroup/hugetlb type cgroup (rw,nosuid,nodev,noexec,relatime,hugetlb)
cgroup on /sys/fs/cgroup/blkio type cgroup (rw,nosuid,nodev,noexec,relatime,blkio)
cgroup on /sys/fs/cgroup/perf_event type cgroup (rw,nosuid,nodev,noexec,relatime,perf_event)
cgroup on /sys/fs/cgroup/pids type cgroup (rw,nosuid,nodev,noexec,relatime,pids)
cgroup on /sys/fs/cgroup/cpuset type cgroup (rw,nosuid,nodev,noexec,relatime,cpuset)
configfs on /sys/kernel/config type configfs (rw,relatime)
/dev/sda2 on / type ext4 (rw,relatime,seclabel,data=ordered)
selinuxfs on /sys/fs/selinux type selinuxfs (rw,relatime)
systemd-1 on /proc/sys/fs/binfmt_misc type autofs (rw,relatime,fd=35,pgrp=1,timeout=0,minproto=5,maxproto=5,direc
t,pipe_ino=11834)
mqueue on /dev/mqueue type mqueue (rw,relatime,seclabel)
debugfs on /sys/kernel/debug type debugfs (rw,relatime)
hugetlbfs on /dev/hugepages type hugetlbfs (rw,relatime,seclabel)
nfsd on /proc/fs/nfsd type nfsd (rw,relatime)
/dev/sda1 on /boot type ext4 (rw,relatime,seclabel,data=ordered)
/dev/sda5 on /home type ext4 (rw,relatime,seclabel,data=ordered)
/dev/sdb on /opt type xfs (rw,relatime,seclabel,attr2,inode64,noquota)
sunrpc on /var/lib/nfs/rpc_pipefs type rpc_pipefs (rw,relatime)
```

图 3-34 查看新分区是否挂载成功

第十七步：使用命令查看新硬盘的挂载目录。操作命令如示例代码 CORE0313 所示。

| 示例代码 CORE0313 查看新硬盘的挂载目录 |
| --- |
| [root@master ~]# lsblk |

结果如图 3-35 所示。

```
[root@master ~]# lsblk
NAME   MAJ:MIN RM  SIZE RO TYPE MOUNTPOINT
sda      8:0    0   20G  0 disk
├─sda1   8:1    0  190M  0 part /boot
├─sda2   8:2    0 15.8G  0 part /
├─sda3   8:3    0    2G  0 part [SWAP]
├─sda4   8:4    0    1K  0 part
├─sda5   8:5    0    2G  0 part /home
└─sda6   8:6    0    1M  0 part
sdb      8:16   0   20G  0 disk /opt
sr0     11:0    1 1024M  0 rom
[root@master ~]#
```

图 3-35　查看新硬盘挂载目录

第十八步：进入硬盘挂载的文件夹，在文件夹上创建文件夹 project03，证明该分区可以使用。操作命令如示例代码 CORE0314 所示。

| 示例代码 CORE0314 验证分区可用 |
| --- |
| [root@master ~]# [root@master ~]# cd /opt |
| [root@master opt]# mkdir project03 |
| [root@master opt]# ls |

结果如图 3-36 所示。

```
[root@master ~]# cd /opt
[root@master opt]# mkdir project03
[root@master opt]# ls
project03
[root@master opt]#
```

图 3-36　验证分区可否使用

本项目主要介绍磁盘的相关知识，重点讲解如何对磁盘进行分区与格式化，并对文件系统进行了详细的讲解。通过对本项目的学习可以了解磁盘的概念与对磁盘的操作方法，提高对 Linux 系统使用的熟练度。

| inode | 索引 | disk | 磁盘 |
| block | 块 | device | 装置；设备 |
| avail | 效用 | model | 模型 |
| mounted | 安装 | flag | 标识 |
| record | 记录 | select | 挑选 |

## 一、选择题

(1) 下面哪个不是 Linux 系统中支持的文件系统类型（　　）。
A. FAT　　　　B. ext3　　　　C. ext4　　　　D. xfs

(2) 选购硬盘时哪个属性用来评估硬盘的档次（　　）。
A. 传输速率　　B. 缓存　　　　C. 容量　　　　D. 转速

(3) 下面哪种设备部使用 exFAT 文件系统（　　）。
A. U 盘　　　　B. 移动硬盘　　C. 硬盘　　　　D. 软盘

(4) 以下哪一个设备不是外部存储设备（　　）。
A. 光盘　　　　B. SD 卡　　　 C. 软盘　　　　D. 内存

(5) df 命令及其选项不可以用作以下哪种用途（　　）。
A. 查看磁盘文件系统　　　　B. 查看磁盘容量
C. 更改磁盘文件系统　　　　D. 推算目录容量

## 二、简答题

(1) Linux 支持的文件系统类型有哪些？
(2) 磁盘的转速是什么？常见的转速的数值是多少？

## 三、操作题

将任务实施中新添加的硬盘取消挂载，并重新格式化成 ext4 文件系统。

# 项目四　Linux 文本与编辑器

通过使用文本编辑器对文本的编辑操作，了解 Vim、Sed 和 Awk 编辑器，熟悉各编辑器的使用方法及 Linux 字符处理命令，掌握三种编辑器的基础命令。在任务实施过程中：
- 了解 Vim 编辑器编辑文件的方法；
- 熟悉 Sed 编辑器处理文本文件的方法；
- 掌握使用 Linux 命令删除重复字符等操作；
- 具有使用 Awk 流程控制语句的能力。

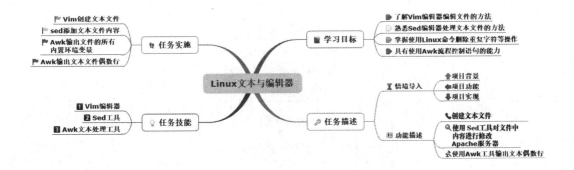

### 【情境导入】

在使用 Linux 系统过程中,对文本进行编辑是不可或缺的操作之一,但由于 Linux 常用作服务器操作系统使用,在一般情况下并不能使用其提供的用户图形界面,对文本文件内容进行修改和替换等操作比较烦琐。Linux 系统开发人员为了解决对文本文件进行编辑操作烦琐的问题,开发了 Vim、Sed 和 Awk 等文本编辑工具,这些工具提供了非常便利的快捷键以及对文本进行编辑的命令,解决了文件编辑烦琐且编辑周期较长的问题。在本项目中主要讲解了 Vim、Sed 和 Awk 的基本操作命令和使用方法。

### 【功能描述】

- 创建文本文件;
- 使用 Sed 工具对文件中内容进行修改;
- 使用 Awk 工具输出文本偶数行。

### 【效果展示】

通过对本项目的学习,使用 Vim 编辑器在"/usr/local/"目下创建名为 SunAndStars.txt 文件并编辑其中内容;使用 Sed 工具在该文件的指定行后插入一行文本并将该行文本保存到原文件中,并通过使用 Awk 工具输出 SunAndStars.txt 文件中的所有内置变量和该文件中一到十行之间的偶数行,具体实现方式如图 4-1 所示。

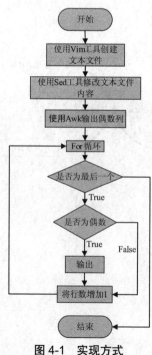

图 4-1 实现方式

# 技能点一　Vim 编辑器

## 1　Vim 工具简介

Vi（Visual editor）是工作在字符模式下的文本编辑器，多用于 Linux 和 Unix 系统。Vi 编辑器摒弃了大多数编辑器使用的图形界面，因而效率也得到了显著的提升。正因为 Vi 编辑器没有图形界面。所以并不能够像 Word 或 WPS 一样进行文档排版，在编辑可执行脚本时，Vi 可对单词进行高亮显示。

Vim 编辑器是 Vi 编辑器的升级版，拥有比 Vi 编辑器更简易的操作，Vi 中的命令以及功能也能够在 Vim 上使用。在编辑文件时 Vim 会将当前所编辑的内容存储到暂存缓冲区中。

在使用 Vim 编辑器对文件进行操作时可通过使用"vim --help"命令查看 Vim 编辑器的相关帮助信息，查看 Vim 帮助如示例代码 CORE0401 所示。

| 示例代码 CORE0401 查看帮助 |
| --- |
| [root@master ~]# vim --help |

Vim 帮助信息如图 4-2 所示。

```
File  Edit  View  Search  Terminal  Help
[root@master ~]# vim --help
VIM - Vi IMproved 7.4 (2013 Aug 10, compiled Aug  2 2017 00:45:39)

usage: vim [arguments] [file ..]       edit specified file(s)
   or: vim [arguments] -               read text from stdin
   or: vim [arguments] -t tag          edit file where tag is defined
   or: vim [arguments] -q [errorfile]  edit file with first error

Arguments:
   --                    Only file names after this
   -v                    Vi mode (like "vi")
   -e                    Ex mode (like "ex")
   -E                    Improved Ex mode
```

图 4-2　Vim 帮助信息

Vim 编辑器命令格式如下所示。文件路径中若存在要编辑的文件则直接打开并显示源文件中的内容，文件若不存在则会执行新建操作。

```
用法:vim [ 选项 ] [ 文件路径……]     编辑指定文件
 或:vim [ 选项 ]                  在标准输入设备中读取内容
```

常用选项如表 4-1 所示。

表 4-1 "Vim"命令常用选项

| 选 项 | 说 明 |
| --- | --- |
| -- | 在该选项后加文件名即可 |
| -v | Vi 编辑器模式 |
| -e | Ex 编辑器模式 |
| -E | 改进 Ex 编辑器模式 |

想要了解关于 Vi 编辑器的知识,请扫描下方二维码。

## 2 Vim 模式切换

目前多数编辑器都会使用的两种模式,分别是插入模式和执行命令模式,往往需要使用键盘和鼠标共同配合才能完成模式的切换或其他功能。而 Vim 能够做到仅通过键盘进行模式之间的切换,Vim 最小化的组合键操作能够提高文字录入员和程序员的工作效率,Vim 的常见基本模式如下。

(1)普通模式

大多数编辑器的默认模式为插入模式,而 Vim 在启动后默认为普通模式。普通模式主要为用户提供文本阅读功能,但也可配合快捷键对文本内容进行操作。在普通模式中可通过按〈a〉键(append)或〈i〉键(inster)切换到插入模式。以编辑 secure 文件为例,进入 Vim 编辑器的普通模式,使用 Vim 打开文件,如示例代码 CORE0402 所示。

```
示例代码 CORE0402 打开文件
[root@master ~]# vim /var/log/secure
```

普通模式如图 4-3 所示。

(2)插入模式

插入模式是较为常用的模式(在插入模式下终端窗口左下方会显示"--INSERT--"字样),在插入模式中可向文本缓冲区中插入文本,在该模式下可以使用〈Esc〉键切换到普通模式。插入模式如图 4-4 所示。

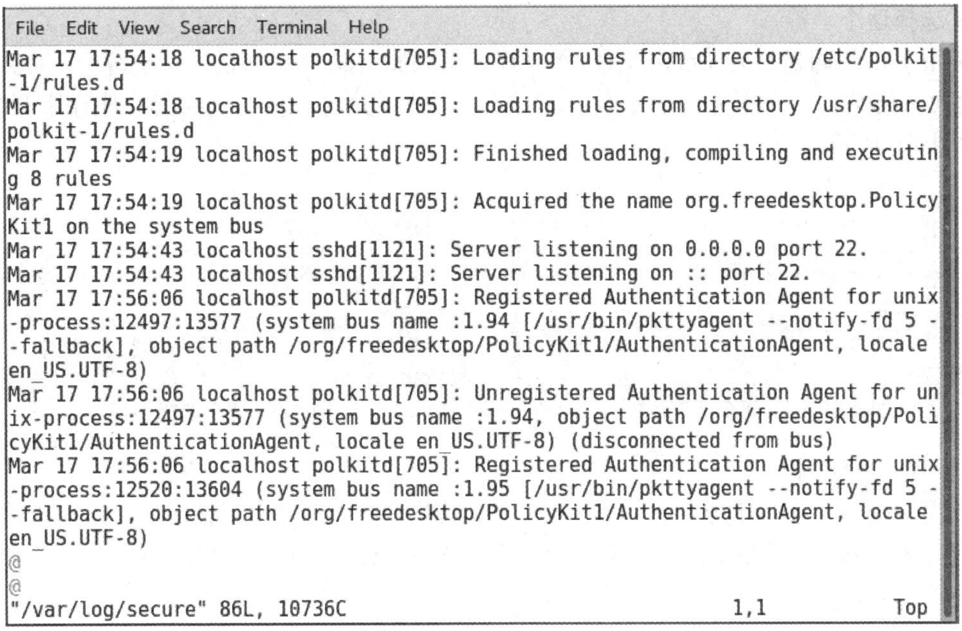

图 4-3 普通模式

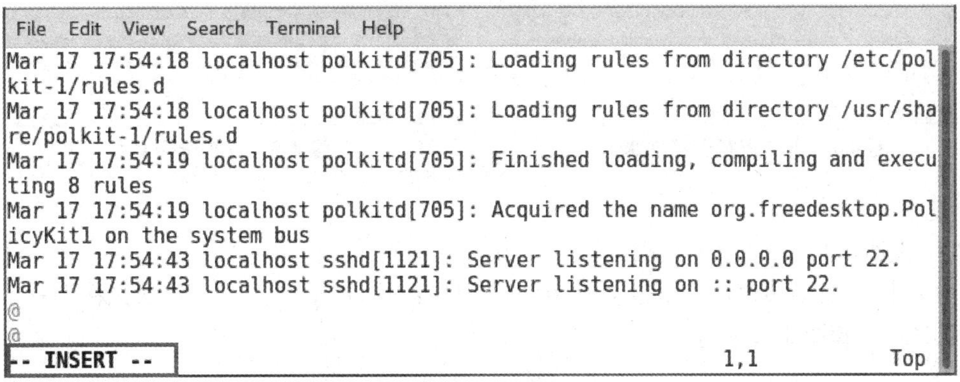

图 4-4 插入模式

（3）可视模式

可视模式与普通模式类似。在可视模式下可用通过按光标移动键选中一个文本区域（文本区域可为一行文本或一个文本块），Vim 会将选中的区域进行高亮显示，被选中的区域可通过快捷键进行删除和修改等操作。可视模式激活方式见表 4-2 所示。

表 4-2 可视模式激活方式

| 激活方式 | 说　明 |
| --- | --- |
| v（小写） | 选择逐个字符 |
| V（大写） | 逐行选择文本 |
| 〈Ctrl+v〉 | 选择块文本 |

① 选择逐个字符

使用 Vim 编辑器打开 secure 文件,将光标定位到 M,按〈v〉键激活逐个字符选择可视模式(该模式下终端窗口左下方会显示"--VISUAL--"字样)并向右移动光标逐个选择字符,如图 4-5 和图 4-6 所示。

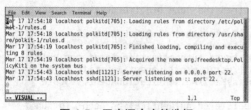

图 4-5　开启逐个字符选择

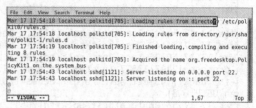

图 4-6　逐个选择字符

② 逐行选择文本

使用快捷键将光标定位到文档头(快捷键为敲击两下"g"按键),按下大写〈V〉键激活逐行选择文本(该模式下终端窗口左下方会显示"--VISUAL LINE--"字样),激活后向下移动光标即可选中光标所在行,如图 4-7 和图 4-8 所示。

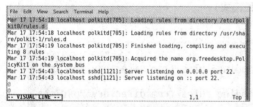

图 4-7　开启逐行选择文本

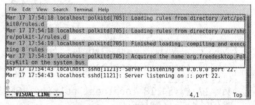

图 4-8　逐行选择文本

③ 选择块文本

使用快捷键将光标定位到文档头(快捷键为敲击两下"g"按键),按〈Ctrl+v〉激活选择块文本(在该模式下终端窗口左下方会显示"--VISUAL BLOCK--"字样),移动光标选择一个文本块,如图 4-9 和图 4-10 所示。

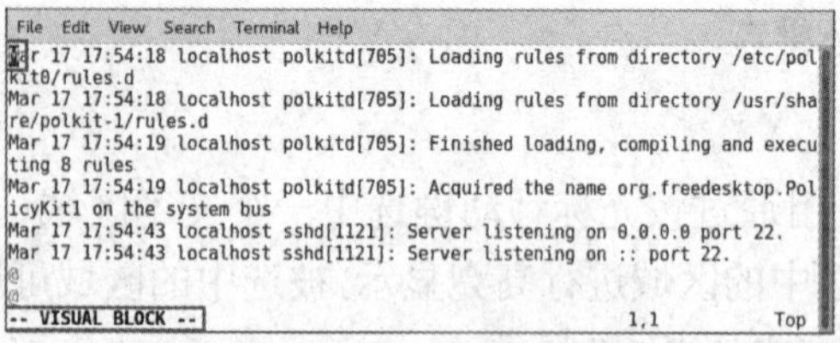

图 4-9　开启选择块文本

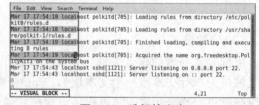

图 4-10　选择块文本

(4)命令模式

在普通模式中,按下":"按键即可进入命令模式(该模式下终端窗口左下方会显示":"字样)。在命令模式下可执行 Vim 提供的指令或插件提供的指令,如环境设置、文本操作、功能调用等,命令模式如图 4-11 所示。

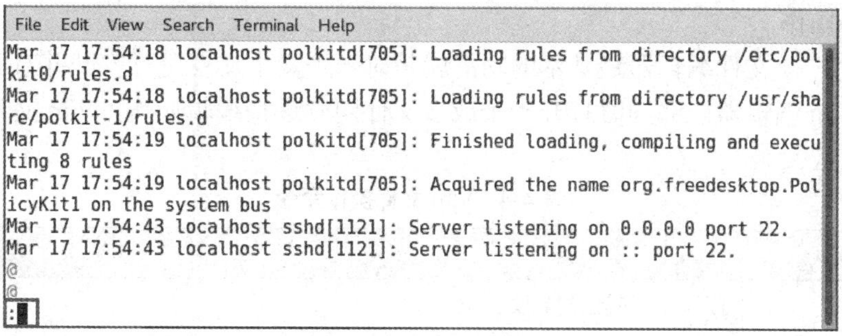

```
File Edit View Search Terminal Help
Mar 17 17:54:18 localhost polkitd[705]: Loading rules from directory /etc/pol
kit0/rules.d
Mar 17 17:54:18 localhost polkitd[705]: Loading rules from directory /usr/sha
re/polkit-1/rules.d
Mar 17 17:54:19 localhost polkitd[705]: Finished loading, compiling and execu
ting 8 rules
Mar 17 17:54:19 localhost polkitd[705]: Acquired the name org.freedesktop.Pol
icyKit1 on the system bus
Mar 17 17:54:43 localhost sshd[1121]: Server listening on 0.0.0.0 port 22.
Mar 17 17:54:43 localhost sshd[1121]: Server listening on :: port 22.
@
@
:
```

图 4-11　命令模式

## 3　Vim 基础操作

（1）Vim 参数

在使用 Vim 编辑文件时，可通过选用不同的参数确定文件的编辑方式，如以 Vi 模式或只读模式打开等，Vim 常用参数如表 4-3 所示。

表 4-3　Vim 命令常用参数

| 参　数 | 说　明 |
| --- | --- |
| -v | 以 Vi 编辑器方式打开文件 |
| -R | 以只读方式打开文件 |
| -b | 以二进制模式打开文件 |
| -D | 以更正模式打开文件 |
| -y | 以简单模式打开文件 |

使用 Vim 的只读方式打开文件，终端窗口左下方会提示"readonly"字样，只读方式打开文件如示例代码 CORE0403 所示。

示例代码 CORE0403　只读方式打开文件

[root@master ~]# vim –R /etc/passwd

结果如图 4-12 所示。

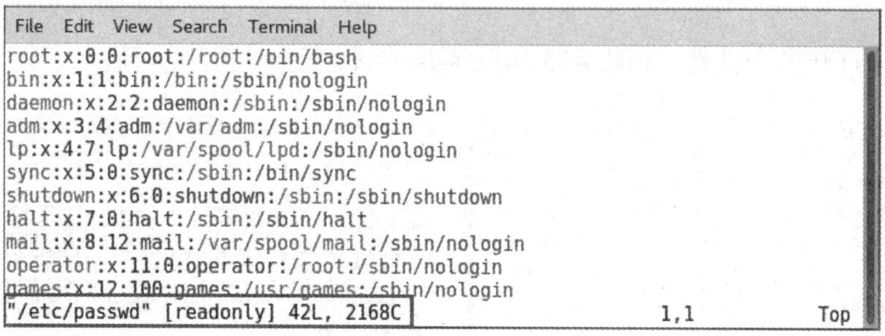

```
File Edit View Search Terminal Help
root:x:0:0:root:/root:/bin/bash
bin:x:1:1:bin:/bin:/sbin/nologin
daemon:x:2:2:daemon:/sbin:/sbin/nologin
adm:x:3:4:adm:/var/adm:/sbin/nologin
lp:x:4:7:lp:/var/spool/lpd:/sbin/nologin
sync:x:5:0:sync:/sbin:/bin/sync
shutdown:x:6:0:shutdown:/sbin:/sbin/shutdown
halt:x:7:0:halt:/sbin:/sbin/halt
mail:x:8:12:mail:/var/spool/mail:/sbin/nologin
operator:x:11:0:operator:/root:/sbin/nologin
games:x:12:100:games:/usr/games:/sbin/nologin
"/etc/passwd" [readonly] 42L, 2168C                    1,1           Top
```

图 4-12　只读方式打开文件

（2）文件操作

Vim 作为一个文件编辑器最基本的功能就是对一个文本文件进行打开并对文件中的内容进行操作。Vim 编辑器能够同时打开一个或多文件同时进行编辑操作，Vim 文件操作命令如表 4-4 所示。

表 4-4　Vim 文件操作命令

| 命　令 | 说　明 |
| --- | --- |
| vim file | 打开文件或创建新文件 |
| vim file1,file2,file3 | 同时打开多个文件 |
| :open file | 在新窗口中打开文件 |
| :bn | 切换到上一个文件 |
| :bp | 切换到下一个文件 |
| :args | 查看当前打开的文件列表 |
| :w filename | 将暂存缓冲区的内容写入 filename 文件中 |
| :r filename | 在当前光标位置插入其他文件中的内容 |
| :w! filename | 将暂存缓冲区的内容强制写入 filename 文件中 |
| :q | 在未对文档做任何编辑操作时可用此命令退出 Vim 编辑器 |
| :w | 将暂存缓冲区中的内容保存到使用 Vim 命令打开的文本中 |
| :wq | 与 :w 类似，此命令保存文件后会退出 Vim 编辑器 |
| :q! | 强制退出 Vim 编辑器并放弃修改 |
| :w! | 强制保存，使用于文件所有者和超级用户修改只读文件 |
| :wq! | 强制保存并退出 Vim 编辑器 |

使用 Vim 打开两个文件，但不会同时打开两个终端窗口，而是将第一个文件输出到显示设备，将第二文件存储到暂存缓冲区当中。在打开多个文件时可在普通模式下输入〈:bp〉切换到下一个文件或输入〈:bn〉回到上一个文件，打开两个文件如示例代码 CORE0404 所示。

示例代码 CORE0404 打开两个文件

[root@master ~]# cd /usr/loal/　　　　　# 进入文本所在目录
[root@master log]# vim secure messages　　# 打开 secure 和 messages

使用 Vim 打开多个文件，如图 4-13 和图 4-14 所示。

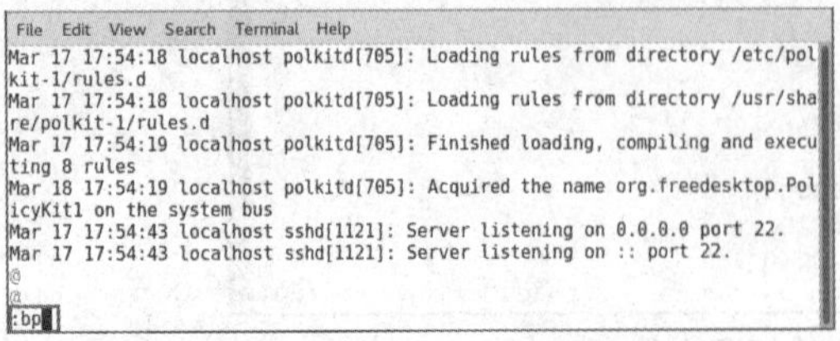

图 4-13　recure 文件 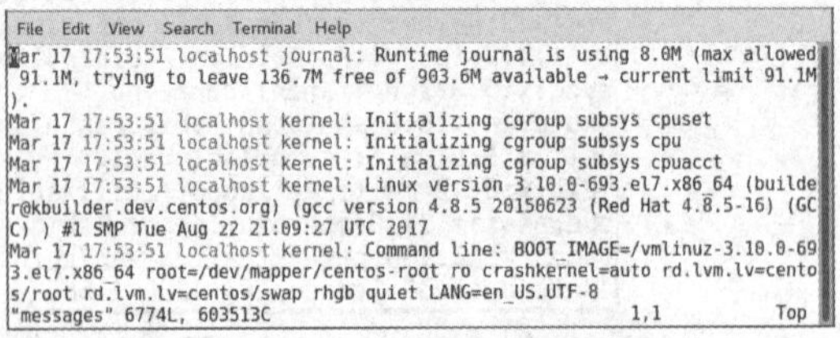　　　　　　　　　图 4-14　messages 文件

（3）光标移动

Windows 下的编辑器大多数的光标移动操作都是由鼠标完成，而在 Vim 编辑器中定位光标的位置只能通过快捷键的方式完成，光标移动快捷键如表 4-5 所示。

表 4-5 光标移动快捷键

| 命　令 | 说　明 |
| --- | --- |
| h/j/k/l | 向左 / 向下 / 向上 / 向右移动 |
| w/b | 定位到光标所在位置的下一个 / 上一个单词开头 |
| e/ge | 下一个 / 上一个单词结尾 |
| W/B | 和 w/b 相同，但跳过符号 |
| 0 | 光标所在行的第一个字符上 |
| ^ | 光标所在行的第一个非空白字符 |
| $ | 光标所在行的行尾 |
| % | 查找匹配的括号 |
| {/} | 定位到光标所在位置的上一段 / 下一段 |
| gg | 定位到文件头部 |
| G | 定位到文件结尾 |
| :line | 跳转到第 line 行 |
| 〈Ctrl+d〉/〈Ctrl+u〉 | 向前 / 向后翻动半页 |
| 〈Ctrl+f〉/〈Ctrl+b〉 | 向前 / 向后翻页 |

使用 Vim 编辑器打开"/var/log/"目录下的 secure 文件，并使用〈:line〉命令冒号 + 行号的方式将光标跳转定位到第五行，如图 4-15 和图 4-16 所示。

图 4-15　打开文本

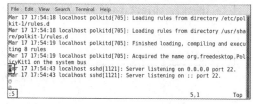

图 4-16　跳转到第五行

（4）查找命令

当需要从较大的文本文件中查找所需要的某个单词时，使用人工方式查找效率较低，为此 Vim 提供了一套搜索命令能够快速地完成某单词的查找并且能够做到高亮显示。查找命令如表 4-6 所示。

表 4-6　查找命令

| 命　　令 | 说　　明 |
| --- | --- |
| /text | 在文件中查找 text，按 n/N 键查找下一个 / 上一个 |
| * | 查找文件中所有与光标所在位置相同的单词 |
| :set ignorecase | 使用搜索命令时忽视大小写 |
| :set hlsearch | 使用搜索命令时将搜索到的文本高亮显示 |
| :set incsearch | 逐步搜索，对当前输入的进行搜索 |
| :set wrapscan | 取消上一次的搜索 |

打开"/var/log/"目录下的 secure 文件，在命令模式下输入"/localhost"搜索当前文本文件中的所有 localhost 字符，按〈n〉键将光标定位到当前光标所在位置的下一个"localhost"处，搜索结果如图 4-17 所示。

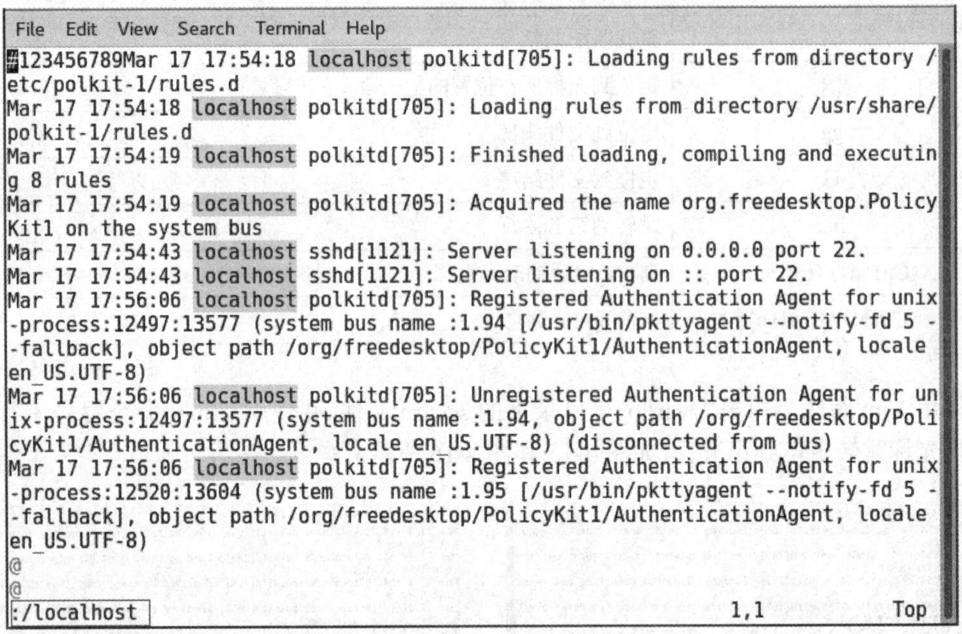

图 4-17　localhost 搜索结果文件

（5）编辑命令

Vim 编辑器默认状态下为普通模式，不可进行编辑，如输入、删除和替换文件内容等，必须转换到编辑模式才能对文件进行编辑，编辑模式常用命令如表 4-7 所示。

表 4-7　编辑命令

| 命　　令 | 说　　明 |
| --- | --- |
| i/a | 当前位置之前 / 之后插入 |
| I/A | 当前行行首 / 行尾插入 |

续表

| 命　令 | 说　明 |
|---|---|
| o/O | 当前行之后/之前插入一行 |
| s/old/new | 将字符"old"替换字符"new",只替换一个 |
| [%/Line1,Line2]s/old/new/g | 将字符"old"替换字符"new",只替换一个,% 替换全文,Line1,Line2 替换两行之间的内容 |
| x | 删除当前字符 |
| X | 删除当前字符的前一个字符 |
| dd/dj/dk | 删除当前行/上一行/下一行 |
| yy | 拷贝当前行 |
| p/P | 在光标所在行后或行前粘贴 |
| :1,10 co 20 | 1 到 10 行拷贝到 20 行之后 |
| :1,10 m 20 | 1 到 10 行移动到 20 行之后 |

使用 Vim 编辑器打开"/var/log/"目录下的 secure 文件按⟨i⟩键在光标的当前位置插入字符"123456789"后按⟨Esc⟩键退出编辑模式。使用双击⟨y⟩键指令复制该行后按⟨p⟩键粘贴到光标所在行后,结果如图 4-18 所示。

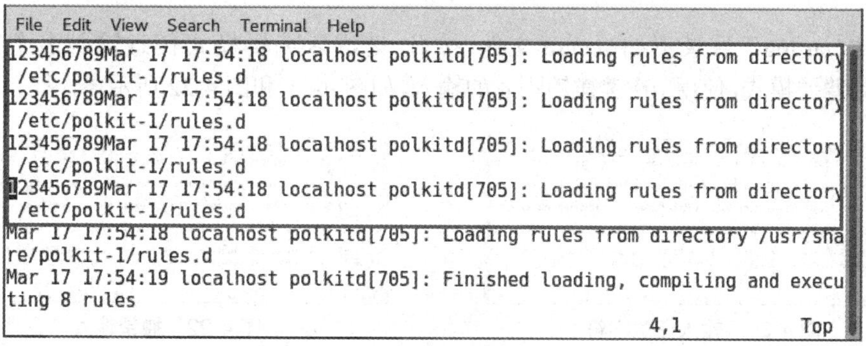

图 4-18　在当前位置插入文本

(6)窗口命令

Vim 编辑器在遇到需要两个文件对比编辑的情况下,可同时开启两个并行的窗口对文本进行操作,并能通过快捷键的方式在两个窗口间进行切换,窗口命令如表 4-8 所示。

表 4-8　窗口切换命令

| 命　令 | 说　明 |
|---|---|
| new/split/vsplit | 打开一个新窗口,最后一个水平 |
| ⟨Ctrl⟩+w+ 方向 | 移动到指定窗口 |
| :close/q | 关闭窗口,如果只有一个窗口,q 会退出 Vim |

使用 Vim 编辑器打开"/var/log/"目录下的 secure 文件后在普通模式下使用〈:new〉命令可打开 messages 文件,此时 secure 文件窗口与 messages 文件窗口为并行排列,使用〈ctrl〉+w+方向键实现光标在两个窗口间的切换,如图 4-19 和图 4-20 所示。

图 4-19　开启新窗口　　　　　　　　图 4-20　两个窗口平行显示

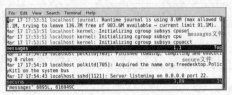

(7)控制命令

使用 Vim 编辑器操作文件时,会出现操作错误或错误执行了某条指令的情况,需要撤销当前错误的操作,将文件退回到发生错误之前的状态,Vim 为用户提供了控制命令完成上述功能,控制命令详见表 4-9 所示。

表 4-9　控制命令

| 命令 | 操作 |
| --- | --- |
| u | 撤销命令,与 word 中 Ctrl+Z 类似 |
| U | 取消光标所在行的所有操作 |

打开"/var/log/"目录下的 secure 文件,按〈i〉键进入编辑模式任意输入多个字符后按〈Esc〉回到普通模式,使用〈u〉键撤销刚才的输入,如图 4-21 和图 4-22 所示。

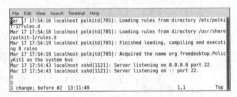

图 4-21　输入任意字符　　　　　　　　图 4-22　撤销输入

## 技能点二　Sed 工具

### 1　Sed 工具简介

Sed(StreamEDitor)是由贝尔实验室提出的非交互式流编辑器(流是指接收标准的输入然后将其输出到标准输出),适用于处理大数据文件。Sed 能够读取文件内容但默认不能直接修改源文件,而是通过将读入的内容复制到模式空间(临时缓冲区),然后根据指令对模式空间中的内容进行处理并输出结果。Sed 工作流程如图 4-23 所示。

图 4-23　Sed 工作流程

使用 Sed 读取数据文件时，若遇到没有输入文件的情况，Sed 则会默认对标准输入进程数据进行管理，其中脚本指令是第一个非 '-' 开头的参数。

在使用 Sed 工具时可通过使用"sed --help"命令查看 Sed 工具的相关帮助信息，查看 Sed 帮助信息如示例代码 CORE0405 所示。

| 示例代码 CORE0405 Sed 帮助信息 |
| --- |
| [root@master ~]# sed --help |

帮助信息如图 4-24 所示。

```
File  Edit  View  Search  Terminal  Help
[root@master ~]# sed --help
Usage: sed [OPTION]... {script-only-if-no-other-script} [input-file]...

 -n, --quiet, --silent
                 suppress automatic printing of pattern space
 -e script, --expression=script
                 add the script to the commands to be executed
 -f script-file, --file=script-file
                 add the contents of script-file to the commands to be execut
ed
 --follow-symlinks
                 follow symlinks when processing in place
 -i[SUFFIX], --in-place[=SUFFIX]
                 edit files in place (makes backup if SUFFIX supplied)
 -c, --copy
```

图 4-24　Sed 帮助信息

"sed"基础命令格式如下所示。

| sed [ 选项 ]…{ 脚本指令 }[ 输入文件 ]… |
| --- |

## 2　Sed 语法规则

"sed"命令后可加选项与脚本指令，以下是对选项与指令的具体介绍。

（1）选项

在使用"sed"脚本命令操作文件时，源文件的内容并不会被修改，若想使用"sed"脚本更改源文件或将修改后的源文件输出到屏幕等，此时需要使用"sed"命令的可选项。"sed"命令脚本选项详解见表 4-10 所示。

表 4-10 脚本选项

| 选项 | 示例 | 说明 |
|---|---|---|
| --version | sed -version | 显示 Sed 版本 |
| --help | sed -help | 显示帮助文档 |
| -n | sed -n '1p' test.txt | 取消暂存区内容的显示只显示 test.txt 的第一行 |
| -e | sed -e 'y/i/I/' -e 'y/L/l/' test.txt | 允许多个脚本被执行 |
| -f | sed -f sed.sh test.txt | 为 test.txt 文件执行 sed.sh 脚本 |
| -i | sed -i 'y/L/l/' test.txt | 将源文件中的大写 L 替换为小写 l |

编写 sed.sh 脚本,并使用 Sed 工具在"/usr/local/"目录下的 test.txt 源文件的第二行后添加行 Line2.5,使用 -n 选项打印出模式空间中的内容,打印模式空间内容如示例代码 CORE0406 所示。

示例代码 CORE0406 打印模式空间内容

[root@master ~]# cd /usr/local
[root@master local]# vim sed.sh
# 脚本内容如下
2a Line2.5
# 使用 sed.sh 脚本在 test.txt 第二行后增加 Line2.5
[root@master local]# sed -f sed.sh test.txt

运行结果如图 4-25 所示。

```
File Edit View Search Terminal Help
[root@master local]# sed -f sed.sh test.txt
Line1
Line2
Line2.5
Line3
Line4
Line5
Line6
Line7
[root@master local]#
```

图 4-25 示例代码 CORE0406 运行结果

使用包含"-e"选项的脚本指令删除 test.txt 的第二行并将 Line4 替换为 Line10,打印指定行数如示例代码 CORE0407 所示。

示例代码 CORE0407 打印指定行数

[root@master local]# sed -e '2d' -e 's/Line4/Line10/' test.txt

运行结果如图 4-26 所示。

项目四 Linux 文本与编辑器    125

```
[root@master local]# sed -e '2d' -e 's/Line4/Line10/' test.txt
Line1
Line3
Line10
Line5
Line6
Line7
[root@master local]#
```

图 4-26　示例代码 CORE0407 运行结果

(2) 脚本指令

通过使用"sed"脚本指令可对指定的文件的指定行进行添加、删除、修改和替换等操作，"sed"指令详解见表 4-11 所示。

表 4-11　"sed"命令详解

| 命令 | 示例 | 说明 |
| --- | --- | --- |
| a | sed '2a Line2.5' filaname | 在第二行后插入 Line2.5（不修改原文件） |
| c | sed '2c Line1' filename | 将第二行替换为 Line1（不修改原文件） |
| i | sed '2i Line1.5' filename | 在第二行前插入 Line1.5（不修改原文件） |
| d | sed '2d' test.txt | 删除第 2 行（不修改原文件） |
| h | sed 'h' test.txt | 将模式空间中的内容复制到暂存缓冲区 |
| H | sed 'H' test.txt | 将模式空间中的内容追加到暂存缓冲区 |
| g | sed 'g' test.txt | 将暂存缓冲区里的内容复制到模式空间，覆盖原有的内容 |
| G | sed 'G' test.txt | 将暂存缓冲区的内容追加到模式空间里，追加在原有内容后 |
| l | sed 'l' test.txt | 列出非打印字符（不能够显示或者打印出来） |
| p | sed '1p' test.txt | 打印第一行和暂存缓冲区的内容 |
| n | sed 'n;p' test.txt | 打印暂存缓冲区的内容和 test.txt 的偶数行 |
| q | sed '2q' test.txt | 显示 test.txt 的前两行并退出 Sed |
| r | sed 'r' test.txt | 读取 test.txt 的所有行 |
| s | sed 's/Line1/Line9/' test.txt | 将 Line1 替换为 Line9 |
| y | sed 'y/L/l/' test.txt | 将 test.txt 中的 L 替换为 l |

在"/usr/local/"目录下新建名为 test.txt 的文本文档，使用"sed"工具在 test.txt 文本中的第二行后和第二行前各增加一行（对模式空间中的内容进行修改，默认不能修改源文件），增加内容如示例代码 CORE0408 所示。

示例代码 CORE0408 增加内容

[root@master ~]# cd /usr/local/

```
[root@master local]# vim test.txt    # 使用 vim 在创建 test.txt 文件
# 在 test.txt 中输入下面内容
Line1
Line2
Line3
Line4
Line5
# 将 test.txt 加载到模式空间并在第二行后增加"Line2.5"
[root@master local]# sed '2a Line2.5' test.txt
# 将 test.txt 加载到模式空间并在第二行前增加"Line2.5"
```

运行结果如图 4-27 所示。

```
[root@master local]# sed '2a Line2.5' test.txt
Line1
Line2
Line2.5
Line3
Line4
Line5
[root@master local]# sed '2i Line1.5' test.txt
Line1
Line1.5
Line2
Line3
Line4
Line5
[root@master local]#
```

图 4-27 "sed"增加行

使用"d"指令将输入行从文本复制到模式空间,并在模式空间中的行删除,不会修改原文件内容。使用"d"命令将 test.txt 文件在模式空间中的第二行,如示例代码 CORE0409 所示。

示例代码 CORE0409 删除模式空间内容

[root@master local]# sed '2d' test.txt

运行结果如图 4-28 所示。

```
[root@master local]# sed '2d' test.txt
line1
line3
line4
line5
line6
line7
[root@master local]#
```

图 4-28 删除第二行

使用"s"指令将所有的小写 l 替换为大写 L 并更新到源文件中,替换文件内容如示例代码

CORE0410 所示。

示例代码 CORE0410 替换文件内容

```
[root@master local]# sed -i 's/l/L/' test.txt
[root@master lcoal]# cat test.txt
```

运行结果如图 4-29 所示。

```
File  Edit  View  Search  Terminal  Help
[root@master local]# sed -i 's/l/L/' test.txt
[root@master local]# cat test.txt
Line1
Line2
Line3
Line4
Line5
Line6
Line7
[root@master local]#
```

图 4-29　替换源文件内容结果

“p”指令用于显示模式空间中的内容，使用“-n”选项和“p”指令匹配 test.txt 文件中的 Line1 并显示到屏幕，如示例代码 CORE0411 所示。

示例代码 CORE0411 显示模式空间内容

```
[root@master local]# sed -n '/Line1/p' test.txt
```

运行结果如图 4-30 所示。

```
File  Edit  View  Search  Terminal  Help
[root@master local]# sed -n '/Line1/p' test.txt
Line1
[root@master local]#
```

图 4-30　显示模式空间内容

# 技能点三　Awk 文本处理工具

## 1　Awk 工具简介

Awk 是由 Alfred Aho、Peter Weinberger 和 Brian Kernighan 三个人编写的一种拥有独立语言的文本处理工具，是 Linux 和 Unix 环境中功能强大的数据处理引擎之一。Awk 配备编程语言，可自定义变量、使用流程控制语句等。Awk 在处理文件时以行为单位来读取文件。

Awk 读取文件时，会根据用户设置的匹配模式和处理脚本对文件进行逐行的扫描和修改。

在逐行扫描过程中遇到与匹配规则相符的行则对该行执行处理脚本,如果没有指定处理脚本则将该行显示到标准输出设备上。没有制定匹配模式则匹配所有数据行。

Awk 中提供了两种控制程序执行流程的特殊模式:BEGIN 和 END,在执行 Awk 程序读取文件内容时,BEGIN 块中的内容会先于程序主体被执行(多用于初始化变量),而 END 块中的内容会在 Awk 主体程序执行完毕后执行(多用于文件处理结构的输出),BEGIN 和 END 块命令格式如下所示。

```
BEGIN {commands}        # 此处 commads 为 BEGIN 块中需要执行的代码
END {commands}          # 此处 commands 为 END 块中需要执行的代码
```

Awk 的整体流程,如图 4-31 所示。

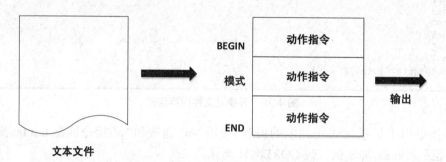

图 4-31　Awk 工作流程

在使用"awk"命令时可通过"awk --help"选项查看帮助信息,查看 Awk 帮助如示例代码 CORE0412 所示。

示例代码 CORE0412　查看 Awk 帮助

[root@master ~]# awk --help

运行结果如图 4-32 所示。

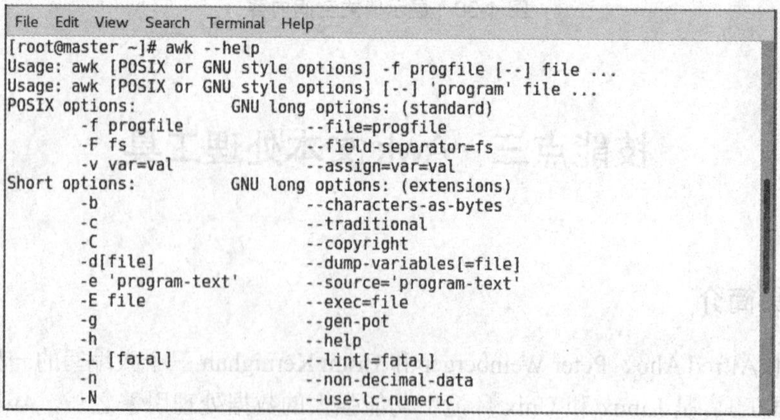

图 4-32　Awk 帮助信息

命令格式如下所示。

```
awk [-Field-separator] 'commands' input-file(s)
```

"awk"命令中各项的参数介绍如表 4-12 所示。

表 4-12　"awk"命令中的各项参数介绍

| 格　式 | 说　明 |
| --- | --- |
| [-Field-separator] | 为 awk 命令的可选项 |
| 'commands' | 指令 |
| input-file(s) | 操作文件 |

## 3　Awk 语法规则

在"awk"命令后可加选项与指令,以下是对选项与指令的具体介绍。

(1)选项

Awk 工具提供的诸多选项可对文件进行操作,如指定字段分隔符和格式化输出 Awk 脚本等操作,Awk 常用选项如表 4-13 所示。

表 4-13　常用选项

| 选　项 | 说　明 |
| --- | --- |
| -F | 指定字段分隔符 |
| -v | 在程序执行前为变量赋值 |
| -W dump-variables [=file] | 将全局变量和对应值按序输出到指定文件 |
| --help | 显示帮助信息 |
| --lint[=fatal] | 检查程序的不兼容性 |
| --posix | 打开严格 POSIX 兼容性检查 |
| --profile[=file] | 格式化输出 Awk 脚本 |
| --traditional | 禁止 GAWK 扩展 |
| --version | 显示 Awk 版本信息 |

使用"awk"命令选项打印 test.txt 中所有的全局变量,并到指定文件中,若没有指定输出文件名则自动输出到名为"dump-variables"的文件中,打印全局变量如示例代码 CORE0413 所示。

示例代码 CORE0413 打印全局变量

```
[root@master local]# awk -W dump-variables=out.txt 'x=1 {print x}' test.txt
[root@master local]# cat out.txt
```

运行结果如图 4-33 所示。

```
File Edit View Search Terminal Help
[root@master local]# awk -W dump-variables=out.txt 'x=1 {print x}' test.txt
1
1
1
1
1
1
1
[root@master local]# cat out.txt
ARGC: 2
ARGIND: 1
ARGV: array, 2 elements
BINMODE: 0
CONVFMT: "%.6g"
ERRNO: ""
FIELDWIDTHS: ""
FILENAME: "test.txt"
FNR: 7
FPAT: "[^[:space:]]+"
FS: " "
IGNORECASE: 0
LINT: 0
NF: 1
```

图 4-33 输出全局变量

Awk 默认使用空格作为域分隔符（域分隔符也可称为字段分隔符），如遇到使用“：”或“；”作为字段分隔符的文本，可通过 -F 选项指定变量的分隔符，使用 -F 选项指定字段分隔符为“：”。打印“/etc/passwd”的前两个字段，设置默认分隔符读取，如示例代码 CORE0414 所示。

| 示例代码 CORE0414 设置默认分隔符读取 |
| --- |
| [root@master local]# awk -F: '{print $1,$2}' /etc/passwd |

运行结果如图 4-34 所示。

```
File Edit View Search Terminal Help
[root@master local]# awk -F: '{print $1,$2}' /etc/passwd
root x
bin x
daemon x
adm x
lp x
sync x
shutdown x
halt x
mail x
```

图 4-34 冒号分隔输出字段

（2）指令

“awk”命令中指令包括内建变量、算术运算、逻辑运算与流程控制。

①内建变量

Awk 中提供了十种默认变量，无须用户自定义，Awk 内建变量如表 4-14 所示。

表 4-14　内建变量

| 变量名称 | 描　　述 |
|---|---|
| ARGC | 命令行参数个数 |
| FNR | 当前输入文档的记录编号 |
| FILENAME | 当前输入文档的名称 |
| NR | 输入流的当前记录编号 |
| NF | 当前记录的字段个数 |
| RS | 输入记录分隔符，默认为换行符 \n |
| OFS | 输出字段分隔符，默认为空格 |
| ORS | 输出记录分隔符，默认为换行符 \n |
| FS | 字段分隔符 |
| LENGTH | 输出字符串长度 |

使用"awk"命令输出 test.txt 文档中的记录编号和当前记录的字段个数，输出记录编号如示例代码 CORE0415 所示。

示例代码 CORE0415　输出记录编号

[root@master local]# awk '{print FNR}' test.txt  # 输出记录编号
[root@master local]# awk '{print NF}' test.txt

运行结果如图 4-35 所示。

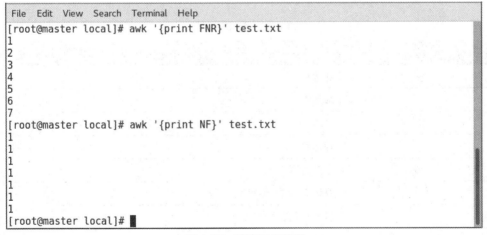

图 4-35　输出记录编号

新建名为 Awktest.txt 的文本文档，将 OFS 分隔符设置为"："，使用 print 输出三个字段，输出指定字段如示例代码 CORE0416 所示。

| 示例代码 CORE0416 输出指定字段 |
|---|
| [root@master local]# vim Awktest.txt   #创建文本文档输入如下内容<br>Welcome to Awk<br>[root@master local]# awk 'OFS=":" {print $1,$2,$3}' Awktest.txt |

运行结果如图 4-36 所示。

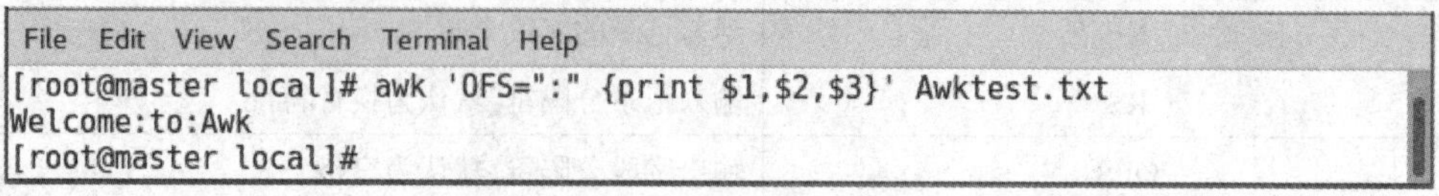

```
File  Edit  View  Search  Terminal  Help
[root@master local]# awk 'OFS=":" {print $1,$2,$3}' Awktest.txt
Welcome:to:Awk
[root@master local]#
```

图 4-36　以冒号分隔输出字段

②算术运算符

运算符和变量是表达式的重要组成部分。

● 变量。

在 Awk 中有两种变量类型分别为字符变量和数字变量,变量在没有初始化之前默认为 0 或者为空字符串,变量定义格式如下所示。

| a=' Welcome to study Linux '　#字符变量<br>b=72　　　　　　　　#数字变量 |
|---|

● 算术运算符。

Awk 中的算术运算符与 C 语言中的算术运算符类似,常用作数字类型变量的数学运算,Awk 算术运算符见表 4-15 所示。

表 4-15　算术运算符

| 运算符 | 说　　明 |
|:---:|:---|
| + | 加运算 |
| − | 减运算 |
| * | 乘运算 |
| / | 除运算 |
| % | 取余运算 |
| ^ | 幂运算(乘方运算) |
| ++ | 自加一(自身加一) |
| −− | 自减一(自身减一) |
| += | 相加后赋值给变量(x+=10 同 x=x+10) |
| −= | 相减后赋值给变量(x−=10 同 x=x−10) |
| /= | 相除后赋值给变量(x/=10 同 x=x/10) |

使用 Awk 命令定义数字类型变量 x，对 x 进行加减乘除运算，算术运算如示例代码 CORE0417 所示。

---
**示例代码 CORE0417 算术运算**

[root@master local]# echo | awk 'x=10 {print x+10}'
[root@master local]# echo | awk 'x=10 {print x-8}'
[root@master local]# echo | awk 'x=10 {print x*2}'
[root@master local]# echo | awk 'x=10 {print x/2}'

---

运行结果如图 4-37 所示。

```
File  Edit  View  Search  Terminal  Help
[root@master local]# echo | awk 'x=10 {print x+10}'
20
[root@master local]# echo | awk 'x=10 {print x-8}'
2
[root@master local]# echo | awk 'x=10 {print x*2}'
20
[root@master local]# echo | awk 'x=10 {print x/2}'
5
[root@master local]#
```

图 4-37　算术运算

在编程语言中判断是否满足某条件时得到的只有两种情况：满足或不满足。Awk 文本处理工具中提供了类似于 C 语言的流程控制语句，用来控制程序的执行流程，控制程序块在满足一定条件时才被执行。流程控制语句大多与逻辑运算符配合完成程序执行流程的控制。

③逻辑运算符

逻辑运算符能够返回一个非假即真的结果，多用作流程控制语句中的条件，Awk 中的逻辑运算符见表 4-16 所示。

表 4-16　逻辑运算符

| 运算符 | 说　　明 |
| --- | --- |
| > | 大于 |
| < | 小于 |
| >= | 大于等于 |
| <= | 小于等于 |
| == | 等于 |
| != | 不等于 |
| ~ | 匹配 |
| !~ | 不匹配 |
| && | 逻辑与 |
| \|\| | 逻辑或 |
| ?"1""2" | 判断问号之前的条件是否成立，若成立返回 1，不成立返回 2 |

编写一个 Awk 脚本，声明 x，y 两个变量分别赋予 10 和 20，并使用逻辑运算符连接两个变量得到判断结果，逻辑判断如示例代码 CORE0418 所示。

示例代码 CORE0418 逻辑判断

```
[root@master local]# vim awh.sh         # 创建脚本文件输入如下内容
{a=10;b=20;print a==b?"ok":"err";}      # 判断 a 和 b 是否相等
[root@master local]# echo | awk -f awk.sh    # 执行脚本文件
# 使用命令方式判断 a 是否小于 b
[root@master local]# echo | awk '{a=10;b=20;print a<b?"ok":"err";}'
```

结果如图 4-38 所示。

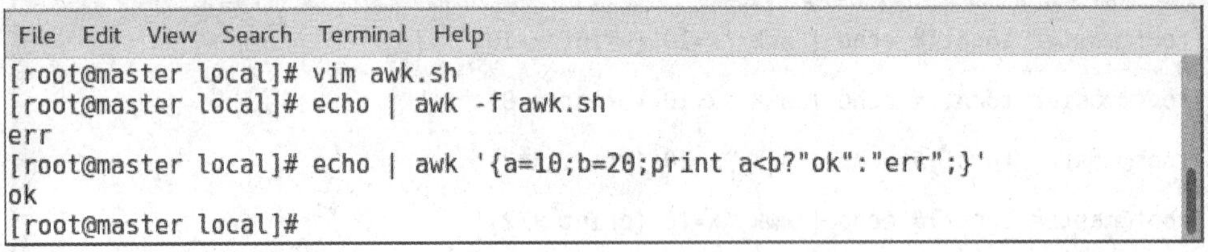

```
[root@master local]# vim awk.sh
[root@master local]# echo | awk -f awk.sh
err
[root@master local]# echo | awk '{a=10;b=20;print a<b?"ok":"err";}'
ok
[root@master local]#
```

图 4-38 逻辑运算

④流程控制

流程控制分为条件判断语句 if、循环语句 for、continue 跳出本次循环、break 跳出循环、while 循环。

● 条件判断语句 if。

if 语句用来判断条件表达式是否成立，若成立则执行语句块 1，否则执行语句块 2，语法格式如下所示。

语法 1：

```
if( 逻辑表达式 ){
    语句块 1
}
Else{
    语句块 2
}
```

语法 2：

```
if( 逻辑表达式 ){
    语句块 1
}
else if( 逻辑表达式 ){
    语句块 2
}
```

```
else{
   语句块 3
}
```

使用 if 语句判断某水库的水位是否高于预警值，若高于预警值则显示 waring，预警模拟如示例代码 CORE0419 所示。

示例代码 CORE0419 预警模拟

[root@master local]# echo | awk '{waterlevel=20;if(waterlevel>15) print "warning";else print"safety"}'

运行结果如图 4-39 所示。

```
File  Edit  View  Search  Terminal  Help
[root@master local]# echo | awk '{waterlevel=20;if(waterlevel>15) print "warning
";else print "safety"}'
warning
[root@master local]#
```

图 4-39　if 判断

● 循环语句 for。

for 循环中括号部分需要三个表达式：第一个变量表达式用作初始化变量；第二个条件表达式为测试条件当条件为真时执行循环，直到条件为假时结束循环；第三个表达式用于更新条件表达式所用的变量。for 循环语句一般在知道循环次数的情况下使用，能够重复执行同一代码块。在 for 循环的执行过程中可通过 break 终止本次循环或使用 continue 直接跳出本次循环。for 语句语法格式如下。

```
for（变量：条件：表达式）{
[continue]/[break]
循环体 }
```

使用 for 循环和 if 判断计算从 1 到 10 的累加与 10 的阶乘的值，并输出到屏幕并创建一个文本文档，输出文档的偶数列，如示例代码 CORE0420 所示。

示例代码 CORE0420 阶乘

[root@master local]# awk 'BEGIN {x=0;for(i=1;i<=10;i++) x+=i;if(i=10) print x}'
[root@master local]# awk 'BEGIN {x=1;for(i=1;i<=10;i++) x*=i;if(i=10) print x}'
[root@master local]# vim for.txt　　# 在 for.txt 中输入以下内容并以空格分隔
1 2 3 4 5 6 7 8 9 10
[root@master local]# awk '{for (i=1;i<=10;i++) if(i%2==0) print $i}' for.txt
# 输出偶数列

运行结果如图 4-40 所示所示。

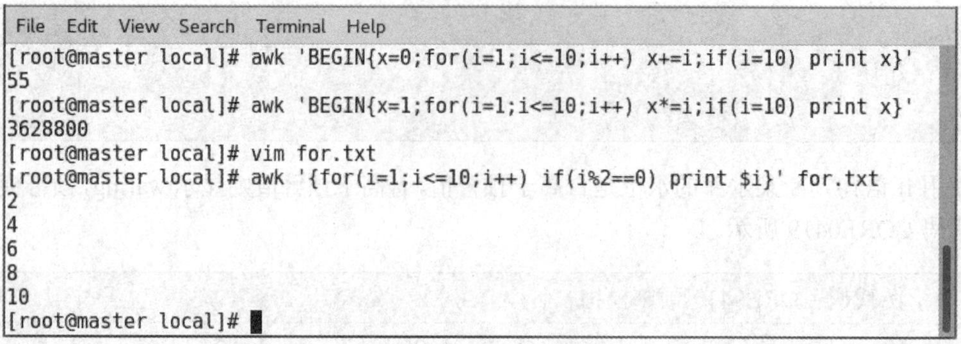

```
File Edit View Search Terminal Help
[root@master local]# awk 'BEGIN{x=0;for(i=1;i<=10;i++) x+=i;if(i=10) print x}'
55
[root@master local]# awk 'BEGIN{x=1;for(i=1;i<=10;i++) x*=i;if(i=10) print x}'
3628800
[root@master local]# vim for.txt
[root@master local]# awk '{for(i=1;i<=10;i++) if(i%2==0) print $i}' for.txt
2
4
6
8
10
[root@master local]#
```

图 4-40　累加和阶乘

- while 循环。

while 循环与 for 循环类似，while 多用于不知道循环次数的情况，循环条件在循环体中进行更新，当循环条件为假时结束循环。while 有两种循环形式：一是先判断条件是否成立，若成立再执行循环体（先判断后执行），二是先执行循环体在判断条件是否成立，如条件不成立则不进行下一次循环（先执行后判断）。两种形式的区别是，条件都不成立时先执行后判断的形式会执行一次循环体，而先判断后执行的形式不会执行循环体。while 语法格式如下所示。

语法 1：

```
while( 循环条件 ){
  循环体
}
```

语法 2：

```
do{
  循环体
}while( 条件 )
```

分别使用 while 语法 1 和语法 2 求出 1~100 的累加和，对比 while do 和 do while 的区别，累加和如示例代码 CORE0421 所示。

示例代码 CORE0421 累加和

[root@master local]# awk 'BEGIN{total=0;do{total+=i;i++;print total} while(i>=100)}'
[root@master local]# awk 'BEGIN{total=0;while(i<=100){total+=i;i++;}print total;}'

运行结果如图 4-41 所示。

```
File Edit View Search Terminal Help
[root@master local]# awk 'BEGIN{total=0;do{total+=i;i++} while(i<=100);print total}'
5050
[root@master local]# awk 'BEGIN{total=0;while(i<=100){total+=i;i++;}print total}'
5050
[root@master local]#
```

图 4-41　while 输出 1~100 的累加和

项目四　Linux 文本与编辑器

在 while 循环语句的条件表达式处填写 0>1，一般情况下 0 是不可能大于 1 的，所以此条件表达式的返回值为假，分别使用 while 和 do while 实现并观察区别，如示例代码 CORE0422 所示。

---

**示例代码 CORE0422　while do 与 do while 区别**

[root@master local]# awk 'BEGIN{do{print "ok"} while(0>1);print "err"}'

[root@master local]# awk 'BEGIN{while (0>1){print "ok"};print"err"}'

---

运行结果如图 4-42 所示。

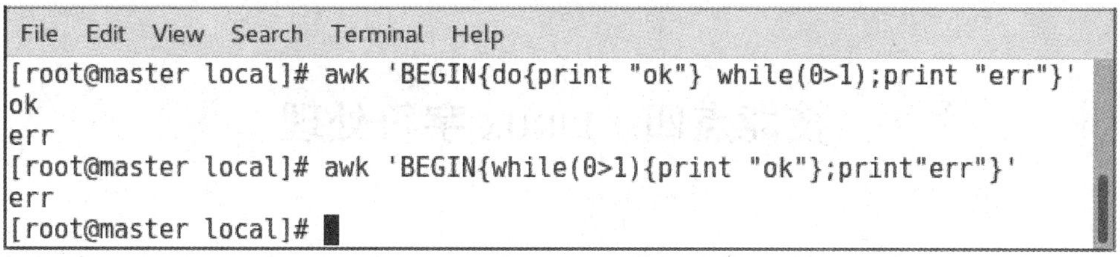

```
[root@master local]# awk 'BEGIN{do{print "ok"} while(0>1);print "err"}'
ok
err
[root@master local]# awk 'BEGIN{while(0>1){print "ok"};print"err"}'
err
[root@master local]#
```

图 4-42　while 与 do while 区别

由图 4-42 可以看出，while 与 do while 的条件均为不成立，do while 执行了循环体内的代码，而 while 没有执行循环体的内容。

- continue 跳出本次循环。

continue 用于终止本次循环进入到下次循环，使用 continue 选项输出 for.txt 文档中的偶数列，continue 用法如示例代码 CORE0423 所示。

---

**示例代码 CORE0423　continue 用法**

[root@master local]# awk '{for(i=1;i<=10;i++) if(i%2!=0){continue}else{print $i}}' for.txt

---

运行结果如图 4-43 所示。

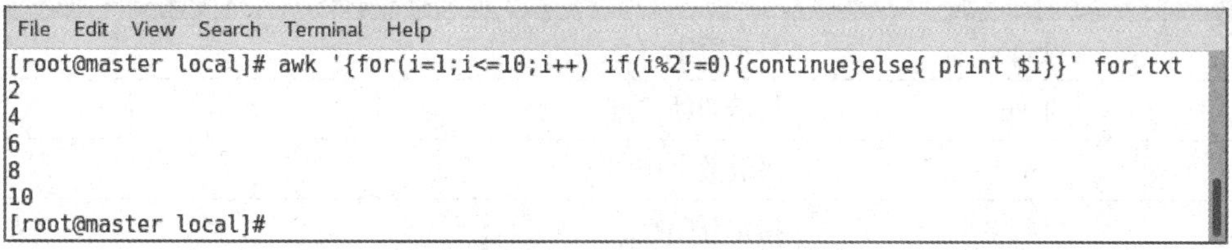

```
[root@master local]# awk '{for(i=1;i<=10;i++) if(i%2!=0){continue}else{ print $i}}' for.txt
2
4
6
8
10
[root@master local]#
```

图 4-43　输出偶数列

- break 跳出循环。

break 与 continue 功能类似，唯一区别就是 continue 跳出本次循环后，for 循环中的条件表达式如果还为真则会继续后面的循环，break 则跳出了整个循环体不再进行循环语句。设置循环条件为 i<=10，使用 if 判断当 i=6 跳出循环，break 用法如示例代码 CORE0424 所示。

示例代码 CORE0424 break 用法

[root@master local]# awk '{for(i=1;i<=10;i++) if(i==6){break}else if(i%2==0){print $i}}' for.txt

运行结果如图 4-44 所示。

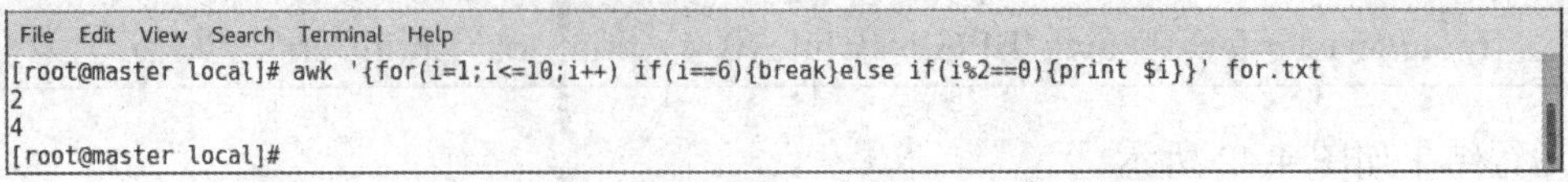

```
[root@master local]# awk '{for(i=1;i<=10;i++) if(i==6){break}else if(i%2==0){print $i}}' for.txt
2
4
[root@master local]#
```

图 4-44　break 应用

## 技能点四　Linux 字符处理

Linux 系统专门为文本处理提供了类似于 C 语言中函数功能的文本操作命令，使用这些命令能够简单地完成文本文件内容的排序、截取文本、文本合并和文本转换等功能，常用字符处理命令如下所示。

（1）"sort"文本排序

很多情况下一个文本中行的排列是杂乱无章的，为了方便查看和管理，需要将文本中的行进行排列，为此 Linux 提供了"sort"命令用来对文本行进行排序（不会修改原文件），命令格式如下。

sort [ 选项 ] [file(s)]

常见选项如表 4-17 所示。

表 4-17　"sort"命令常用选项

| 选　项 | 说　明 |
| --- | --- |
| --version | 显示版本信息 |
| --help | 显示帮助信息 |
| -n | 采取数字排序 |
| -t | 指定分隔符 |
| -k | 指定第几列 |
| -r | 反向排序 |
| -i | 忽略无法打印的字符 |
| -o | 将排序后的结果存入指定文档 |

使用"sort"命令对 test.txt 文档进行倒序排列，并查看源文件是否被修改，如示例代码 CORE0425 所示。

项目四　Linux 文本与编辑器　　139

| 示例代码 CORE0425 倒序排列 |
| --- |
| [root@master local]# sort –r test.txt |
| [root@master local]# cat test.txt |

运行结果如图 4-45 所示。

```
[root@master local]# sort -r test.txt
Line7
Line6
Line5
Line4
Line3
Line2
Line1
[root@master local]# cat test.txt
Line1
Line2
Line3
Line4
Line5
Line6
Line7
[root@master local]#
```

图 4-45　"sort"排序

使用"-o"选项将排序后的结果保存到源文件中,保存到源文件如示例代码 CORE0426 所示。

| 示例代码 CORE0426 保存到源文件 |
| --- |
| [root@master local]# sort -r -o test.txt test.txt |
| [root@master local]# cat test.txt |

运行结果如图 4-46 所示。

```
[root@master local]# sort -r -o test.txt test.txt
[root@master local]# cat test.txt
Line7
Line6
Line5
Line4
Line3
Line2
Line1
[root@master local]#
```

图 4-46　将排序结果保存到原文件

（2）"grep"文本搜索

Linux 系统下提供了能在文本文件中搜索包含指定字符行的功能,其功能类似于 word 的查找功能,命令格式如下。

> [root@master local]# grep [ 选项 ] '匹配字符' 查找文件

可选参数见表 4-18 所示。

表 4-18 "grep"文本搜索参数

| 选项 | 说明 |
|---|---|
| -i | 不区分大小写 |
| -c | 计算符合范本样式的列数 |
| -n | 在显示符合范本样式的那一列之前,标识出该列的编号 |
| -v | 反转查找 |
| -o | 只输出匹配内容 |

在 test.txt 文本文件中查找包含"Line1"的行进行打印,使用"-n"选项输出匹配的行内容和行号,查找打印如示例代码 CORE0427 所示。

> 示例代码 CORE0427 查找打印
> [root@master local]# grep -o "Line1" test.txt
> [root@master local]# grep -n "Line1" test.txt

运行结果如图 4-47 所示。

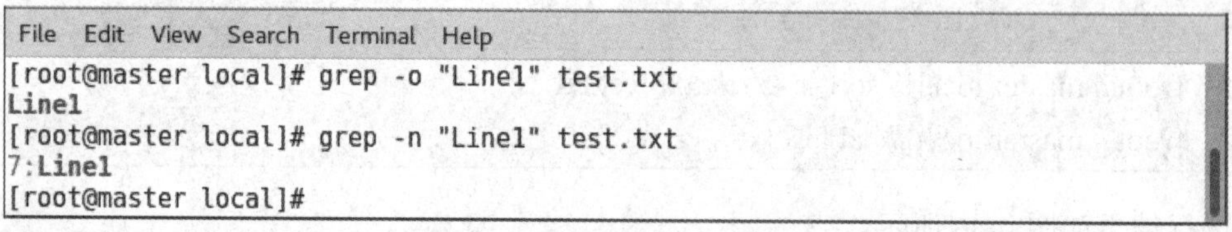

```
File  Edit  View  Search  Terminal  Help
[root@master local]# grep -o "Line1" test.txt
Line1
[root@master local]# grep -n "Line1" test.txt
7:Line1
[root@master local]#
```

图 4-47 打印包含指定文本的行

(3)"tr"文本转换

通过使用"tr"命令,可以使用一个指定字符去替换文本中的某个字符、文档中完全删除某个字符或去除文本中的重复字符,命令格式如下所示。

> tr [ 选项 ] (参数)

"tr"命令常用选项见表 4-19 所示。

表 4-19 文本转换选项

| 选项 | 说明 |
|---|---|
| -d | 删除指定字符 |

续表

| 选项 | 说明 |
|---|---|
| -s | 将重复字符缩减到一个 |
| --help | 显示帮助信息 |
| --version | 显示版本信息 |

参数包括字符集 1 与字符集 2。
● 字符集 1：指定要进行操作的原字符集。
● 字符集 2：当执行转换操作时，必须使用参数"字符集 2"指定转换的目标字符集。但执行删除操作时，不需要参数"字符集 2"。

使用"tr"命令将 test.txt 文档中的小写英文字符 e 转为大写 E 并将"/etc/passwd"文件中重复的"o"缩减到一个，转换大小写如示例代码 CORE0428 所示。

示例代码 CORE0428 转换大小写

[root@master local]# cat test.txt | tr '[e]' '[E]'
[root@master local]# cat /etc/passwd | tr -s '[o]'

运行结果如图 4-48 所示。

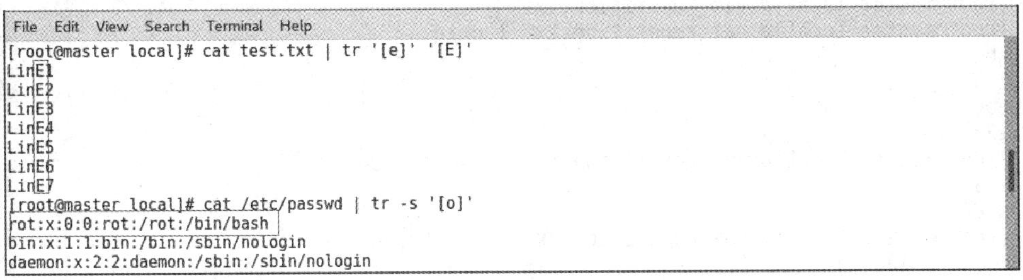

图 4-48　文本转换

（4）"uniq"删除重复内容

在日常生产环境和使用当中难免会因手误或者其他原因导致文档中会有重复的字符片段出现，需要将重复的部分进行直接删除。通过人为的手动删除会消耗大量时间和精力，所以 Linux 系统中提供了"uniq"删除重复字段的命令，以方便管理员或用户进行删除重复行的操作，其命令格式如下。

uniq [ 选项 ]

常见选项如表 4-20 所示。

使用 Vim 工具创建一个名为 repetition.txt 的文档，在使用"uniq"删除重复行时需要与"sort"排序一起使用，因为"uniq"命令只会删除连续的完全一致的行，经过排序后完全一致的行会排列到一起，删除重复行如示例代码 CORE0429 所示。

表 4-20 "uniq"命令常用选项

| 选项 | 说明 |
| --- | --- |
| -i | 忽略大小写 |
| -c | 计算重复行数 |

---

**示例代码 CORE0429 删除重复行**

[root@master local]# vim repetition.txt    # 输入如下内容
abc
123
abc
123
[root@master local]# cat repetition.txt | uniq
[root@master local]# cat repetition.txt | sort | uniq
[root@master local]# cat repetition.txt | sort | uniq -c

---

运行结果如图 4-49 所示。

```
File Edit View Search Terminal Help
[root@master local]# vim repetition.txt
[root@master local]# cat repetition.txt | uniq
abc
123
abc
123
[root@master local]# cat repetition.txt  | sort | uniq
123
abc
[root@master local]# cat repetition.txt  | sort |uniq -c
      2 123
      2 abc
[root@master local]#
```

图 4-49  删除重复行

（5）"paste"文本合并

当 Linux 系统中出现大量相同类型文件时,为了方便进行集中管理,需要将这些大量类似小文件进行合并,Linux 系统提供的 paste 命令能够将文本文档按照行的方式进行合并,并使用 Tab 进行分隔,命令格式如下所示。

---

paste [ 选项 ] file_name1 file_name2

---

常见选项如表 4-21 所示。

file_name1 与 file_name2 是要合并的两个文本文档。

新建两个文本文档分别命令为 paste1 和 paste2,使用 paste 命令将两个文档进行合并,查看结果,文档合并如示例代码 CORE0430 所示。

项目四　Linux 文本与编辑器

表 4-21　"paste"命令常用选项

| 选　项 | 说　明 |
| --- | --- |
| -d | 指定分隔符 |
| -s | 将每个文件合并成行但不是按行粘贴 |
| - | 使用标准输入 |

示例代码 CORE0430　文档合并

[root@master local]# vim paste1.txt　　# 输入如下内容
one
two
three
four
[root@master local]# vim paste2.txt
a
b
c
d
[root@master local]# paste paste1.txt paste2.txt
[root@master local]# paste -d: paste1.txt paste2.txt

运行结果如图 4-50 所示。

```
File  Edit  View  Search  Terminal  Help
[root@master local]# vim paste1.txt
[root@master local]# vim paste2.txt
[root@master local]# paste paste1.txt paste2.txt
one     a
two     b
three   c
four    d
[root@master local]# paste -d: paste1.txt paste2.txt
one:a
two:b
three:c
four:d
[root@master local]#
```

图 4-50　文档合并

通过以下步骤，使用 Vim 编辑器在"/usr/local/"目录下新建一个 SunAndStars.txt 文档，并

在其中添加内容。使用 Sed 工具修改 SunAndStars.txt 文件在暂存缓冲区中的内容,并将修改后的内容作用到源文件中。使用 Awk 工具统计 SunAndStars.txt 文件中的字符数量和字段数量,并使用指定的分隔符输出 SunAndStars.txt 文件中的前四个字段。

第一步:使用 mkdir 命令在"/usr/local/"目录下创建名为 test 的文件夹并在该文件夹中使用 vim 新建名为 SunAndStars 的文本文件,创建文件如示例代码 CORE0431 所示。

示例代码 CORE0431 创建文件

[root@master ~]# mkdir /usr/local/test
[root@master ~]# vim / usr /local/test/SunAndStars.txt  # 输入如下内容
If you shed tears when you miss the sun, you also miss the stars.

编辑文本结果如图 4-51 所示。

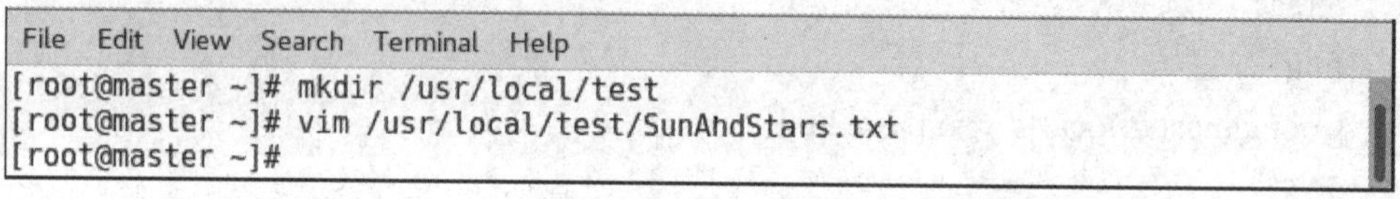

图 4-51　新建文档

第二步:查看 SunAndStars.txt 文件内容,并使用"sed"命令将文本中的 stars 在暂存缓冲区中替换为 moonshine,使用"cat"命令查看源文件内容,替换缓冲区内容如示例代码 CORE0432 所示。

示例代码 CORE0432 替换缓冲区内容

[root@master ~]# cat /usr/local/test/SunAndStars.txt

[root@master ~]# cd /usr/local/test

[root@master test]# sed 's/stars/moonshine/1' SunAndStars.txt

[root@master test]# cat /usr/local/test/SunAndStars.txt

暂存缓冲区内容替换结果如图 4-52 所示。

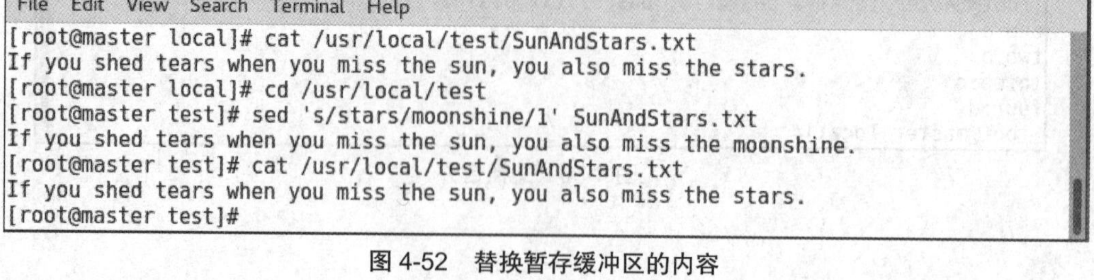

图 4-52　替换暂存缓冲区的内容

第三步:编写"sed"脚本将暂存缓冲区内的 SunAndStars.txt 的 stars 替换为 moonshine,替换暂存缓冲区内容如示例代码 CORE0433 所示。

项目四 Linux 文本与编辑器

示例代码 CORE0433 替换暂存缓冲区内容

[root@master test]# vim sed.sh　　　# 输入如下内容
s/stars/moonshine/g
[root@master test]# sed -f sed.sh SunAndStars.txt　　　# 执行脚本

脚本替换文本内容结果如图 4-53 所示。

```
File  Edit  View  Search  Terminal  Help
[root@master test]# vim sed.sh
[root@master test]# sed -f sed.sh SunAndStars.txt
If you shed tears when you miss the sun, you also miss the moonshine.
[root@master test]#
```

图 4-53　执行"sed"脚本

第四步：使用"sed"命令将 SunAndStars.txt 源文件中的 stars 替换为 moonshine，如示例代码 CORE0434 所示。

示例代码 CORE0434 替换源文件内容

[root@master test]# sed -i 's/stars/moonshine/1' SunAndStars.txt
[root@master test]# cat SunAndStars.txt

原来文件内容替换结果如图 4-54 所示。

```
File  Edit  View  Search  Terminal  Help
[root@master test]# sed -i 's/stars/moonshine/1' SunAndStars.txt
[root@master test]# cat SunAndStars.txt
If you shed tears when you miss the sun, you also miss the moonshine.
[root@master test]#
```

图 4-54　替换源文件内容

第五步：使用"sed"命令在暂存缓冲区的 SunAndStars.txt 文档内容第一行后增加一行，并查看源文件内容，指定行后增加一行如示例代码 CORE0435 所示。

示例代码 CORE0435 指定行后增加一行

[root@master test]# sed –i 'In the eyes of the strong,there is no best but better' SunAndStars.txt
[root@master test]# cat SunAndStars.txt

暂存缓冲区内容修改结果如图 4-55 所示。

```
File  Edit  View  Search  Terminal  Help
[root@master test]# sed -i '1a Im the eyes of the strong,there is no best but better' SunAndStars.txt
[root@master test]# cat SunAndStars.txt
If you shed tears when you miss the sun, you also miss the moonshine.
Im the eyes of the strong,there is no best but better

[root@master test]#
```

图 4-55　在第一行后增加内容

第六步：使用"awk"命令统计该文件字数和字段个数，统计字段个数如示例代码 CORE0436 所示。

| 示例代码 CORE0436 统计字段个数 |
| --- |
| [root@master test]# awk '{print length}' SunAndStars.txt |
| [root@master test]# awk '{print NF}' SunAndStars.txt |

统计结果如图 4-56 所示。

```
File  Edit  View  Search  Terminal  Help
[root@master test]# awk '{print length}' SunAndStars.txt
70
53
0
[root@master test]# awk '{print NF}' SunAndStars.txt
14
11
0
[root@master test]#
```

图 4-56　统计字数和字段个数

第七步：使用"sed"命令将 SunAndStars.txt 源文件中的空格全部替换为冒号"："，并使用"awk"命令以"："为分隔输出 SunAndStars.txt 文件中的前四个字段，如示例代码 CORE0437 所示。

| 示例代码 CORE0437 输出前四个字段 |
| --- |
| [root@master test]# sed -i 's/ /:/g' SunAndStars.txt |
| [root@master test]# cat SunAndStars.txt |
| [root@master test]# awk 'BEGIN {FS="[:]"} {print $1,$2,$3,$4}' SunAndStars.txt |

替换输出结果如图 4-57 所示。

```
File  Edit  View  Search  Terminal  Help
[root@master test]# sed -i 's/ /:/g' SunAndStars.txt
[root@master test]# cat SunAndStars.txt
If:you:shed:tears:when:you:miss:the:sun,:you:also:miss:the:moonshine.:
In:the:eyes:of:the:strong,there:is:no:best:but:better

[root@master test]# awk 'BEGIN {FS="[:]"} {print $1,$2,$3,$4}' SunAndStars.txt
If you shed tears
In the eyes of

[root@master test]#
```

图 4-57　替换分隔符

第八步：使用 Awk 的流程控制语句将 SunAndStars.txt 文件中第一列到第十列之间的偶数列进行输出，输出偶数列如示例代码 CORE0438 所示。

| 示例代码 CORE0438 输出偶数列 |
| --- |
| [root@master test]# awk 'BEGIN{FS="[:]"} {for(i=1;i<=10;i++) if(i%2!=0){continue} else{print $i}}' SunAndStars.txt |

编程输出结果如图 4-58 所示。

```
[root@master test]# awk 'BEGIN{FS="[:]"} {for(i=1;i<=10;i++) if(i%2!=0){continue}else{print $i}}' SunAndStars.txt
you
tears
you
the
you
the
of
strong,there
no
but

[root@master test]#
```

图 4-58  输出 1~10 行偶数列

本项目主要介绍 Linux 下 Vim、Sed 和 Awk 三种编辑器的相关知识,重点讲解三种编辑器的使用方法。通过对本项的学习可以掌握三种编辑器的基础命令,提高编辑文本文件的效率和对 Linux 系统使用的熟练度。

| help | 帮助 | text | 文本 |
| Normal mode | 普通模式 | close | 关闭 |
| Insert mode | 插入模式 | line | 行 |
| Visual mode | 可视模式 | begin | 开始 |
| filename | 文件名 | end | 结束 |

一、填空题

(1)以下哪个选项不是 Linux 的常见文本编辑工具(　　)。

A. Awk　　　　　B. Word　　　　　C. Sed　　　　　D. Vim

(2)下列选项中哪一项不属于 Vim 的基本模式(　　)。

A. 普通模式　　　B. 插入模式　　　C. 开发模式　　　D. 可视模式

（3）在使用 Sed 工具时下列哪个选项可以在第二行后增加一行（    ）。
A. sed '2a Line2.5' filaname
B. sed '2i Line1.5' filename
C. sed '2c Line1' filename
D. sed 'y/L/l/' test.txt

（4）再使用 Awk 工具时下列哪个选项可以输出当前输入文档的记录编号（    ）。
A. awk '{print FNR}' test.txt
B. awk '{print NF}' test.txt
C. awk 'OFS=":" {print $1,$2,$3}' Awktest.txt
D. awk '{print ORS}' test.txt

（5）使用 Vim 打开两个文件时使用如下哪个命令在两个窗口间实现光标切换（    ）。
A. :bp　　　　　　B. :bn　　　　　　C. :q　　　　　　D. :wq

## 二、简答题

（1）Vim 常见模式有哪些？分别有什么功能。
（2）在 Awk 流程控制中 BEGIN 和 END 的作用。

## 三、操作题

（1）在 /usr/local/ 目录下创建一个名为 first.txt 的文本文件并输入如下内容。

I am with the position that the best award for one's achievement is happiness and fulfillment. As we know, the personal satisfaction of a job well done is its own reward, and the happiness and fulfillment are the most important in our life.

（2）使用 Awk 输出 first.txt 文件中的偶数行。
（3）使用"sed"在 first.txt 第二行后插入一行并写入到原文件中，内容如下。

Children's day is on the first day of June. On that day, every child will celebrate it in their ways. The school always prepare some funny games for students, and all of these leave the children a happy childhood.

# 项目五　Linux 软件安装与进程管理

通过对 Apache 服务器的安装，了解 Linux 系统软件包的种类与使用，掌握 RPM 和 SRPM 根本区别与使用环境，掌握 YUM 工具的使用与管理，熟悉进程管理与线程控制方法。在任务实施过程中：

- 了解软件包的区别；
- 熟悉进程管理操作；
- 掌握 YUM 命令的使用。

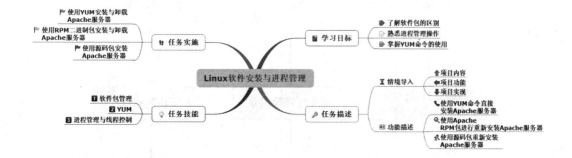

### 【情境导入】

Linux 操作系统是一款完善的软件操作系统,本身自带很多可直接使用的软件包。但在企业中为使某些功能更加便捷或拓展新的功能需求,需要额外开发或安装所需的新软件工具。Linux 系统本身就是为了开发人员设计的系统,当前 Linux 系统大部分都是由 Linux 开发商开发的,所以这些开发商编译好的软件可以直接下载并安装。本次任务通过多种方式实现 Apache 服务器安装,并通过进程进行管理。

### 【功能描述】

- 使用 YUM 命令直接安装 Apache 服务器;
- 使用 Apache RPM 包进行重新安装 Apache 服务器;
- 使用源码包重新安装 Apache 服务器。

### 【效果展示】

通过对本项目的学习,分别使用 YUM、RPM 和源码包进行 Apache 服务器安装,最终实现多种方式搭建 Apache 服务器。任务实现功能如图 5-1 所示。

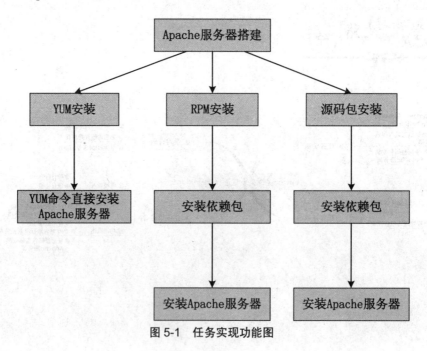

图 5-1　任务实现功能图

# 技能点一 软件包管理

## 1 软件包管理简介

Linux 是一个开源免费的操作系统,经过无数开发人员的不懈努力从硬件的基础上一步一步建立起底层和上层软件,最终建立了一系列方便好用、功能健全的软件管理体系。软件包管理一般指系统中软件的安装、卸载和更新的功能。

（1）软件包

Linux 开发商为了方便软件安装,去掉了繁复的安装步骤。提供了一种新的安装思路,就是开发商在他们的系统上面编译好所需的软件,用户在安装时可以添加有关软件的信息,将这些信息以数据库的形式保存,能够实现软件的卸载、更新或验证等操作了。目前 Linux 系统最流行的两种软件管理机制分别为 DPKG 和 RPM,详细如表 5-1 所示。

表 5-1 Linux 最流行的软件管理机制

| 软件管理机制 | 使用命令 | 命令机制 | 软件包 | 适用操作系统 |
| --- | --- | --- | --- | --- |
| RPM | rpm,rpmbuild | YUM（yum） | rpm | CentOS、Red Hat |
| DPKG | dpkg | APT（apt-get） | deb | Ubuntu |

Linux 软件包分为两种。一种是二进制软件包,可直接安装运行,但看不到源程序,且下载时要注意这个软件是否适合所使用的平台,否则将无法正常安装,如 .deb 类型文件在 Linux CentOS 系统中不能正常安装。另一种则是源码包,解开包后,还需要使用编译器将其编译成为可执行文件。

Linux 常用的软件包有两种,分别是 tar 包和 RPM 包,具体如下所示。

① tar 包

tar 是 Linux 使用非常广泛的文档打包格式。通常用 tar 方式打包的都是源码包,在进行文档打包时消耗非常少的 CPU 和时间。注意 tar 只是一个打包工具,不能进行文档的压缩。

② RPM 包

RPM（Red Hat Packge Manager）是 Red Hat 公司推出的软件包管理器,使用它可以很容易地对 rpm 形式的软件包进行安装、升级、卸载、验证、查询等操作。RPM 有二进制软件包,也有源码包。

（2）软件库

如今大多数软件包均由开发商或者第三方软件开发者开发，Linux 用户可以根据使用的 Linux 系统版本对应的中心库（repository）选择所需软件安装包，中心库就是常说的软件服务器。一个中心库中包含了成千上万个软件包，这些软件包都是针对某一个 Linux 系统版本所建立和维护的。一般建议 Linux 用户选择距离比较近的服务器进行软件下载，这样下载速度相对较快。国内部分软件库服务器如表 5-2 所示。

表 5-2 国内部分软件库服务器

| 服务器名称 | 服务器地址 |
| --- | --- |
| 阿里云计算 | http://mirrors.aliyun.com/centos/ |
| 北京理工大学 | http://mirror.bit.edu.cn/centos |
| 北京 Teletron 电信工程 | http://mirrors.btte.net/centos/ |
| 重庆大学 | http://mirros.cqu.edu.cn/CentOS |
| CN99 公司 | http://mirrors.cn99.com/centos |
| 大连东软信息学院 | http://mirrors.neusoft.edu.cn/centos/ |
| huaweicloud | http://mirrors.huaweicloud.com/repositon/centos/ |
| 兰州大学开放社会 | http://mirror.lzu.edu.cn/centos/ |
| 南京大学 | http://mirrors.nju.edu.cn/centos/ |
| 南京邮电大学 | http://mirrors.njupt.edu.cn/centos/ |
| 网易 | http://mirrors.163.com/centos/ |
| 上海交通大学 | http://ftp.sjtu.edu.cn/centos |
| 上海大学开源社区 | http://mirrors.shu.edu.cn/centos |

一个软件包可能会有多个版本，那么在同一个库中怎么分辨呢？事实上每个中心库针对一个软件包只会存储一个适用版本，其他版本的软件包也有对应的存放库，比如在测试阶段的软件包会有对应的测试库，测试库主要存放创建完成的软件包，供测试员进行漏洞查找等，在开发阶段也有对应的开发库，用来存放下一个公开发行的软件包。

除了以上介绍的常用软件库，每个 Linux 系统还有对应的第三方库，这些库中的软件包因为需要收费或专利等原因不存放在公开的软件中心库中。想要使用这些库需要充分了解其使用规则后通过手动添加的方式把软件包位置加入文件管理系统的配置文件中。

（3）软件依赖

经常玩不同类型游戏的人可能知道，有些游戏在安装完游戏本体后还不能正常运行，还需要安装一些其他软件依赖辅助游戏的运行，这些辅助工具就是软件的依赖包。各个软件之间需要互相依赖才能完成所需工作。Linux 系统的部分软件包同样需要解决依赖问题后才能正常安装使用。如安装 Apache 服务器，就需要用到 Socker 控制包 apr 和 apr-util 软件包等。

## 2 RPM 软件包

RPM 会将要安装的软件先编译,然后打包成 RPM 机制可以运行安装的包文件,能够分析出该软件安装所需的依赖环境,因此当不满足这些环境的时候,就会提示需要安装的依赖包,直到满足条件后才会安装。

（1）RPM 包介绍

RPM 包分为两类,第一类是二进制安装包,即预编译包,但只有在相同的 Linux 环境下才可以通用。第二类是没有进行编译的源码包,即 SRPM（后文详细介绍）,可以在不同的 Linux 环境下使用,可自定义编译参数。

在命令行中输入"rpm",会出现如图 5-2 所示的信息,包括 RPM 的版本信息以及指令的说明信息。

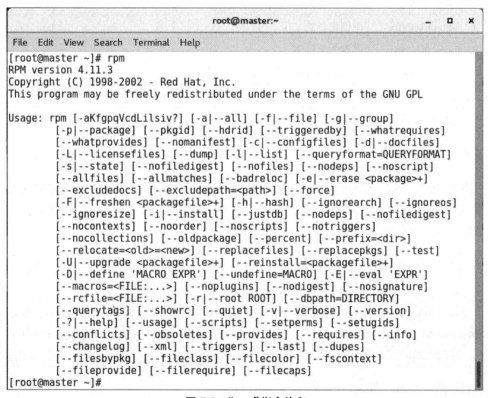

图 5-2 "rpm"指令信息

想要详细了解某条指令作用可以通过输入"rpm --help"帮助命令查看。

（2）wget 软件下载

由于 RPM 命令安装软件是获取本地软件包,在安装前需要准备好所需安装软件包,Linux 系统常用 wget 工具下载所需软件包。"wget"命令是从指定的 URL 下载文件并且性能非常稳定,即使有网络波动或遇到带宽低时,wget 也会一直尝试重新下载,直到文件下载完成。"wget"命令格式如下所示。

wget [ 选项 ] URL

常用参数如表 5-3 所示。

表 5-3 "wget"命令下载常用选项

| 选 项 | 作 用 |
|---|---|
| 为空 | 直接下载内容无其他限制 |
| -v, --verbose | 详细的输出 ( 此为默认值 ) |
| -c, --continue | 断点续传下载文件 |
| -4, --inet4-only | 仅连接至 IPv4 地址 |
| -6, --inet6-only | 仅连接至 IPv6 地址 |
| -nd, --no-directories | 不创建目录 |
| -x, --force-directories | 强制创建目录 |
| --no-check-certificate | 不要验证服务器的证书 |
| --no-cookies | 不使用 cookies |
| --header= 字符串 | 在头部插入〈字符串〉 |
| -b, --background | 启动后转入后台 |

以下载 JDK 为例，Linux 系统本身自带 Sun 公司的 OpenJDK，它是以源码形式发布的。本次下载的 JDK 是第三方库 Oracle 公司开发的 Oracle JDK，它是以 .rpm 为后缀的二进制软件安装包。如示例代码 CORE0501 所示。

示例代码 CORE0501 下载 JDK

[root@master ~]# cd /usr/local/

[root@master local]# wget --no-check-certificate --no-cookies --header "Cookie: oracle-license=accept-securebackup-cookie" http://download.oracle.com/otn-pub/java/jdk/8u171-b11/512cd62ec5174c3487ac17c61aaa89e8/jdk-8u171-linux-x64.rpm

执行过程如图 5-3 所示。

（3）RPM 包安装

使用"rpm"命令安装软件需要到软件包所在目录执行对应安装命令才能正确安装所需软件。"rpm"命令安装命令格式如下所示。

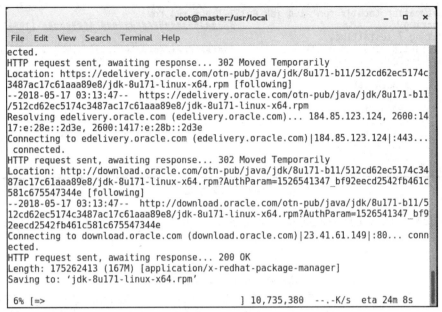

图 5-3　JDK 下载

rpm [ 选项 ] 软件包

常用的选项如表 5-4 所示。

表 5-4　"rpm"命令安装常用选项

| 选　　项 | 作　　用 |
| --- | --- |
| -i 或 --install | 安装软件 |
| -v 或 --verbos | 打印详细信息 |
| -h 或 --hash | 显示安装进度（需要和 -v 一起使用） |
| --replacepkge | 重新安装已安装的软件 |
| --test | 测试是否可以被安装，不实际安装 |
| --nodeps | 忽略软件的属性相依性强行执行 |
| --force | 忽略软件包和文件的冲突，覆盖已有的程序或文件 |

安装软件，准备所需软件安装包至"/usr/local"目录下，以安装"jdk-8u171-linux-x64.rpm"为例，如示例代码 CORE0502 所示。

| 示例代码 CORE0502 解压 JDK |
| --- |
| [root@master ~]# cd /usr/local/ <br> [root@master local]# rpm -ivh jdk-8u171-linux-x64.rpm |

安装过程如图 5-4 所示。

```
[root@master local]# rpm -ivh jdk-8u171-linux-x64.rpm
Preparing...                ################################# [100%]
Updating / installing...
   1:jdk1.8-2000:1.8.0_171-fcs  ################################# [100%]
Unpacking JAR files...
        tools.jar...
        plugin.jar...
        javaws.jar...
        deploy.jar...
        rt.jar...
        jsse.jar...
        charsets.jar...
        localedata.jar...
[root@master local]#
```

图 5-4  安装 JDK

软件安装完成就生成对应的软件安装路径，rpm 包在 Linux 系统默认安装位置如表 5-5 所示。

表 5-5  rpm 包默认安装路径

| 文件类型 | 文件安装目录 |
| --- | --- |
| 配置文件 | /etc |
| 可执行文件 | /usr/bin |
| 程序使用函数库 | /usr/lib |
| 软件使用手册 | /usr/share/doc |
| 帮助文件 | /usr/share/man |

查看 JDK1.8 是否安装成功，可访问 /usr/java 目录详细查看，结果如图 5-5 所示。

```
[root@master java]# cd /usr/java/
[root@master java]# ll
total 0
lrwxrwxrwx. 1 root root  16 May 26 10:23 default -> /usr/java/latest
drwxr-xr-x. 9 root root 268 May 26 10:23 jdk1.8.0_171-amd64
lrwxrwxrwx. 1 root root  28 May 26 10:23 latest -> /usr/java/jdk1.8.0_171-amd64
[root@master java]#
```

图 5-5  查看安装结果

（4）RPM 包更新

"rpm" 命令更新命令主要用于软件的版本更新。"rpm" 命令更新命令格式如下所示。

rpm [ 选项 ]vh 软件包

常用升级选项，如表 5-6 所示。

表 5-6  "rpm"更新命令选项

| 选项 | 描述 |
| --- | --- |
| -U, --upgrade <packagefile>+ | 升级软件（若没有安装过则直接安装） |

| 选项 | 描述 |
| --- | --- |
| -F, --freshen <packagefile>+ | 升级软件（若没有安装过则不安装） |

以更新 JDK 版本为例，若软件未进行安装直接安装软件，如示例代码 CORE0503 所示。

---

**示例代码 CORE0503 更新 JDK**

[root@master local]# wget --no-check-certificate --no-cookies --header "Cookie: oracle-license=accept-securebackup-cookie" http://download.oracle.com/otn-pub/java/jdk/10.0.1+10/fb4372174a714e6b8c52526dc134031e/jdk-10.0.1_linux-x64_bin.rpm

[root@master local]# rpm -Uvh jdk-10.0.1_linux-x64_bin.rpm

# 查看 java 版本

[root@master local]#java -version

---

更新结果如图 5-6 所示。

```
[root@master local]# java -version
java version "10.0.1" 2018-04-17
Java(TM) SE Runtime Environment 18.3 (build 10.0.1+10)
Java HotSpot(TM) 64-Bit Server VM 18.3 (build 10.0.1+10, mixed mode)
[root@master local]#
```

图 5-6 "rpm"包更新结果

（5）RPM 包查询

若需要查询当前系统所安装软件包，可以使用"rpm"命令实现软件查询功能，查询命令格式如下所示。

---

rpm [ 选项 ] 软件包

---

常用查询选项，如表 5-7 所示。

表 5-7 "rpm"查询选项

| 选项 | 描述 |
| --- | --- |
| -q | 仅查询，后面加软件名称 |
| -qa | 列出所有已安装的软件 |
| -qi | 列出该软件的详细信息 |
| -ql | 列出该软件包含的所有文件 |
| -qf | 查询某个文件属于哪个软件 |
| --requires | 显示包的依赖关系 |

查询功能应用，以查询当前系统下所有包含 java 软件为例（Linux 系统自带多个版本

openjdk），指令如示例代码 CORE0504 所示。

示例代码 CORE0504 查看当前系统所有 JDK

[root@localhost ~]# rpm -qa | grep java

运行结果如图 5-9 所示。

```
[root@master local]# rpm -qa | grep java
python-javapackages-3.4.1-11.el7.noarch
java-1.7.0-openjdk-headless-1.7.0.141-2.6.10.5.el7.x86_64
javapackages-tools-3.4.1-11.el7.noarch
java-1.8.0-openjdk-headless-1.8.0.131-11.b12.el7.x86_64
tzdata-java-2017b-1.el7.noarch
java-1.8.0-openjdk-1.8.0.131-11.b12.el7.x86_64
java-1.7.0-openjdk-1.7.0.141-2.6.10.5.el7.x86_64
[root@master local]#
```

图 5-7 "rpm" 命令查询结果

（5）RPM 验证

使用 "rpm" 命令可以查看哪些软件的哪些文件被更动过，"rpm" 命令格式如下所示。

rpm [ 选项 ] 软件包

常用选项如表 5-8 所示。

表 5-8 "rpm" 验证选项

| 选 项 | 描 述 |
| --- | --- |
| -V | 若该软件有文件被更改就会显示出来 |
| -Va | 列出所有可能被更改的文件 |
| -Vf | 查看某个文件是否被更改 |

"rpm" 命令验证 java 文件是否变化，如示例代码 CORE0505 所示。

示例代码 CORE0505 验证 Java

[root@master java]# rpm -Vf /usr/java/jdk1.8.0_171-amd64/

RPM 验证如图 5-8 所示。

```
[root@master java]# rpm -Vf /usr/java/jdk1.8.0_171-amd64/
[root@master java]#
```

图 5-8 RPM 验证

（6）RPM 包卸载

使用 "rpm" 命令卸载 RPM 包，其格式如下所示。

rpm [ 选项 ] 软件包

卸载选项如表 5-9 所示。

表 5-9 "rpm"卸载选项

| 选 项 | 描 述 |
|---|---|
| -e 或 --erase | 删除软件 |
| --nodeps | 忽略依赖 |
| --force | 强制操作 |
| --test | 预演,测试 |

根据查询结果使用"rpm"命令卸载 openjdk,卸载完成后可通过查询命令进行验证。卸载指令如示例代码 CORE0506 所示。

示例代码 CORE0506 卸载 OpenJDK

[root@master usr]# rpm -e java-1.8.0-openjdk-headless-1.8.0.131-11.b12.el7.x86_64 --test

RPM 卸载结果如图 5-9 所示。

```
[root@master usr]# rpm -e java-1.8.0-openjdk-headless-1.8.0.131-11.b12.el7.x86_6
4 --test
error: Failed dependencies:
        java-1.8.0-openjdk-headless(x86-64) = 1:1.8.0.131-11.b12.el7 is needed b
y (installed) java-1.8.0-openjdk-1:1.8.0.131-11.b12.el7.x86_64
        libawt.so()(64bit) is needed by (installed) java-1.8.0-openjdk-1:1.8.0.1
31-11.b12.el7.x86_64
        libawt.so()(64bit) is needed by (installed) java-1.7.0-openjdk-1:1.7.0.1
41-2.6.10.5.el7.x86_64
        libjava.so()(64bit) is needed by (installed) java-1.8.0-openjdk-1:1.8.0.
131-11.b12.el7.x86_64
        libjava.so()(64bit) is needed by (installed) java-1.7.0-openjdk-1:1.7.0.
141-2.6.10.5.el7.x86_64
        libjava.so(SUNWprivate_1.1)(64bit) is needed by (installed) java-1.8.0-o
penjdk-1:1.8.0.131-11.b12.el7.x86_64
        libjava.so(SUNWprivate_1.1)(64bit) is needed by (installed) java-1.7.0-o
penjdk-1:1.7.0.141-2.6.10.5.el7.x86_64
        libjli.so()(64bit) is needed by (installed) java-1.8.0-openjdk-1:1.8.0.1
31-11.b12.el7.x86_64
        libjli.so()(64bit) is needed by (installed) java-1.7.0-openjdk-1:1.7.0.1
41-2.6.10.5.el7.x86_64
        libjli.so(SUNWprivate_1.1)(64bit) is needed by (installed) java-1.8.0-op
enjdk-1:1.8.0.131-11.b12.el7.x86_64
        libjli.so(SUNWprivate_1.1)(64bit) is needed by (installed) java-1.7.0-op
```

图 5-9 RPM 卸载结果图

## 3 源码包

Linux 源码包比 RPM 包安装自由度更高,但源码包安装速度慢,安装过程中容易报错,源码包是开源的,用户可以手工配置相应参数安装到指定位置。

(1) tar 源码包

在 Linux 系统中最常见的打包工具就是 tar,使用 tar 工具打包生成的压缩包通常称为 tar 包。tar 包通常是以 .tar 为结尾的文件,但也有以其他格式结尾的如 .tar.gz 和 .tar.bz2,不同的结尾方式主要是因为不同的压缩指令及不同的压缩算法。

由于 tar 压缩的都是源码包,解压后不能直接应用,需要对源码包进行编译配置才能应用,Linux 系统中使用 autoconf 工具(用于生成可以自动地配置软件源代码包以适应多种 Unix 类系统的 shell 脚本的工具)下的 configure 脚本配置工具编译安装源码。在安装源码包时,解压缩源码包后,进入源码包下使用"./configure"对即将安装的软件进行配置,命令格式如下。

```
./configure [选项]
```

常用选项如表 5-10 所示。

表 5-10 comfigure 选项

| 选项 | 作用 |
| --- | --- |
| -prefix=⟨path⟩ | Nginx 安装路径。如果没有指定,默认为 /usr/local/nginx |
| -sbin-path=⟨path⟩ | Nginx 可执行文件安装路径。只能安装时指定,如果没有指定,默认为 ⟨prefix⟩/sbin/nginx |
| -conf-path=⟨path⟩ | 在没有给定 -c 选项下默认的 nginx.conf 的路径。如果没有指定,默认为 ⟨prefix⟩/conf/nginx.conf |
| -pid-path=⟨path⟩ | 在 nginx.conf 中没有指定 pid 指令的情况下,默认的 nginx.pid 的路径。如果没有指定,默认为 ⟨prefix⟩/logs/nginx.pid |
| -lock-path=⟨path⟩ | nginx.lock 文件的路径 |
| -error-log-path=⟨path⟩ | 在 nginx.conf 中没有指定 error_log 指令的情况下,默认的错误日志的路径。如果没有指定,默认为 ⟨prefix⟩/logs/error.log |
| -user=⟨user⟩ | 在 nginx.conf 中没有指定 user 指令的情况下,默认的 nginx 使用的用户。如果没有指定,默认为 nobody |
| -builddir=DIR | 指定编译的目录 |
| --enable-static | 生成静态链接库 |
| --enable-shared | 生成动态链接库 |

使用"./configure"对所需安装软件配置完成后就生成一个对应的 makefile 文件,然后分别使用 make 命令来编译源代码,使用"make install"命令进行软件安装,最后可以使用"make clean"命令删除编译产生的可执行文件及目标文件。

(2) SRPM 源码包

SRPM 是 Source RPM,也就是 RPM 包里面含有原始码(Source Code)。值得注意的是,SRPM 所提供的套件内容并没有经过编译,它提供的是原始码。SRPM 虽然内容是原始码,但是它仍然含有该套件所需要的相依性套件说明,以及所有 RPM 包所提供的数据,同时,它与 RPM 包不同的是,它提供了参数设定档案(configure 与 makefile)。所以,如果下载的是 SRPM,安装该套件时,RPM 套件管理员会先将该套件以 RPM 包管理的方式编译,然后将编译完成的 RPM 安装到 Linux 系统中。与 RPM 包比,SRPM 多了一个重新编译的动作,而且 SRPM 编译完成会产生 RPM 档案包。

SRPM 的用处：通常一个套件在解压时，会同时解压该套件的 RPM 与 SRPM。RPM 包必须要在相同的 Linux 环境下才能够安装，而 RPM 是原始码的格式，可以通过修改 SRPM 内的参数设定档案，重新编译产生能适合 Linux 环境的 RPM 包，最终将该套件安装到系统中，而不必与原作者打包的 Linux 环境相同。

● SRPM 环境配置

RPM 有两种，一种是预编译的，一种是源码包，源码包的后缀是 .src.rpm 结束，想要生产源码包，需要通过 SRPM 包重建出 RPM 包。首先需要有重建包的环境，确定系统中存在有"rpmbuild"命令，目前系统中没有，会报错，错误如图 5-10 所示。

```
[root@master ~]# rpmbuild
bash: rpmbuild: command not found...
[root@master ~]#
```

图 5-10　没有找到"rpmbuild"命令

Linux 系统安装后本身没有"rpmbuild"命令，通常使用"yum"指令来安装，指令如示例代码 CORE0507 所示。

| 示例代码 CORE0507　安装 rpmbuild |
|---|
| [root@master ~]# yum install rpm-build |

运行结果如图 5-11 所示。

```
                                root@master:~                        _ □ ×
File Edit View Search Terminal Help
  Verifying  : redhat-rpm-config-9.1.0-80.el7.centos.noarch        8/14
  Verifying  : perl-srpm-macros-1-8.el7.noarch                     9/14
  Verifying  : rpm-4.11.3-32.el7.x86_64                           10/14
  Verifying  : rpm-build-libs-4.11.3-25.el7.x86_64                11/14
  Verifying  : rpm-4.11.3-25.el7.x86_64                           12/14
  Verifying  : rpm-libs-4.11.3-25.el7.x86_64                      13/14
  Verifying  : rpm-python-4.11.3-25.el7.x86_64                    14/14

Installed:
  rpm-build.x86_64 0:4.11.3-32.el7

Dependency Installed:
  dwz.x86_64 0:0.11-3.el7
  patch.x86_64 0:2.7.1-10.el7_5
  perl-Thread-Queue.noarch 0:3.02-2.el7
  perl-srpm-macros.noarch 0:1-8.el7
  redhat-rpm-config.noarch 0:9.1.0-80.el7.centos

Dependency Updated:
  rpm.x86_64 0:4.11.3-32.el7           rpm-build-libs.x86_64 0:4.11.3-32.el7
  rpm-libs.x86_64 0:4.11.3-32.el7      rpm-python.x86_64 0:4.11.3-32.el7

Complete!
[root@master ~]#
```

图 5-11　安装"rpmbuild"命令结果

安装完成后可以使用"rpmbuild"命令进行 .src.rpm 格式文件创建，"rpmbuild"命令格式如下所示。

| rpmbuild [ 选项 ] 文件包 |
|---|

"rpmbuild"命令选项常用选项如表 5-11 所示。

表 5-11 “rpmbuild”命令常用选项

| 选 项 | 解 释 |
|---|---|
| -bp | 只执行 spec 的 %pre 段（解开源码包并打补丁，即只做准备） |
| -bi | 执行 spec 中 %pre，%build 与 %install（准备，编译并安装） |
| -bl | 检查 spec 中的 %file 段（查看文件是否齐全） |
| -bb | 只建立二进制包（常用） |
| -bs | 只建立源码包 |

生成 rpmbuild 的工作目录，如示例代码 CORE0508 所示。

示例代码 CORE0508 生成工作目录

```
[root@master ~]# rpmbuild --showrc| grep topdir
```

结果如图 5-12 所示。

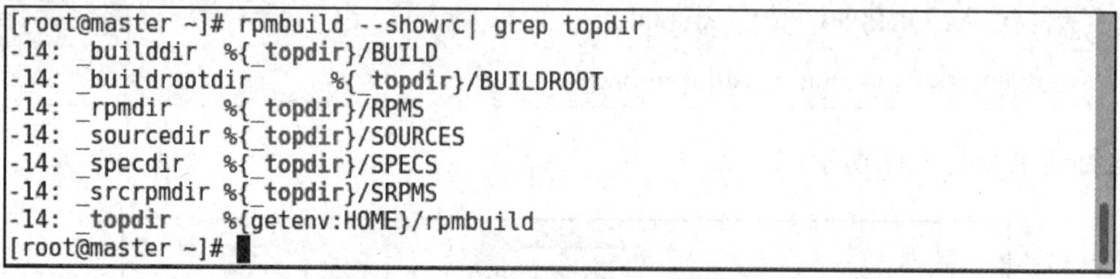

```
[root@master ~]# rpmbuild --showrc| grep topdir
-14: _builddir  %{_topdir}/BUILD
-14: _buildrootdir      %{_topdir}/BUILDROOT
-14: _rpmdir    %{_topdir}/RPMS
-14: _sourcedir %{_topdir}/SOURCES
-14: _specdir   %{_topdir}/SPECS
-14: _srcrpmdir %{_topdir}/SRPMS
-14: _topdir    %{getenv:HOME}/rpmbuild
[root@master ~]#
```

图 5-12 生成 rpmbuild 工作目录

查看 rpmbuild 工作目录如示例代码 CORE0509 所示。

示例代码 CORE0509 查看工作目录

```
[root@master ~]# cd /root/rpmbuild/
[root@master rpmbuild]# ll
```

查询结果如图 5-13 所示。

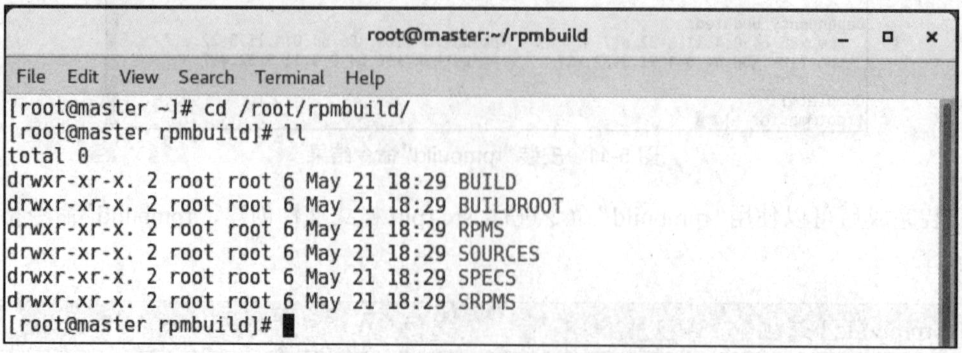

```
root@master:~/rpmbuild
File Edit View Search Terminal Help
[root@master ~]# cd /root/rpmbuild/
[root@master rpmbuild]# ll
total 0
drwxr-xr-x. 2 root root 6 May 21 18:29 BUILD
drwxr-xr-x. 2 root root 6 May 21 18:29 BUILDROOT
drwxr-xr-x. 2 root root 6 May 21 18:29 RPMS
drwxr-xr-x. 2 root root 6 May 21 18:29 SOURCES
drwxr-xr-x. 2 root root 6 May 21 18:29 SPECS
drwxr-xr-x. 2 root root 6 May 21 18:29 SRPMS
[root@master rpmbuild]#
```

图 5-13 查看 rpmbuild 工作目录

rpmbuild 工作目录作用如表 5-12 所示。

表 5-12　rpmbuild 工作目录作用

| 目录名称 | 描　述 |
| --- | --- |
| BUILD | 打包过程中的工作目录 |
| RPMS | 存放生成的二进制包 |
| SOURCES | 放置打包资源，包括源码打包文件和补丁文件等 |
| SPECS | 放置 SPEC 文档 |
| SRPMS | 存放生成的源码包 |

想要了解更多 Linux 软件包，请扫描下方二维码。

## 技能点二　YUM

### 1　YUM 简介

YUM 的全称是 Yellow dog Updater，Modified，是基于 RPM 的升级版软件包管理器，可以自动处理依赖性关系，并一次性安装所有依赖的软件包。

RPM 软件文件内部记录的相依属性的数据可以生产一份软件相关性的清单列表，在 YUM 服务器内就有这个清单列表和相应的软件，这样就组成一个容器，当安装软件时，会从 YUM 服务器中下载这个清单并进行对比，然后一次性地安装所需的软件，这样就解决了相依属性的问题，此后在升级的时候也会使用这个机制。"yum"管理命令格式如下所示。

> yum [ 选项 ]（参数）软件包

"yum"的常用选项如表 5-13 所示。

表 5-13　"yum"常用选项

| 选　项 | 描　述 |
| --- | --- |
| 为空 | 不进行设置 |
| -e | 设置错误等级（0~10） |
| -d | 设置调试等级（0~10） |

| 选 项 | 描 述 |
|---|---|
| -t | 忽略错误 |
| -R[ 分钟 ] | 设置等待时间 |
| -y | 自动应答 yes |
| -q | 安静模式 |
| -v | 详细模式 |
| --skip-broken | 忽略依赖问题 |
| --nogpgcheck | 忽略 GPG 验证 |

"yum"常用参数说明如表 5-14 所示。

表 5-14 "yum"常用参数

| 参 数 | 说 明 |
|---|---|
| install | 安装 rpm 软件包 |
| update | 更新 rpm 软件包 |
| check-update | 检查是否有可用的更新 rpm 软件包 |
| remove | 删除指定的 rpm 软件包 |
| list | 显示软件包的信息 |
| search | 检查软件包的信息 |
| info | 显示指定的 rpm 软件包的描述信息和概要信息 |
| clean | 清理 yum 过期的缓存 |
| shell | 进入 yum 的 shell 提示符 |
| resolvedep | 显示 rpm 软件包的依赖关系 |
| localinstall | 安装本地的 rpm 软件包 |
| localupdate | 显示本地 rpm 软件包进行更新 |
| deplist | 显示 rpm 软件包的所有依赖关系 |

## 2 YUM 软件管理

(1) YUM 软件安装

使用 RPM 指令对软件进行安装需要预先下载所需安装的软件,但使用 YUM 工具对软件进行安装不需要预先下载所需安装包,只要在网络 YUM 库存在的软件包,通过指令可直接进行下载安装。YUM 的安装以 MySQL 数据库为例,MySQL 数据库是一款关系型数据库,把需要存储的数据保存在不同的数据库表中。当前大部分小型程序开发都是用 MySQL 作为基本数据库,因为其体积小、速度快、成本低,最重要的是开放源代码。安装 MySQL 指令如示例代码 CORE0510 所示。

| 示例代码 CORE0510 安装 MySQL |
| --- |
| [root@master ~]# yum -y install mysql-community-server |

MySQL 数据库安装如图 5-14 所示。

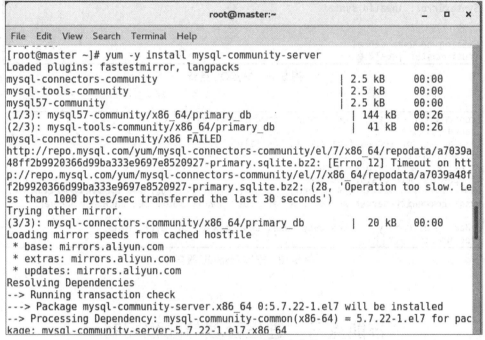

图 5-14  MySQL 数据库安装

（2）YUM 软件更新

不管是手机系统，还是电脑操作系统的软件每隔一段时间都需要进行更新，更新的目的是为了让软件有更多更稳定的功能、更美观的界面，针对旧版软件的 BUG 修复，让用户有更好的体验。在之前已经对 MySQL 进行安装，本次以升级 MySQL 为例，命令如下。

| [root@master ~]# yum update mysql |
| --- |

部分结果如图 5-15 所示。

（3）YUM 查询

"yum" 的查询操作，查询 MySQL 服务，指令如示例代码 CORE0511 所示。

| 示例代码 CORE0511 查询 MySQL 服务 |
| --- |
| [root@master ~]# yum search mysql-community-server |

结果如图 5-16 所示。

```
[root@master java]# yum update mysql
Loaded plugins: fastestmirror, langpacks
base                                              | 3.6 kB     00:00
extras                                            | 3.4 kB     00:00
mysql-connectors-community                        | 2.5 kB     00:00
mysql-tools-community                             | 2.5 kB     00:00
mysql57-community                                 | 2.5 kB     00:00
updates                                           | 3.4 kB     00:00
  File "/usr/libexec/urlgrabber-ext-down", line 28
    except OSError, e:
                  ^
SyntaxError: invalid syntax


Exiting on user cancel
[root@master java]#
```

图 5-15　MySQL 更新

```
[root@master ~]# yum search mysql-community-server
Loaded plugins: fastestmirror, langpacks
Loading mirror speeds from cached hostfile
 * base: mirrors.aliyun.com
 * extras: mirrors.aliyun.com
 * updates: mirrors.aliyun.com
=================== N/S matched: mysql-community-server ====================
mysql-community-server.x86_64 : A very fast and reliable SQL database server

  Name and summary matches only, use "search all" for everything.
[root@master ~]#
```

图 5-16　查询 MySQL 服务

# 技能点三　进程管理与线程控制

通过之前的学习了解到 Linux 是一个多任务的操作系统,在一个系统上可以有多个进程同时进行服务,一个程序的运行同样需要多条进程支持。一个进程至少有一个线程,进程是资源分配的基本单位,而线程是调度的基本单位。学习 Linux 进程不一定是深入研究 Linux 底层框架,只需要能够掌握如何控制进程,完成系统维护即可。

## 1　进程

进程是一个正在运行的实体程序或命令,每一个进程都有自己的地址空间,并且占用一定的系统资源。所有的进程都有三种状态,分别为运行态、就绪态和阻塞态。
- 运行态:程序当前实际占用 CPU 等资源的状态;
- 就绪态:程序除 CPU 以外所有资源都已准备就绪的状态;
- 阻塞态:程序在运行过程中由于需要请求外部资源而无法继续执行,需要等待所需资源的状态。

进程有三种状态是因为进程之间可能存在互斥性,互斥就是某资源同一时间仅允许一个进程访问,另一个进程需等待上一个进程完成,比如打印机一次只能打印一个文档。进程存在互斥性同时也含有同步性,同步性是指多个进程通过互相合作共同完成相同的任务。

用户对进程有一定的管理权限,常用进程管理有进程查看、进程终止和进程优先级调整。

想要了解更多进程相关知识,请扫描下方二维码。

(1)进程查看

查看进程可分为查看静态进程与查看动态进程。

①静态进程

Linux 系统中使用"ps"命令查看系统静态进程,命令如下所示。

ps [ 选项 ]

静态进程查询常用选项如表 5-15 所示,以下选项中单横线代表短格式,不加短横线与加短横线意义不同。

表 5-15　静态进程查询常用选项

| 选　　项 | 说　　明 |
| --- | --- |
| -A | 所有的静态进程均显示出来 |
| -a | 显示现行终端机下的所有静态进程,包括其他用户的静态进程 |
| -u | 以用户为主的静态进程状态 |
| x | 通常与 a 这个参数一起使用,可列出较完整信息 |
| -l | 较长、较详细地将该 PID 的信息列出 |
| j | 工作的格式 |
| -f | 做一个更为完整的输出 |
| -e | 与 -A 具有同样效果,所有的静态进程均显示出来 |
| axu | 列出所有正在内存中的程序 |

静态进程查询命令如示例代码 CORE0512 所示。

| 示例代码 CORE0512 静态进程查询 |
| --- |
| # 将目前本用户登入的 PIN 信息展示<br>[root@master ~]# ps -l<br># 列出所有正在内存中的程序<br>[root@master ~]# ps axu |

运行效果如图 5-17 所示。

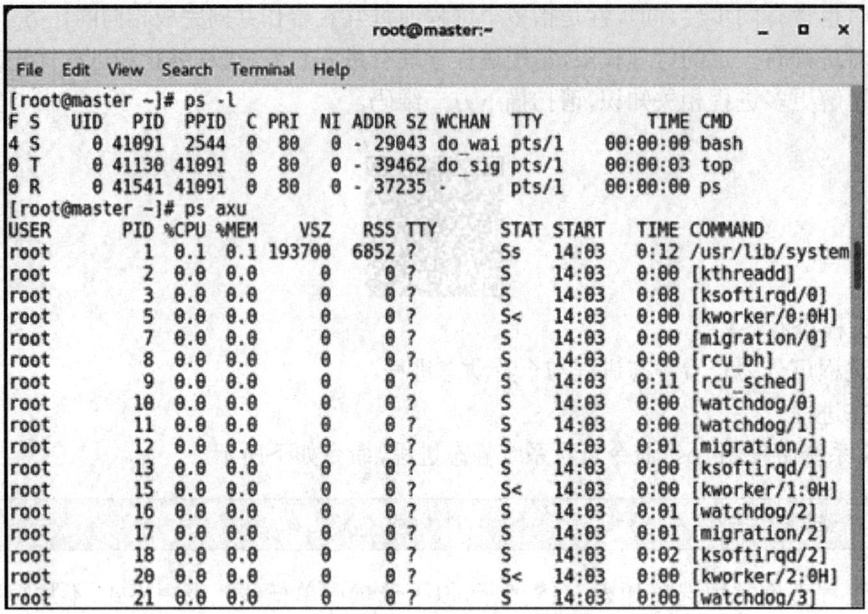

```
root@master:~
File Edit View Search Terminal Help
[root@master ~]# ps -l
F S   UID   PID  PPID  C PRI  NI ADDR SZ WCHAN  TTY          TIME CMD
4 S     0 41091  2544  0  80   0 - 29043 do_wai pts/1    00:00:00 bash
0 T     0 41130 41091  0  80   0 - 39462 do_sig pts/1    00:00:03 top
0 R     0 41541 41091  0  80   0 - 37235 -      pts/1    00:00:00 ps
[root@master ~]# ps axu
USER        PID %CPU %MEM    VSZ   RSS TTY      STAT START   TIME COMMAND
root          1  0.1  0.1 193700  6852 ?        Ss   14:03   0:12 /usr/lib/system
root          2  0.0  0.0      0     0 ?        S    14:03   0:00 [kthreadd]
root          3  0.0  0.0      0     0 ?        S    14:03   0:08 [ksoftirqd/0]
root          5  0.0  0.0      0     0 ?        S<   14:03   0:00 [kworker/0:0H]
root          7  0.0  0.0      0     0 ?        S    14:03   0:00 [migration/0]
root          8  0.0  0.0      0     0 ?        S    14:03   0:00 [rcu_bh]
root          9  0.0  0.0      0     0 ?        S    14:03   0:11 [rcu_sched]
root         10  0.0  0.0      0     0 ?        S    14:03   0:00 [watchdog/0]
root         11  0.0  0.0      0     0 ?        S    14:03   0:00 [watchdog/1]
root         12  0.0  0.0      0     0 ?        S    14:03   0:01 [migration/1]
root         13  0.0  0.0      0     0 ?        S    14:03   0:00 [ksoftirqd/1]
root         15  0.0  0.0      0     0 ?        S<   14:03   0:00 [kworker/1:0H]
root         16  0.0  0.0      0     0 ?        S    14:03   0:01 [watchdog/2]
root         17  0.0  0.0      0     0 ?        S    14:03   0:01 [migration/2]
root         18  0.0  0.0      0     0 ?        S    14:03   0:02 [ksoftirqd/2]
root         20  0.0  0.0      0     0 ?        S<   14:03   0:00 [kworker/2:0H]
root         21  0.0  0.0      0     0 ?        S    14:03   0:00 [watchdog/3]
```

图 5-17 静态进程查询运行效果

"ps -l"命令结果解释如表 5-16 所示。

表 5-16 "ps -l"命令结果解释

| 列属性 | 含 义 |
|---|---|
| F | 这个程序的旗标(flag),4 代表使用者为 superuser;0 表示位标记;1 代表此进程只能 fork 后执行 |
| S | 这个程序的状态(STAT);R:正在运行;S:睡眠;T:停止;s:包含子进程;+:位于后台 |
| UID | 执行者身份 |
| PID | 进程的 ID 号 |
| PPID | 父进程的 ID 号 |
| C | CPU 使用的资源百分比 |
| PRI | 进程的执行优先权(Priority 的简写),其值越小越早被执行 |
| NI | 进程的 nice 值,其表示进程可被执行的优先级的修正数值 |
| ADDR | 内核函数,指出该程序在内存的哪个部分。如果是可执行的程序,一般就是"-" |
| SZ | 使用的内存大小 |
| WCHAN | 目前这个程序是否正在运行当中,若为"-"表示正在运行 |
| TTY | 登入者的终端机位置 |
| TIME | 使用 CPU 时间 |
| CMD | 所下达的指令名称 |

"ps axu"命令结果解释如表 5-17 所示。

表 5-17 "pa axu"命令结果解释

| 列属性 | 含义 |
|---|---|
| USER | 该进程属于哪个使用者账号 |
| PID | 该进程的 ID 号 |
| %CPU | 该进程使用掉的 CPU 资源百分比 |
| %MEM | 该进程所占用的物理内存百分比 |
| VSZ | 被该进程使用的虚拟内存量（KBytes） |
| RSS | 该进程占用的固定的内存量（KBytes） |
| TTY | 该进程是在哪个终端机上面运作,若与终端机无关,则显示？ |
| STAT | 该程序目前的状态;R:正在运行;S:睡眠;T:停止;s:包含子进程;+:位于后台;<:高优先级;n:低优先级 |
| START | 进程被触发的时间 |
| TIME | 该进程实际使用 CPU 的时间 |
| COMMAND | 该进程的实际指令 |

②动态进程

动态进程能够实时显示系统中各个进程的资源占用状况,与 Windows 系统下的任务管理器相似,Linux 系统中没有对应的任务管理器只能通过命令查看当前系统动态进程情况,"top"命令能够实时地对系统状态进行动态监控,默认按照 CPU 使用情况对动态进程排序,动态进程命令格式如下。

top [ 选项 ]

动态进程查询常用选项如表 5-18 所示。

表 5-18 动态进程查询常用选项

| 选 项 | 说 明 |
|---|---|
| -b | 批处理 |
| -c | 显示完整的命令 |
| -i〈时间〉 | 设置间隔时间 |
| -I | 忽略失效进程 |
| -s | 保密模式 |
| -S | 累积模式 |
| -u〈用户名〉 | 指定用户名 |
| -p〈进程号〉 | 指定进程 |
| -n〈次数〉 | 循环显示的次数 |

动态进程查看指令如示例代码 CORE0513 所示。

| 示例代码 CORE0513 查看动态进程 |
| --- |
| [root@master ~]# top |

运行结果如图 5-18 所示。

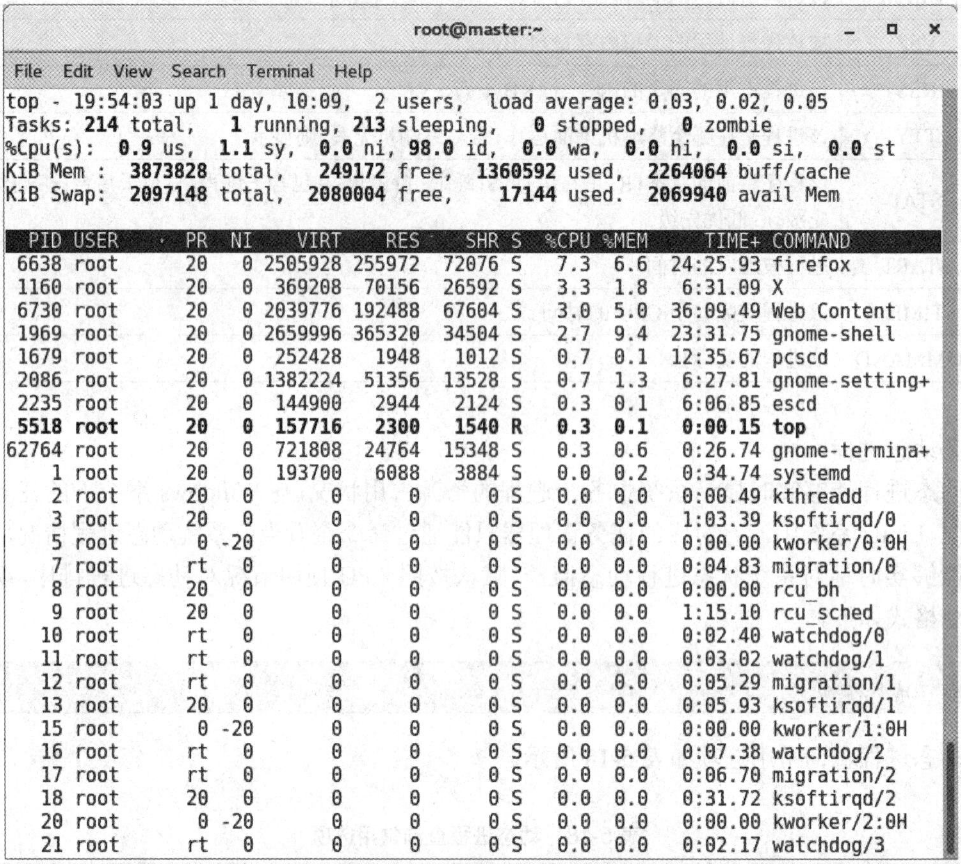
root@master:~
File Edit View Search Terminal Help
top - 19:54:03 up 1 day, 10:09, 2 users, load average: 0.03, 0.02, 0.05
Tasks: 214 total, 1 running, 213 sleeping, 0 stopped, 0 zombie
%Cpu(s): 0.9 us, 1.1 sy, 0.0 ni, 98.0 id, 0.0 wa, 0.0 hi, 0.0 si, 0.0 st
KiB Mem : 3873828 total, 249172 free, 1360592 used, 2264064 buff/cache
KiB Swap: 2097148 total, 2080004 free, 17144 used. 2069940 avail Mem
PID USER PR NI VIRT RES SHR S %CPU %MEM TIME+ COMMAND
6638 root 20 0 2505928 255972 72076 S 7.3 6.6 24:25.93 firefox
1160 root 20 0 369208 70156 26592 S 3.3 1.8 6:31.09 X
6730 root 20 0 2039776 192488 67604 S 3.0 5.0 36:09.49 Web Content
1969 root 20 0 2659996 365320 34504 S 2.7 9.4 23:31.75 gnome-shell
1679 root 20 0 252428 1948 1012 S 0.7 0.1 12:35.67 pcscd
2086 root 20 0 1382224 51356 13528 S 0.7 1.3 6:27.81 gnome-setting+
2235 root 20 0 144900 2944 2124 S 0.3 0.1 6:06.85 escd
5518 root 20 0 157716 2300 1540 R 0.3 0.1 0:00.15 top
62764 root 20 0 721808 24764 15348 S 0.3 0.6 0:26.74 gnome-termina+
1 root 20 0 193700 6088 3884 S 0.0 0.2 0:34.74 systemd
2 root 20 0 0 0 0 S 0.0 0.0 0:00.49 kthreadd
3 root 20 0 0 0 0 S 0.0 0.0 1:03.39 ksoftirqd/0
5 root 0 -20 0 0 0 S 0.0 0.0 0:00.00 kworker/0:0H
7 root rt 0 0 0 0 S 0.0 0.0 0:04.83 migration/0
8 root 20 0 0 0 0 S 0.0 0.0 0:00.00 rcu_bh
9 root 20 0 0 0 0 S 0.0 0.0 1:15.10 rcu_sched
10 root rt 0 0 0 0 S 0.0 0.0 0:02.40 watchdog/0
11 root rt 0 0 0 0 S 0.0 0.0 0:03.02 watchdog/1
12 root rt 0 0 0 0 S 0.0 0.0 0:05.29 migration/1
13 root 20 0 0 0 0 S 0.0 0.0 0:05.93 ksoftirqd/1
15 root 0 -20 0 0 0 S 0.0 0.0 0:00.00 kworker/1:0H
16 root rt 0 0 0 0 S 0.0 0.0 0:07.38 watchdog/2
17 root rt 0 0 0 0 S 0.0 0.0 0:06.70 migration/2
18 root 20 0 0 0 0 S 0.0 0.0 0:31.72 ksoftirqd/2
20 root 0 -20 0 0 0 S 0.0 0.0 0:00.00 kworker/2:0H
21 root rt 0 0 0 0 S 0.0 0.0 0:02.17 watchdog/3

图 5-18 动态进程查询运行效果

动态进程查看的结果解释如表 5-19 所示。

表 5-19 “top”命令结果解释

| 行次 | 参 数 | 说 明 |
| --- | --- | --- |
| 第一行 | top | top 命令结果 |
| | 19:54:03 | 当前系统时间 |
| | up 1day, 10:09 | 系统运行时间 |
| | 2 user | 当前登录用户数 |
| | load average: 0.03, 0.02, 0.05 | 系统负载，后面三个参数分别为不同时间的负载情况 |

续表

| 行次 | 参数 | 说明 |
|---|---|---|
| 第二行 | Tasks:214 total | 当前系统进程总数 |
| | 1 running | 正在运行的进程数 |
| | 213 sleeping | 睡眠的进程数 |
| | 0 stopped | 停止的进程数 |
| | 0 zombie | 迟钝的进程数 |
| 第三行 | %Cpu(s) | CPU 使用信息 |
| | 0.9 us | 用户空间占用 CPU 百分比 |
| | 1.1 sy | 内核空间占用 CPU 百分比 |
| | 0.0 ni | 用户进程空间内改变过优先级的进程占用 CPU 百分比 |
| | 98.0 id | 空闲 CPU 百分比 |
| | 0.0 wa | 等待输入输出的 CPU 时间百分比 |
| | 0.0 hi | 硬件 CPU 中断占用百分比 |
| | 0.0 si | 软件中断占用百分比 |
| | 0.0 st | 虚拟机占用百分比 |
| 第四行 | KiB Mem | 内存信息,单位 KB |
| | 3873828 total | 物理内存总量 |
| | 249172 free | 空闲内存总量 |
| | 1360592 used | 使用的物理内存总量 |
| | 2264064 buff/cache | 用作内核缓存的内存量 |
| 第五行 | KiB Swap | 缓存信息,单位 KB |
| | 2097148 total | 缓存总量 |
| | 2080076 free | 空闲缓存总量 |
| | 17144 used | 使用的缓存总量 |
| | 2069940 avail Mem | 用于进程下次分配的物理内存量 |

动态进程详细信息参数与静态进程相同不重复介绍。

(2)进程终止

进程的启动是通过启动是不同指令或程序进行的,不进行详细介绍,进程管理主要体现"kill"命令进程的删除和终止。"kill"命令格式如下所示。

kill [ 选项 ] PID

删除进程的常用选项如表 5-20 所示。

表 5-20 "kill"命令常用选项

| 选 项 | 说 明 |
| --- | --- |
| 为空 | 直接终止进程 |
| -a | 当处理当前进程时,不限制命令名和进程号的对应关系 |
| -l | 若不加<信息编号>选项,则 -l 参数会列出全部的信息名称 |
| -p | 指定 kill 命令只打印相关进程的进程号,而不发送任何信号 |
| -s | 指定要送出的信息 |
| -u | 指定用户 |

"kill -l"命令使用如图 5-19 所示。

```
[root@master ~]# kill -l
 1) SIGHUP       2) SIGINT       3) SIGQUIT      4) SIGILL       5) SIGTRAP
 6) SIGABRT      7) SIGBUS       8) SIGFPE       9) SIGKILL     10) SIGUSR1
11) SIGSEGV     12) SIGUSR2     13) SIGPIPE     14) SIGALRM     15) SIGTERM
16) SIGSTKFLT   17) SIGCHLD     18) SIGCONT     19) SIGSTOP     20) SIGTSTP
21) SIGTTIN     22) SIGTTOU     23) SIGURG      24) SIGXCPU     25) SIGXFSZ
26) SIGVTALRM   27) SIGPROF     28) SIGWINCH    29) SIGIO       30) SIGPWR
31) SIGSYS      34) SIGRTMIN    35) SIGRTMIN+1  36) SIGRTMIN+2  37) SIGRTMIN+3
38) SIGRTMIN+4  39) SIGRTMIN+5  40) SIGRTMIN+6  41) SIGRTMIN+7  42) SIGRTMIN+8
43) SIGRTMIN+9  44) SIGRTMIN+10 45) SIGRTMIN+11 46) SIGRTMIN+12 47) SIGRTMIN+13
48) SIGRTMIN+14 49) SIGRTMIN+15 50) SIGRTMAX-14 51) SIGRTMAX-13 52) SIGRTMAX-12
53) SIGRTMAX-11 54) SIGRTMAX-10 55) SIGRTMAX-9  56) SIGRTMAX-8  57) SIGRTMAX-7
58) SIGRTMAX-6  59) SIGRTMAX-5  60) SIGRTMAX-4  61) SIGRTMAX-3  62) SIGRTMAX-2
63) SIGRTMAX-1  64) SIGRTMAX
[root@master ~]#
```

图 5-19 "kill -l"命令使用

"kill -l"命令结果重点信号解释如表 5-21 所示。

表 5-21 重点信号解释

| 信 号 | 说 明 |
| --- | --- |
| 1 | 终端断线 |
| 2 | 中断(同 Ctrl + C) |
| 3 | 退出(同 Ctrl + \) |
| 9 | 无条件强制终止 |
| 15 | 终止(不进行指定默认为 15) |
| 18 | 继续(与 STOP 相反,fg/bg 命令) |
| 19 | 暂停(同 Ctrl + Z) |

由于"kill"命令在使用前需要查询想要终止的进程 PID,比较麻烦,并且若实际工作中 PID 输入错误会发生不可估量的损失。想要终止进程还有第二种指令方式,即"killall"命令,通过进程名进行管理而不是通过 PID。"killall"命令格式如下所示。

killall [ 选项 ] 进程名

"killall"命令常用选项如表 5-22 所示。

表 5-22 "killall"命令常用选项

| 选 项 | 说 明 |
| --- | --- |
| 为空 | 直接终止进程 |
| -e | 要求匹配进程名称 |
| -I | 忽略小写 |
| -g | 杀死进程组而不是进程 |
| -i | 交互模式,杀死进程前先询问用户 |
| -l | 列出所有的已知信号名称 |
| -q | 不输出警告信息 |
| -v | 报告信号是否成功发送 |
| -w | 等待进程死亡 |

(3)进程文件查看

Linux 系统运行相应功能就会打开对应文件,功能是通过进程实现的,当前运行进程打开文件就是系统运行打开的文件。"lsof"命令就是查看系统所有打开文件的指令,全称为"list open files"。文件是有相应权限的,想要查看所有文件就需获取对应权限,由于不能给普通用户过高权限,此命令只能通过最高权限 root 用户执行。"lsof"命令格式如下所示。

lsof [ 选项 ]

"lsof"命令常用参数如表 5-23 所示。

表 5-23 "lsof"命令常用参数

| 选 项 | 说 明 |
| --- | --- |
| -a | 列出打开文件存在的进程 |
| -c〈进程号〉 | 列出指定进程所打开的文件 |
| -g | 列出 GID 号进程详情 |
| -u | 列出 UID 号进程详情 |
| -d〈文件号〉 | 列出占用该文件号的进程 |
| +d〈目录〉 | 列出目录下被打开的文件 |
| +D〈目录〉 | 递归列出目录下被打开的文件 |
| -n〈目录〉 | 列出使用 NFS 的文件 |
| -p〈进程号〉 | 列出指定进程号所打开的文件 |
| -i〈协议 \| 端口 \|IPv4\|IPv6\| 主机名 \| 服务名〉 | 列出符合条件的进程 |

（4）进程优先级调整

通过"ps"命令查看进程时,输出结果在其中一个 NI 字段代表的就是进程优先级,进程优先级的取值是 -20~19,数值越大优先级越低,执行次数越少,如果进程启动时没有设置优先级,默认为 0。普通用户可以为自己的进程设置优先级保证任务尽快执行,但不能低于 0。修改优先级有三种方式分别为"nice"命令、"renice"命令和"top"命令,命令格式分别如下所示。

① "nice"命令

"nice"命令是在启动进程的同时对进程赋予优先级。命令格式如下。

| nice –n [ 优先序 ] 待启动进程 |
| --- |

② "renice"命令

"renice"命令对已启动进程的优先级进行修改,根据进程的 PID、进程群组和进程所有者进行修改。命令格式如下。

| renice [ 优先序 ] [ 选项 ] |
| --- |

常用选项参数如表 5-24 所示。

表 5-24 "renice"命令常用选项

| 选项 | 说明 |
| --- | --- |
| -p pid | 重新指定进程 id 为 pid 的进程的优先序 |
| -g pgrp | 重新指定进程群组(process group)的 id 为 pgrp 进程(一个或多个)的优先序 |
| -u user | 重新指定进程拥有者为 user 的进程的优先序 |

③ "top"命令

在"top"命令界面中键入"r"键出现"PID to renice"指示,并输入需要修改进程的 PID,然后显示"renice PID *** to value"后输入需要修改后的优先序即可。

## 2 线程

Linux 中线程本身不存在,线程是通过进程模拟产生的。线程的工作主要是承担任务调度,一个进程可以拥有多个线程。通常把线程分为三类,分别为用户级线程、内核级线程和混合线程。

（1）用户级线程

用户级线程指不需要内核支持,不依赖于操作系统核心,而是在用户程序中运行实现的线程,用户线程的控制需要线程库提供创建、同步、调度和管理等方法实现。用户级线程仅存在于用户空间。用户线程的优点如下所示。

- 可以在不支持线程的操作系统中实现;
- 创建和销毁线程、线程切换等线程管理的代价比内核线程少得多,因为保存线程状态的过程和调用程序都只是本地过程;
- 允许每个进程定制独立的调度算法,线程管理比较灵活;

● 线程能够利用的表空间和堆栈空间比内核级线程多；
● 不需要陷阱，不需要上下文切换，也不需要对内存高速缓存进行刷新，使得线程调用非常便捷；
● 线程的调度不需要内核直接参与，控制简单。

（2）内核级线程

线程的创建、撤销和切换等都需要内核直接实现，这些线程可以在全系统内进行资源竞争。内核空间为每个内核支持线程设置线程控制模块，内核根据该控制模块感知并控制线程。内核及线程优点如下所示。

● 多处理器系统中，内核能够并行执行同一进程内的多个线程；
● 如果进程中的一个线程被阻塞，能够切换同一进程内的其他线程继续执行（用户级线程的一个缺点）；
● 所有能够阻塞线程的调用都以系统调用的形式实现，代价可观；
● 当一个线程阻塞时，内核根据选择可以运行另一个进程的线程，而用户空间实现的线程中，运行时系统始终运行自己进程中的线程。

（3）混合线程

混合线程是用户级线程和内核级线程的组合，通过 POSIX 线程调度灵活方便，工作流程如图 5-20 所示。

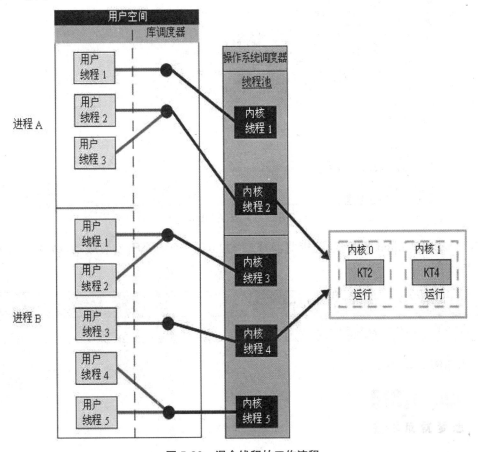

图 5-20　混合线程的工作流程

Linux 安装软件的方式有多种,每种方式有不同的优缺点,下面通过如下步骤,分别使用 YUM 工具、RPM 二进制包安装和源码包安装 Apache 服务器,体验不同命令优缺点。

第一步:使用 YUM 安装 Apache 服务器,指令如示例代码 CORE0514 所示。

示例代码 CORE0514 安装 Apache 服务器

[root@master ~]# yum install httpd

结果如图 5-21 所示。

图 5-21  安装 httpd

第二步:启动 httpd 服务,通过浏览器登录 127.0.0.1,查看是否安装成功,命令如示例代码 CORE0515 所示。

示例代码 CORE0515 启动 httpd 服务

[root@master ~]# service httpd start

结果如图 5-22 所示。

项目五 Linux 软件安装与进程管理　　177

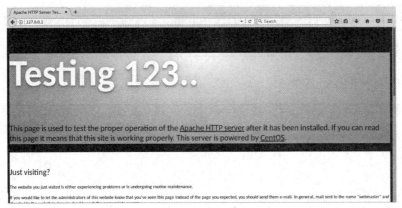

图 5-22　httpd 配置成功结果

第三步：查看当前系统进程，命令如示例代码 CORE0516 所示。

| 示例代码 CORE0516 查看当前进程 |
| --- |
| [root@master ~]# ps aux |

结果如图 5-23 所示。

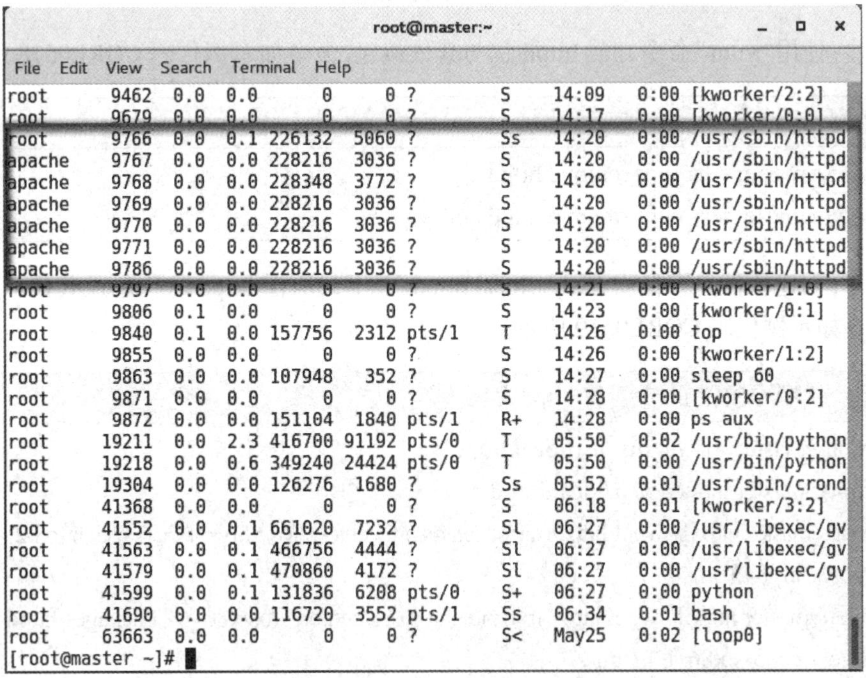

图 5-23　httpd 进程查看

第四步：使用"killall"命令终止 httpd 进程，查看进程结果，并刷新浏览器确认，命令如示例代码 CORE0517 所示。

示例代码 CORE0517 终止 httpd 进程

[root@master ~]# killall httpd

结果如图 5-24 所示。

图 5-24　服务失败结果

第五步：使用"yum"命令卸载 httpd 包与其依赖包，命令如示例代码 CORE0518 所示。

示例代码 CORE0518 卸载 httpd 包

[root@master ~]# yum remove httpd
[root@master ~]# yum remove httpd apr

第六步：创建软件包存储目录 /usr/local/httpd，并下载所需 httpd 软件包及其依赖包至此目录下。命令如示例代码 CORE0519 所示。

示例代码 CORE0519 下载 httpd 依赖包

[root@master ~]# mkdir /usr/local/httpd
[root@master ~]# cd /usr/local/httpd
[root@master httpd]# wget http://mirror.centos.org/centos/7/os/x86_64/Packages/httpd-2.4.6-80.el7.centos.x86_64.rpm
[root@master httpd]# wget http://mirror.centos.org/centos/7/os/x86_64/Packages/httpd-tools-2.4.6-80.el7.centos.x86_64.rpm
[root@master httpd]# wget http://mirror.centos.org/centos/7/os/x86_64/Packages/apr-1.4.8-3.el7_4.1.x86_64.rpm
[root@master httpd]# wget http://mirror.centos.org/centos/7/os/x86_64/Packages/apr-util-1.5.2-6.el7.x86_64.rpm

结果如图 5-25 所示。

## 项目五 Linux 软件安装与进程管理

```
[root@master httpd]# ll
total 3068
-rw-r--r--. 1 root root   105728 Nov 29 06:17 apr-1.4.8-3.el7_4.1.x86_64.rpm
-rw-r--r--. 1 root root    94132 Jul  4  2014 apr-util-1.5.2-6.el7.x86_64.rpm
-rw-r--r--. 1 root root  2842792 Apr 25 19:04 httpd-2.4.6-80.el7.centos.x86_64.rp
m
-rw-r--r--. 1 root root    91472 Apr 25 19:04 httpd-tools-2.4.6-80.el7.centos.x86
_64.rpm
[root@master httpd]#
```

图 5-25　软件包下载结果

第七步：使用"rpm"命令安装 httpd 及其依赖包，其中"\"符号将一条命令拆分为多行，命令如示例代码 CORE0520 所示。

| 示例代码 CORE0520 安装依赖包 |
| --- |
| [root@master httpd]# rpm -ivh \ |
| > apr-1.4.8-3.el7_4.1.x86_64.rpm \ |
| > apr-util-1.5.2-6.el7.x86_64.rpm \ |
| > httpd-2.4.6-80.el7.centos.x86_64.rpm \ |
| > httpd-tools-2.4.6-80.el7.centos.x86_64.rpm |

结果如图 5-26 所示。

```
[root@master httpd]# rpm -ivh \
> apr-1.4.8-3.el7_4.1.x86_64.rpm \
> apr-util-1.5.2-6.el7.x86_64.rpm \
> httpd-2.4.6-80.el7.centos.x86_64.rpm \
> httpd-tools-2.4.6-80.el7.centos.x86_64.rpm
Preparing...                          ################################# [100%]
Updating / installing...
   1:apr-1.4.8-3.el7_4.1               ################################# [ 25%]
   2:apr-util-1.5.2-6.el7              ################################# [ 50%]
   3:httpd-tools-2.4.6-80.el7.centos   ################################# [ 75%]
   4:httpd-2.4.6-80.el7.centos         ################################# [100%]
[root@master httpd]#
```

图 5-26　使用 rpm 命令安装 httpd 软件包及依赖包

第八步：启动 httpd 服务，通过浏览器验证是否成功，命令如示例代码 CORE0521 所示。

| 示例代码 CORE0521 启动 httpd 服务器 |
| --- |
| [root@master httpd]# service httpd start |

结果如图 5-27 所示。

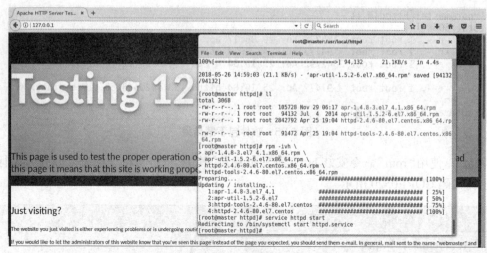

图 5-27 浏览器验证结果

第九步：使用"rpm"命令卸载 httpd 软件包及其依赖包，并刷新浏览器验证，命令如示例代码 CORE0522 所示。

| 示例代码 CORE0522 卸载 httpd |
| --- |
| [root@master httpd]# rpm -e httpd-2.4.6-80.el7.centos |
| [root@master httpd]# rpm -e httpd-tools-2.4.6-80.el7.centos |
| [root@master httpd]# rpm -e apr-util-1.5.2-6.el7 |
| [root@master httpd]# rpm -e apr-1.4.8-3.el7_4.1 |

第十步：下载源码格式 httpd 软件包及其依赖包到 /usr/local/httpd 目录下，命令如示例代码 CORE0523 所示。

| 示例代码 CORE0523 下载源码格式 httpd 包 |
| --- |
| [root@master httpd]# wget http://mirror.bit.edu.cn/apache//httpd/httpd-2.4.33.tar.gz |
| [root@master httpd]# wget https://mirrors.tuna.tsinghua.edu.cn/apache//apr/apr-1.6.3.tar.gz |
| [root@master httpd]# wget https://mirrors.tuna.tsinghua.edu.cn/apache//apr/apr-util-1.6.1.tar.gz |

第十一步：解压下载的 httpd 软件包及其依赖包到当前目录下，命令如示例代码 CORE0524 所示。

| 示例代码 CORE0524 解压 httpd 软件包 |
| --- |
| [root@master httpd]# tar -zxvf httpd-2.4.33.tar.gz |
| [root@master httpd]# tar -zxvf apr-1.6.3.tar.gz |
| [root@master httpd]# tar -zxvf apr-util-1.6.1.tar.gz |

第十二步：配置安装 httpd 依赖包 apr，命令如示例代码 CORE0525 所示。

示例代码 CORE0525 配置 apr 依赖

[root@master httpd]# cd apr-1.6.3
[root@master apr-1.6.3]# ./configure --prefix=/usr/local/apr
[root@master apr-1.6.3]# make && make install

第十三步：配置安装 httpd 依赖包 apr-util，命令如示例代码 CORE0526 所示。

示例代码 CORE0526 配置 apr-util 依赖

[root@master apr-1.6.3]# cd /usr/local/httpd/apr-util-1.6.1/
[root@master apr-util-1.6.1]# ./configure --with-apr=/usr/local/apr --prefix=/usr/local/apr-util
[root@master apr-util-1.6.1]# make && make install

第十四步：拷贝所需依赖包到 httpd 软件包目录下，命令如示例代码 CORE0527 所示。

示例代码 CORE0527 拷贝依赖包

[root@master apr-util-1.6.1]# cd ..
[root@master httpd]# cp -r apr-1.6.3 /usr/local/httpd/httpd-2.4.33/srclib/apr
[root@master httpd]# cp -r apr-util-1.6.1 /usr/local/httpd/httpd-2.4.33/srclib/apr-util

第十五步：进入 httpd 目录下，配置并安装 httpd 服务器，命令如示例代码 CORE0528 所示。

示例代码 CORE0528 配置安装 httpd

[root@master httpd]# cd httpd-2.4.33/
[root@master httpd-2.4.33]# ./configure --with-apr=/usr/local/apr --with-apr-util=/usr/local/apr-util/ --prefix=/usr/local/apache --sysconfdir=/etc/httpd --enable-so --enable-rewirte --enable-ssl --enable-cgi --enable-cgid --enable-modules=most --enable-mods-shared=most --enable-mpms-shared=all -with-included-apr
[root@master httpd-2.4.33]# make && make install

第十六步：启动 Apache 服务并通过 80 端口（http 服务端口）和浏览器验证安装结果，命指令如示例代码 CORE0529 所示。

示例代码 CORE0529 启动 Apache 服务

[root@master httpd-2.4.33]# /usr/local/apache/bin/apachectl start
[root@master httpd-2.4.33]# lsof -i:80

端口结果如图 5-28 所示，浏览器结果如图 5-29 所示。

```
[root@master httpd-2.4.33]# /usr/local/apache/bin/apachectl start
AH00558: httpd: Could not reliably determine the server's fully qualified domain
 name, using fe80::88e3:50e3:7737:db8c. Set the 'ServerName' directive globally
to suppress this message
[root@master httpd-2.4.33]# lsof -i:80
COMMAND    PID    USER   FD  TYPE DEVICE SIZE/OFF NODE NAME
wget     10139    root   3u  IPv4 560193      0t0  TCP master:45910->66.241.106.1
80:http (ESTABLISHED)
httpd    57964    root   4u  IPv6 588194      0t0  TCP *:http (LISTEN)
httpd    57971  daemon   4u  IPv6 588194      0t0  TCP *:http (LISTEN)
httpd    57972  daemon   4u  IPv6 588194      0t0  TCP *:http (LISTEN)
httpd    57973  daemon   4u  IPv6 588194      0t0  TCP *:http (LISTEN)
```

图 5-28  端口验证结果

图 5-29  浏览器验证结果

## 任务总结

本项目主要介绍对 Linux 软件包管理,重点讲解如何使用 YUM 工具进行软件安装管理,并对比软件包区别与应用场景,学习进程管理和线程控制。通过对本项目的学习可以了解多种软件安装方式,并通过进程管理维护 Linux 系统正常运行,提高对 Linux 系统使用的熟练度。

## 英语角

| 英文 | 中文 | 英文 | 中文 |
|---|---|---|---|
| directories | 目录 | enable | 能够 |
| certificate | 证书 | search | 搜查 |
| mirror | 镜子 | recompile | 再编译 |
| cookies | 饼干 | community | 社区 |
| background | 背景 | zombie | 迟钝的 |
| shared | 共享的 | | |

## 一、选择题

（1）下面哪个不是 Linux CentOS 系统中软件包（　　）。
A. RPM　　　　　B. TAR　　　　　C. deb　　　　　D. SRPM

（2）wget 命令可以实现（　　）功能。
A. 软件更新　　　B. 软件下载　　　C. 软件卸载　　　D. 软件维护

（3）下列哪项不是 TAR 包后缀名（　　）。
A. .tar　　　　　B. .tar.bz　　　　C. .tar.gz　　　　D. .tar.bz2

（4）YUM 工具不能实现的软件（　　）。
A. 安装　　　　　B. 复制　　　　　C. 更新　　　　　D. 卸载

（5）SRPM 不能实现源代码包的（　　）。
A. 编译　　　　　B. 打包　　　　　C. 卸载　　　　　D. 安装

## 二、简答题

（1）Linux 系统软件安装包有哪些，有什么区别？
（2）什么是进程？

## 三、操作题

使用 YUM 安装 MySQL 数据库。

# 项目六  Linux 网络服务

通过对网络服务的学习，了解防火墙基本原理、SSH 协议的工作机制，了解规则链和安全上下文的概念，掌握防火墙的基础操作。在任务实现过程中：
- 了解防火墙的过滤方法；
- 熟悉三种安全机制的使用；
- 掌握 SSH 服务的使用方法；
- 具有使用防火墙保护本机数据的能力。

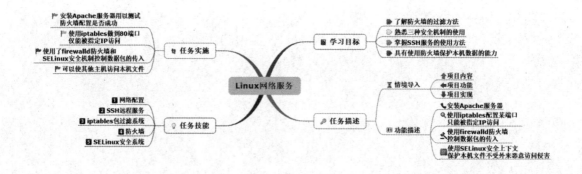

# 项目六 Linux 网络服务

**【情境导入】**

互联网时代的到来,提高了数据传输的效率,真正做到了秀才不出门便知天下事,互联网信息的传播速度也是"一日千里"。很多企业抓住了互联网的这一特性,开始专注于搜索引擎和数据存储的研究,为千家万户提供高效的服务,在这其中不排除有"不法分子"利用服务器或是客户机的网络漏洞对其进行非法访问,谋取不正当利益,损害个人计算机或企业服务器安全。为能够有效防范类似事件的发生,企业方和个人用户均可对自己的主机或服务器进行网络配置,并结合防火墙加固个人信息安全。本次任务通过对网络配置和防火墙的讲解,最终完成网络以及防火墙的配置加强本机低于外来入侵的能力。

**【功能描述】**

- 安装 Apache 服务器;
- 使用 iptables 指定某端口只可被指定 IP 访问;
- 使用 firewalld 防火墙控制数据包的传入;
- 使用 SELinux 安全上下文保护本机文件不受外来恶意访问侵害。

**【效果展示】**

通过对本项目的学习,在 CentOS 7 中安装 Apache 服务器用以测试防火墙配置是否成功,并使用 iptables 做到 80 端口仅能被指定 IP 访问,同时还使用了 firewalld 防火墙和 SELinux 安全机制控制数据包的传入,也增加了其他主机访问本机文件的功能,具体实现方式如图 6-1 所示。

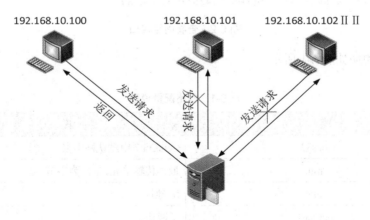

图 6-1 请求过滤

# 技能点一　网络配置

## 1　ifconfig 文件介绍

"ifconfig"是 Linux 中用于显示或对网络设备配置进行修改(网络接口卡)的命令,如图 6-2 所示。

```
[root@master ~]# ifconfig
ens33: flags=4163<UP,BROADCAST,RUNNING,MULTICAST>  mtu 1500
        inet 192.168.10.110  netmask 255.255.255.0  broadcast 192.168.1
0.255
        inet6 fe80::20c:29ff:fe31:792  prefixlen 64  scopeid 0x20<link>
        ether 00:0c:29:31:07:92  txqueuelen 1000  (Ethernet)
        RX packets 1124919  bytes 1121900353 (1.0 GiB)
        RX errors 0  dropped 0  overruns 0  frame 0
        TX packets 2718654  bytes 6655315262 (6.1 GiB)
        TX errors 0  dropped 0 overruns 0  carrier 0  collisions 0

lo: flags=73<UP,LOOPBACK,RUNNING>  mtu 65536
        inet 127.0.0.1  netmask 255.0.0.0
        inet6 ::1  prefixlen 128  scopeid 0x10<host>
        loop  txqueuelen 1  (Local Loopback)
        RX packets 420  bytes 65423 (63.8 KiB)
        RX errors 0  dropped 0  overruns 0  frame 0
        TX packets 420  bytes 65423 (63.8 KiB)
```

图 6-2　查看网络接口

网络配置说明如表 6-1 所示。

表 6-1　网络配置说明

| 配　置 | 说　明 |
|---|---|
| ens33 | CentOS 7 中默认网卡名 |
| mtu | 最大传输单元,单位为字节 |
| inet | IP 地址 |
| netmask | 子网掩码 |
| broadcast | 广播地址 |
| lo | 代表 localhost 本机 |

## 2 网络配置修改

在 Linux 系统下为了使主机进行高性能的网络连接，也为了提高主机的可管理性，会对其网络进行如示例代码 CORE0601 所示的配置。

---

**示例代码 CORE0601 网络配置修改**

```
[root@MiWiFi-R1CM-srv ~]# vi /etc/sysconfig/network-scripts/ifcfg-ens33
# 将配置文件修改为如下内容
DEVICE=ens33
ONBOOT=yes
BOOTPROTO=static
IPADDR=192.168.10.110
NETMASK=255.255.255.0
GATEWAY=192.168.10.1
DNS1=114.114.114.114
```

---

网卡属性详解如表 6-2 所示。

表 6-2 网卡属性详解

| 属性 | 说明 |
| --- | --- |
| DEVICE | 设备名称 |
| BOOTPROTO | 网卡绑定协议，有 none（不指定），static（静态 IP），dhcp（动态 IP） |
| IPADDR | ip 地址 |
| NETMASK | 子网掩码 |
| GATWAY | 网关，该网关的第一个 ip |
| ONBOOT | 是否开机启动 |
| DNS1 | 域名解析服务器 |

修改完成后，可将端口停用后重新启用或者重启网络服务使网卡配置生效，虽然两种方法达到的效果相同，但是第一种方法不能使用远程操作，因为端口在停用后远程连接自然会中段，所以之后的启动操作也无法进行，第二种方法虽然也经历了连接断开的情况但是该方法会自动重启网络服务，一段时间后使用新 IP 重新连接即可。

重启网络服务，网络配置立即生效，如示例代码 CORE0602 所示。

---

**示例代码 CORE0602 重启网络服务**

```
[root@master ~]# systemctl restart network.service
```

## 3  Linux 主机名修改

Linux 系统中的主机名本质上是一个 kernel 变量，可通过"hostname"命令查看本机主机名，查看主机名如示例代码 CORE0603 所示。

| 示例代码 CORE0603  查看主机名 |
| --- |
| [root@master ~]# hostname |

查看主机名结果如图 6-3 所示。

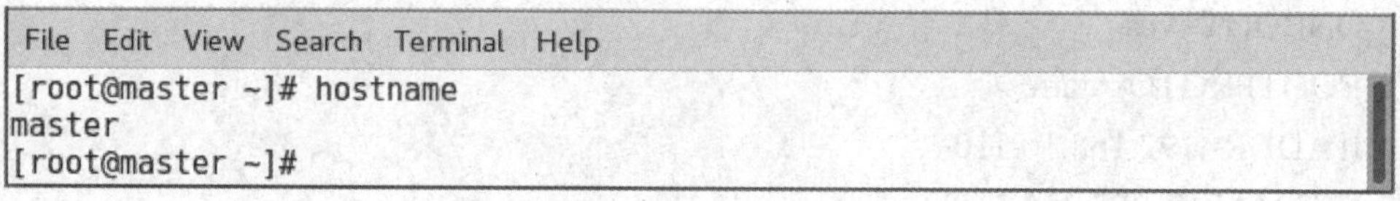

```
File  Edit  View  Search  Terminal  Help
[root@master ~]# hostname
master
[root@master ~]#
```

图 6-3  查看主机名结果

必要情况下可通过修改"/etc/"目录下的 hostname 文件修改本机主机名，修改完成后需重启系统使之生效，如示例代码 CORE0603 所示。

| 示例代码 CORE0603  修改主机名 |
| --- |
| [root@master ~]# vi /etc/hostname　　#将原有内容删除输入 master1 |
| [root@master ~]# reboot　　　　　　#重启系统 |

修改主机名结果如图 6-4 所示。

```
File  Edit  View  Search  Terminal  Help
[root@master1 ~]# hostname
master1
[root@master1 ~]#
```

图 6-4  修改主机名结果

通过扫描下方二维码了解其他网络配置方式。

# 技能点二 SSH 远程服务

## 1 远程服务

远程服务对于所有使用 Linux 服务器的用户都是十分有用的工具。远程服务可以让运维人员和服务器管理员更好地管理主机。

有一定经验的同学一定使用过腾讯 QQ 上的一个功能,叫作远程桌面。远程桌面的功能是在经过一方请求,另一方同意后,可以使请求方对同意方的电脑进行访问和操作。而远程桌面就是日常生活中最容易接触到的远程服务的一种。通过例子可以知道,远程服务就是对通过自己使用的计算机去对目标计算机或者服务器进行访问并取得对计算机控制权的一种服务。

既然远程服务是对另一台计算机或服务器访问的一种操作,那么一定要保证远程服务的安全性。

## 2 SSH

SSH 全称 Secure Shell,是一种建立在应用层基础上的安全协议,可以通过数据封包加密技术,将等待传输的数据封包加密后再传输到网络上,因此数据安全性较高。简而言之,SSH 是一种用于计算机之间加密登录的安全协议。

早期,计算机之间都是采用明文通信,一旦被不法分子截获信息,通信的内容就会被暴露出来。在 1955 年,芬兰人设计了 SSH 协议,将登录的信息全部加密,并在世界范围内推广。

SSH 共分为两个版本,分别为 SSH1 和 SSH2。SSH1 与 SSH2 最大的不同之处就在于 SSH2 对 SSH1 的算法问题进行了修复,可以更加有效保护传输的安全性。

## 3 工作机制

SSH 能保持网络通信之间安全的原因就是因为采用了密钥加密。

公钥:提供给远程主机进行数据加密的行为,换言之,远程主机通过目标计算机提供的公钥数据加密。

私钥:私钥与公钥一一对应,通过公钥加密的信息,只有使用对应的私钥才可以解密。所以私钥是不能外流的,只能保护在自己的主机上。私钥与公钥的工作方式如图 6-5 所示。

在明白公钥和私钥之后,才能对 SSH 协议的工作流程进行进一步的了解。SSH 工作流程如图 6-6 所示。

SSH 工作流程共分为五步。

第一步:第一次启动服务器时,服务器会自动产生公钥和私钥。

第二步:客户机请求服务器要求连接,客户机想要连接到 SSH 服务器,就需要使用适当的 SSH 工具来联机。

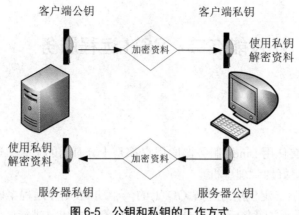

图 6-5 公钥和私钥的工作方式

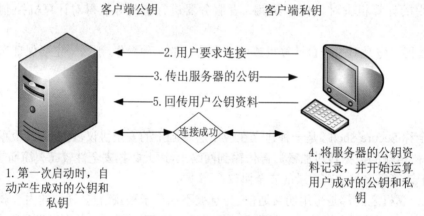

图 6-6 SSH 工作流程图

第三步：服务器将公钥传送给客户机，客户端收到请求后将自己的公钥传送给客户机。

第四步：客户端需要记录服务器端的公钥，将公钥保存：如果客户端第一次连接到该服务器，会将公钥保存，如果不是第一次连接到该服务器，会将公钥与之前已有的公钥进行比对，查看是否有差异。如果接受公钥数据，则开始计算自己的公钥和私钥。

第五步：回传客户端的公钥数据到服务器：客户端需要将生成的公钥发送给服务器，服务器对客户端的公钥进行保存，如果不是第一次连接，就会用新接收到的公钥对已经保存的公钥进行对比。

## 4  终端仿真工具

通常在 Windows 系统中，为了连接 Linux 服务器会使用到终端仿真工具。终端仿真工具顾名思义就是在 Windows 环境中，模拟 Linux 终端的工具。终端仿真工具通常使用 SSH 协议，来完成 Windows 和 Linux 之间的数据传输安全，一旦使用终端仿真工具登录到服务器中，就可以在终端仿真工具内进行对 Linux 服务器的操作。常用的终端仿真工具有 Xshell 与 SecureCRT。

（1）Xshell

Xshell 是一款强大的终端模拟工具，支持 SSH 协议。Xshell 不仅可以通过互联网与远程主机建立安全连接，也为用户体验做出了努力。除传统的黑色主题外，Xshell 支持多种不同的主题，用户可以对其进行设置。Xshell 如图 6-7 所示。

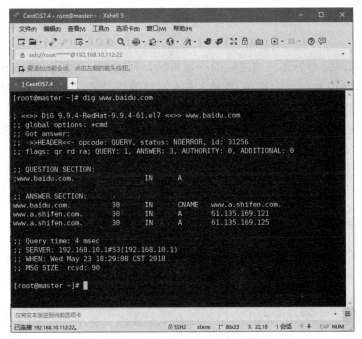

图 6-7　Xshell 终端仿真工具

（2）SecureCRT

SecureCRT 是一款支持 SSH 的终端仿真工具。SecureCRT 通过其独有的 VCP 命令程序可以对文件进行加密的传输。它在可以切换不同主题的同时，使用也很方便。SecureCRT 界面如图 6-8 所示。

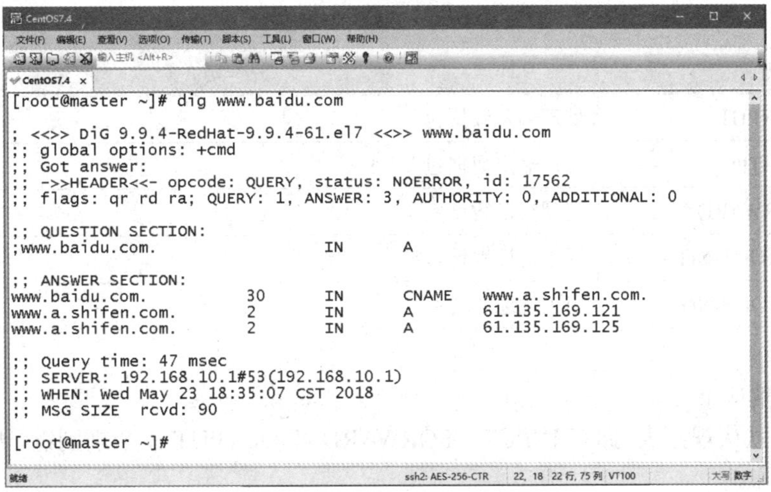

图 6-8　SecureCRT 终端仿真工具

# 技能点三　iptables 包过滤系统

## 1　防火墙简介

防火墙是内部网络与外部网络之间的一道屏障,可防止不可预测的具有破坏性的非法侵入,能根据安全策略控制(允许、拒绝、监测)出入网络的信息流,且本身具有较强的抗攻击能力。它是提供信息安全服务,实现网络和信息安全的基础设施。

iptables 作为 CentOS 系统中必不可少的包过滤系统,用户可以设计自己的出入站规则,控制指定程序后端口能否被外部主机访问,从而提高本机安全性。

- 出站:本机访问外部网络;
- 入站:外部网络中的主机通过网络访问本机。

## 2　iptables 命令选项

在通常情况下管理员需要使用 iptables 命令添加、删除防火墙,iptables 语法格式可通过 iptables -help 命令进行查看,其用法和语法格式如下所示。

```
iptables [-t table] command [match] [-j]
```

命令详解如下所示。

（1）-t table

该选项能够指定将操作的规则表,iptables 内建规则表共有四个,分别为 fileter、nat、mangle、Raw,当未指定规则表时默认对 filter 进行操作。iptables 表由 5 个规则链组成,如表 6-3 所示。

表 6-3　iptables 的规则链

| 规则链 | 说明 |
| --- | --- |
| INPUT | 处理输入数据包 |
| OUTPUT | 处理输出数据包 |
| PORWARD | 处理转发数据包 |
| PREROUTING | 用于目标地址转换 |
| POSTOUTING | 用于源地址转换 |

规则表功能如下。

- filter:默认规则表,拥有 INPUT、FORWARD 和 OUTPUT 三个规则链,用以完成分包过滤的处理动作。

- nat：此表由 PREROUTING 和 POSTROUTING 两个规则链组成，主要完成一对一、一对多、多对多等网址转换工作。
- mangle：此表由 PREROUTING、FORWARD 和 POSTROUTING 三个规则链组成。除了进行网址转换工作会改写封包外，还能够改写封包或者是设定 MARK（将封包作记号，以进行后续的过滤），效率较低。
- raw：此表由 PREROUTING 和 OUTPUT 两个规则链组成，常用于网址的过滤，因为优先级最高，从而可以对收到的数据包在连接跟踪前进行处理。

（2）command

该选项能够用来指定对规则链的操作，如新增规则到指定规则链中或删除规则链中的一条规则等，常用参数如表 6-4 所示。

表 6-4 iptables 的参数

| 参数 | 范例 | 说明 |
| --- | --- | --- |
| -A | iptables -A INPUT ... | 追加规则到指定规则链中 |
| -D | iptables -D INPUT --dport 80 -j DROP | 从某个规则链中删除一条规则可指定完整规则或规则编号 |
| -R | iptables -R INPUT 1 -s 192.168.0.1 -j DROP | 替换指定行规则，规则被替换后并不会改变顺序 |
| -I | iptables -I INPUT 1 --dport 80 -j ACCEPT | 插入一条规则 |
| -L | iptables -t nat -L | 列出指定表中的所有规则 |
| -F | iptables -F INPUT | 删除指定链的所有规则 |
| -N | iptables -N allowed | 定义新的规则链 |
| -X | iptables -X allowed | 删除某个规则链 |

（3）match

数据在通信系统中进行传出之前需要将其切割为数据块，这个切割过程称为封包。该选项主要用来对封包进行匹配，常用封包参数如表 6-5 所示。

表 6-5 iptables 的封包参数

| 参数 | 范例 | 说明 |
| --- | --- | --- |
| -p | iptables -A INPUT -p tcp | 匹配通信协议类型是否相符 |
| -s | iptables -A INPUT -s 192.168.1.1 | 用来匹配封包的来源 IP |
| -d | iptables -A INPUT -d 192.168.1.1 | 用来匹配封包的目的地 IP |
| -i | iptables -A INPUT -i ens33 | 用来匹配封包的传入网卡，可以使用通配字符 + 来做大范围匹配，例如：-i eth+ |
| -o | iptables -A FORWARD -o eth0 | 用来匹配封包的传出网卡 |

| 参数 | 范例 | 说明 |
|---|---|---|
| --sport | iptables -A INPUT -p tcp --sport 22 | 用来匹配封包的源端口,可以匹配单一端口,或是一个范围 |
| --dport | iptables -A INPUT -p tcp --dport 22 | 用来匹配封包的目的地端口号 |

(4) -j

该参数可指定将要进行的处理动作,常用处理动作如表 6-6 所示。

表 6-6 iptables 的动作

| 动作 | 说明 |
|---|---|
| ACCEPT | 放行封包,而后将不再匹配其他规则 |
| REJECT | 拦阻该封包并将可传送的封包通知对方 |
| DROP | 将封包丢弃不做任何处理,而后将不再匹配其他规则 |
| REDIRECT | 将封包重新导向到另一个端口,而后会继续匹配其他规则 |
| LOG | 将封包相关信息记录在 /var/log 中 |
| SNAT | 改写封包来源 IP 为某特定 IP 或 IP 范围 |
| DNAT | 改写封包目的地 IP 为某特定 IP 或 IP 范围 |
| MIRROR | 镜射封包,也就是将来源 IP 与目的地 IP 对调后,将封包送回 |
| QUEUE | 中断过滤程序,将封包放入队列,交给其他程序处理 |
| RETURN | 结束在目前规则链中的过滤程序,返回主规则链,继续过滤 |
| MARK | 将封包标上某个代号,以便提供作为后续过滤的条件判断依据 |

## 3 数据包传输过程

iptables 数据包传输过程如图 6-9 所示。

数据包传输过程如下所示。

● 当有数据包传入时首先会进入 PREROUTING 链,内核根据数据包的目的 IP 判断是否需要转送出去。

● 如果路由判断确定该数据包进入本机,该包会进入 INPUT 链,本机的所有程序都可以发送本数据包,这些数据包会经过 OUTPUT 链,然后到达 POSTROUTING 链输出。

● 数据包由 Linux 本机发送出去:先是通过路由判断,决定输出路径,再通过 Filter 的 OUTPUT 链传送,最终经过 NAT 的 POSTROUTING 链输出。

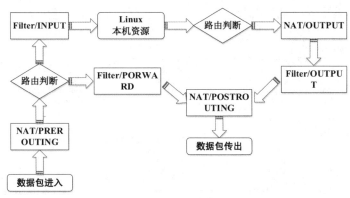

图 6-9 数据包传输过程

## 4 常用操作

- 在 filter 表中插入一条新的入站规则，丢弃 192.168.22.33 主机发送到本机的所有数据包，并列出 filter 表中所有规则，如示例代码 CORE0604 所示。

示例代码 CORE0604 插入入站规则

[root@master ~]# iptables -I INPUT -s 192.168.22.33 -j DROP
[root@master ~]# iptables –L

增加规则结果如图 6-10 所示。

```
File Edit View Search Terminal Help
[root@master ~]# iptables -I INPUT -s 192.168.22.33 -j DROP
[root@master ~]# iptables -L
Chain INPUT (policy ACCEPT)
target     prot opt source               destination
DROP       all  --  192.168.22.33        anywhere
ACCEPT     udp  --  anywhere             anywhere             udp dpt:domain
ACCEPT     tcp  --  anywhere             anywhere             tcp dpt:domain
ACCEPT     udp  --  anywhere             anywhere             udp dpt:bootps
ACCEPT     tcp  --  anywhere             anywhere             tcp dpt:bootps

Chain FORWARD (policy ACCEPT)
target     prot opt source               destination
ACCEPT     all  --  anywhere             192.168.122.0/24     ctstate RELATED,ES
```

图 6-10 增加规则结果

- 查看 filter 表中的防火墙规则同时显示其每条规则的编号，并根据编号将 INPUT 链中的第一条规则删除，查看删除规则如示例代码 CORE0605 所示。

示例代码 CORE0605 删除第一条规则

[root@master ~]# iptables -D INPUT 1
[root@master ~]# iptables -nL --line-number

查看删除规则编号如图 6-11 所示。

```
File Edit View Search Terminal Help
[root@master ~]# iptables -D INPUT 1
[root@master ~]# iptables -L --line-number
Chain INPUT (policy ACCEPT)
num  target    prot opt source              destination
1    ACCEPT    udp  --  anywhere            anywhere            udp dpt:domain
2    ACCEPT    tcp  --  anywhere            anywhere            tcp dpt:domain
3    ACCEPT    udp  --  anywhere            anywhere            udp dpt:bootps
4    ACCEPT    tcp  --  anywhere            anywhere            tcp dpt:bootps

Chain FORWARD (policy ACCEPT)
num  target    prot opt source              destination
1    ACCEPT    all  --  anywhere            192.168.122.0/24    ctstate RELATED,ESTABLISHED
2    ACCEPT    all  --  192.168.122.0/24    anywhere
3    ACCEPT    all  --  anywhere            anywhere
4    REJECT    all  --  anywhere            anywhere            reject-with icmp-port-unreachable
5    REJECT    all  --  anywhere            anywhere            reject-with icmp-port-unreachable

Chain OUTPUT (policy ACCEPT)
num  target    prot opt source              destination
1    ACCEPT    udp  --  anywhere            anywhere            udp dpt:bootpc
[root@master ~]#
```

图 6-11　查看删除规则结果

- 假设除你相信的主机以外其他主机均有可能通过 22 端口对本机造成威胁，此时可以禁止所有 IP 访问 22 端口并设置一个允许访问本机 22 端口的 IP（过程中使用 CRT 尝试连接 Linux 主机查看变化），如示例代码 CORE0606 所示。

---

示例代码 CORE0606　仅允许指定 IP 访问 22 端口

\# 禁止所有 IP 访问 22 端口

[root@master ~]# iptables -I INPUT -p tcp --dport 22 -j DROP

\# 设置允许 192.168.10.148 访问 22 端口

[root@master ~]# iptables -I INPUT -s 192.168.10.148 -ptcp --dport 22 -j ACCEPT

---

结果如图 6-12 和图 6-13 所示。

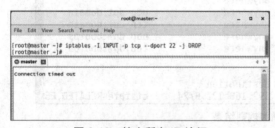

图 6-12　禁止所有 IP 访问

图 6-13　仅允许指定 IP 访问

- 为防止因为误操作点击带有木马的连接，可通过设置 iptables 的出站规则，禁止本机访问指定 IP，这里以百度进行测试，禁止本机访问百度，如示例代码 CORE0607 所示。

---

示例代码 CORE0607　禁止本机访问百度

\#61.135.169.125 和 61.135.169.125 为百度服务器 ip

[root@master ~]# iptables -A OUTPUT -d 61.135.169.125 -j REJECT

[root@master ~]# iptables -A OUTPUT -d 61.135.169.121 -j REJECT

禁止访问百度如图 6-14 所示。

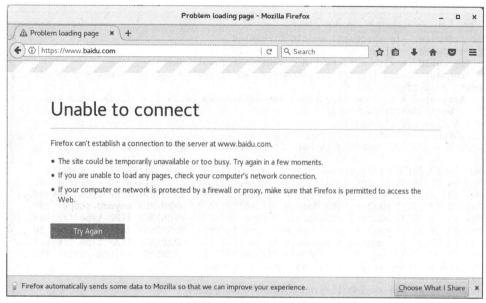

图 6-14　尝试访问百度

想了解更多防火墙知识，请扫描下方二维码。

## 技能点四　firewalld 防火墙

### 1　firewalld 防火墙简介

　　firewalld 防火墙作为 CentOS 7 中的一大新特性，能够提供对系统的安全访问控制。firewalld 能够对不同规模的内部网络进行集中管理，在 firewalld 中定义的安全规则能够在整个内部网络中都能够正常运行，无须在内部网的所有主机上设置安全策略，firewalld 关闭启动操作如示例代码 CORE0608 所示。

```
示例代码 CORE0608  firewalld 关闭与启动
[root@master firewalld]# systemctl stop firewalld.service      # 关闭 firewalld
[root@master firewalld]# systemctl status firewalld.service    # 查看 firewalld 状态
[root@master firewalld]# systemctl start firewalld             # 开启 firewalld
[root@master firewalld]# systemctl status firewalld.service    # 查看 firewalld 状态
```

firewalld 开启关闭状态如图 6-15 所示。

```
File  Edit  View  Search  Terminal  Help
[root@master ~]# systemctl enable firewalld
[root@master ~]# systemctl status firewalld.service
● firewalld.service - firewalld - dynamic firewall daemon
   Loaded: loaded (/usr/lib/systemd/system/firewalld.service; enabled; vendor pr
eset: enabled)
   Active: active (running) since Tue 2018-05-29 22:29:31 CST; 1h 14min ago
     Docs: man:firewalld(1)
 Main PID: 768 (firewalld)
   CGroup: /system.slice/firewalld.service
           └─768 /usr/bin/python -Es /usr/sbin/firewalld --nofork --nopid

May 29 22:29:26 master.localdomain systemd[1]: Starting firewalld - dynamic ....
May 29 22:29:31 master.localdomain systemd[1]: Started firewalld - dynamic f....
May 29 22:29:32 master.localdomain firewalld[768]: WARNING: ICMP type 'beyond...
May 29 22:29:32 master.localdomain firewalld[768]: WARNING: beyond-scope: INV...
May 29 22:29:32 master.localdomain firewalld[768]: WARNING: ICMP type 'failed...
May 29 22:29:32 master.localdomain firewalld[768]: WARNING: failed-policy: IN...
May 29 22:29:32 master.localdomain firewalld[768]: WARNING: ICMP type 'reject...
May 29 22:29:32 master.localdomain firewalld[768]: WARNING: reject-route: INV...
Hint: Some lines were ellipsized, use -l to show in full.
[root@master ~]# clear
[root@master ~]# systemctl stop firewalld.service
[root@master ~]# systemctl status firewalld.service
● firewalld.service - firewalld - dynamic firewall daemon
   Loaded: loaded (/usr/lib/systemd/system/firewalld.service; enabled; vendor pr
eset: enabled)
   Active: inactive (dead) since Tue 2018-05-29 23:45:45 CST; 5s ago
```

图 6-15　firewalld 开启关闭状态

在 CentOS 7 下能够通过 firewall-cmd 命令管理 firewalld 防火墙规则，可使用 firewall-cmd --help 命令查看其说明。firewall-cmd 命令格式如下所示。

```
firewall-cmd --help
用法：firewall-cmd [ 选项 ]
```

firewall-cmd 命令选项如表 6-7 所示。

表 6-7　firewall-owd 命令选项

| 选　项 | 说　明 |
| --- | --- |
| --get-default-zone | 获取默认 zone 信息 |
| --set-default-zone=〈zone〉 | 设置默认 zone |
| --get-active-zones | 显示当前正在使用的 zone 信息 |
| --get-zones | 显示系统预定义的 zone |
| --get-services | 显示系统预定义的服务名称 |
| --get-zone-of-interface=〈interface〉 | 查询某个接口与哪个 zone 匹配 |
| --get-zone-of-source=〈source〉[/〈mask〉] | 查询某个源地址与哪个 zone 匹配 |
| --list-all-zones | 显示所有的 zone 信息的所有规则 |

续表

| 选 项 | 说 明 |
|---|---|
| --add-service=⟨service⟩ | 向 zone 中添加允许访问的端口 |
| --add-source=⟨source⟩[/⟨mask⟩] | 将源地址与 zone 绑定 |
| --list-all | 列出某个 zone 的所有规则 |
| --remove-port=⟨portid⟩[-⟨portid⟩]/⟨protocol⟩ | 从 zone 中移除允许某个端口的规则 |
| --remove-source=⟨source⟩[/⟨mask⟩] | 将源地址与 zone 解除绑定 |
| --remove-interface=⟨interface⟩ | 将网卡接口与 zone 解除绑定 |
| --permanent | 设置永久有效规则,默认情况规则都是临时的 |
| --reload | 重新加载防火墙规则 |
| --state | 获取 firewalld 状态 |
| --zone=⟨zone⟩ | 选择要处理的规则集 |

规则选项如表 6-8 所示。

表 6-8　规则选项

| 选 项 | 说 明 |
|---|---|
| --add-rich-rule='rule' | 向指定区域中添加 rule |
| --remove-rich-rule='rule' | 从指定区域删除 rule |
| --query-rich-rule='rule' | 查询 rule 是否添加到指定区域,如果存在则返回 0,否则返回 1 |
| --list-rich-rules | 输出指定区域的所有富规则 |

## 2　用户配置文件

firewalld 的默认配置文件是用户配置地址(/etc/firewalld/)。当需要一个文件时 firewalld 会先去用户配置地址寻找访问规则,如果能找到就直接使用,否则使用系统配置地址中的默认配置。此文件结构主要的优点在于当需要修改系统默认配置时,只需将系统配置地址中的文件拷贝到用户配置地址进行修改即可,这样做的优点是可以使用户清楚地看见对哪些文件进行了修改和创建等操作,恢复默认配置时只需要将用户配置地址中的文件删除即可,查看 firewalld 配置文件目录结构如示例代码 CORE0609 所示。

示例代码 CORE0609　查看 firewalld 文件

```
[root@master firewalld]# cd /usr/lib/firewalld/
[root@master ~]# cd /etc/firewalld/
```

firewalld 目录结构如图 6-16 所示。

```
File  Edit  View  Search  Terminal  Help
[root@master ~]# cd /usr/lib/firewalld/
[root@master firewalld]# ll
total 16
drwxr-xr-x. 2 root root  203 Mar 25 19:05 helpers
drwxr-xr-x. 2 root root 4096 Mar 25 19:05 icmptypes
drwxr-xr-x. 2 root root   20 Mar 25 19:05 ipsets
drwxr-xr-x. 2 root root 8192 Mar 25 19:05 services
drwxr-xr-x. 2 root root   94 Mar 25 19:05 xmlschema
drwxr-xr-x. 2 root root  163 Mar 25 19:05 zones
[root@master firewalld]# cd /etc/firewalld/
[root@master firewalld]# ll
total 8
-rw-r--r--. 1 root root 2006 Aug  5  2017 firewalld.conf
drwxr-x---. 2 root root    6 Aug  5  2017 helpers
drwxr-x---. 2 root root    6 Aug  5  2017 icmptypes
drwxr-x---. 2 root root    6 Aug  5  2017 ipsets
-rw-r--r--. 1 root root  271 Aug  5  2017 lockdown-whitelist.xml
drwxr-x---. 2 root root    6 Aug  5  2017 services
drwxr-x---. 2 root root   46 Mar 25 19:13 zones
[root@master firewalld]#
```

图 6-16　firewalld 目录结构

由图 6-16 可以看出，firewalld 配置文件与目录主要由三个目录和两个配置文件组成，如表 6-9 所示。

表 6-9　firewalld 配置文件与目录

| 类　型 | 文件及目录名称 |
| --- | --- |
| 文件 | firewalld.conf |
| | lockdown-whitelist.xml |
| 目录 | zones |
| | services |
| | icmptypes |

firewalld 中的主配置文件为 firewalld.conf，其中仅有五个配置项。firewalld.conf 配置文件编辑方法如示例代码 CORE0610 所示。

| 示例代码 CORE0610　firewalld 配置文件 |
| --- |
| [root@master ~]# vim /etc/firewalld/firewalld.conf |

配置文件如图 6-17 所示。

```
File  Edit  View  Search  Terminal  Help
# firewalld config file

# default zone
# The default zone used if an empty zone string is used.
# Default: public
DefaultZone=public

# Minimal mark
# Marks up to this minimum are free for use for example in the direct
# interface. If more free marks are needed, increase the minimum
# Default: 100
MinimalMark=100

# Clean up on exit
# If set to no or false the firewall configuration will not get cleaned up
# on exit or stop of firewalld
# Default: yes
CleanupOnExit=yes

# Lockdown
# If set to enabled, firewall changes with the D-Bus interface will be limited
# to applications that are listed in the lockdown whitelist.
# The lockdown whitelist file is lockdown-whitelist.xml
# Default: no
Lockdown=no
                                                     5,1           Top
```

图 6-17　firewalld 中的主配置文件

配置项详细说明如表 6-10 所示。

表 6-10　配置项详细说明

| 配置项 | 说　明 |
| --- | --- |
| DefaultZone | 默认使用的 zone（规则集），默认值为 public |
| MinimalMark | 标记的最小值，Linux 为了将每个进入的数据包进行分区操作，会对请求的数据包进行标记，默认值为 100 |
| CleanupOnExit | 表示退出 firewalld 防火墙时是否清除防火墙规则。默认值为 yes |
| Lockdown | firewalld 允许其他程序通过 D-BUS 端口直接操作，当值为 yes 时，可通过 lockdown-whitelist.xml 配置文件制定可对 firewalld 进行操作的程序，当值为 no 时没有限制。Lockdown 的默认值为 no |
| IPv6_rpfilter | 判断接收到的数据包是否为伪造，默认值为 yes |

### 3　zone（规则集）

在 Firewall 中共有九个 zone 配置文件，每个配置文件均是一种安全解决方案，在这九种安全解决方案中起实质性作用的是每种安全解决方案中的内容而不是其文件名，规则详细说明如表 6-11 所示。

表 6-11  规则说明

| 安全解决方案 | 说明 |
|---|---|
| block.xml | 所有网络连接都被 IPv4 和 IPv6 所拒绝 |
| dmz.xml | 限制外部网络对内部网络的访问,只接受选定的传入网络对主机进行连接 |
| drop.xml | 丢弃所有网络传入的数据包,并不做回应,且仅允许传出网络 |
| external.xml | 用于启用了地址伪装的外部网络,只接受选定的传入网络连接 |
| home.xml | 常应用于家庭网络,可信任其他计算机不会危害你的计算的情况。只接受被选择的传入网络连接 |
| internal.xml | 常应用于可基本信任网络内其他计算机不会危害你的计算的情况,在内部网络中只接受经过选择的连接 |
| public.xml | 常应用于网络内的计算机可能会对你的计算机造成危害的情况,在公共网络下只接受被选择的传入网络连接 |
| trusted.xml | 接受所有网络连接 |
| work.xml | 用于工作区,可基本信任网络内的电脑不会危害你的计算机,只接收经过选择的连接 |

## 4  常用操作

● 使用 firewall-cmd 命令查看当前的 zone(规则集)并对默认 zone 中规则修改为 public,如示例代码 CORE0611 所示。

示例代码 CORE06011 修改规则

```
[root@master ~]# firewall-cmd --get-default-zone
[root@master ~]# firewall-cmd --set-default-zone=public
[root@master ~]# firewall-cmd --list-all-zones
```

结果如图 6-18 所示。

```
[root@master ~]# firewall-cmd --get-default-zone
trusted
[root@master ~]# firewall-cmd --set-default-zone=public
success
[root@master ~]# firewall-cmd --list-all-zones
block
  target: %%REJECT%%
  icmp-block-inversion: no
  interfaces:
  sources:
  services:
  ports:
  protocols:
  masquerade: no
  forward-ports:
```

图 6-18  修改规则结果

● 在 home 的安全解决方案中添加 ipp-client 服务并设置超时时间为 60 秒,超时时间设置为 60 秒代表该服务仅会启动 60 秒，添加服务规则如示例代码 CORE0612 所示。

| 示例代码 CORE0612 添加服务并设置超时时间 |
| --- |
| # 命令格式为 firewall-cmd [--zone=〈zone〉] --add-service=〈service〉 [--timeout=〈seconds〉]<br>[root@master ~]# firewall-cmd --zone=home --add-service=ipp-client --timeout=60 |

● 使用 --zone=〈zone〉选择一个安全解决方案，并使用 --remove-service 禁用选定解决方案中的规则。本次操作将 home 解决方案中的 http 服务禁用，禁用服务如示例代码 CORE0613 所示。

| 示例代码 CORE0613 禁用服务 |
| --- |
| # 命令格式为 firewall-cmd [--zone=〈zone〉] --remove-service=〈service〉<br>[root@master ~]# firewall-cmd --zone=trusted --remove-service=http    # 禁用 http 规则 |

● 使用永久选项获取支持的永久区域，并永久启用 home 规则中的 ipp-client，如示例代码 CORE0614 所示。

| 示例代码 CORE0614 永久启用服务 |
| --- |
| # 命令格式 firewall-cmd --permanent [--zone=〈zone〉] --add-service=〈service〉<br>[root@master ~]# firewall-cmd --permanent --zone=home --add-service=ipp-client |

● 禁止 192.168.10.148 通过 22 端口访问 Linux 主机的 SSH 服务，结尾处的 reject 为禁止，如示例代码 CORE0615 所示。

| 示例代码 CORE0615 禁止特定 IP 访问 SSH 服务 |
| --- |
| [root@master ~]# firewall-cmd --permanent --zone=public --add-rich-rule="rule family="ipv4" source address="192.168.10.148/22" service name="ssh" reject" |

禁止访问结果如图 6-19 所示。

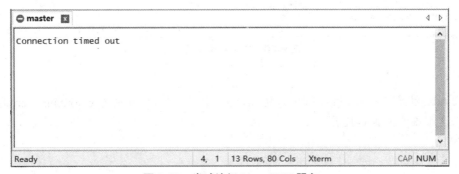

图 6-19　尝试访问 LinuxSSH 服务

# 技能点五　SELinux 安全系统

## 1　SELinux 简介

SELinux（Security-Enhanced Linux）是由 NSA（美国国家安全局）领导开发的一种基于域类型模型（domain-type）的安全子系统，能够通过使用无法回避的访问限制来阻止直接或间接的非法入侵（强制访问控制）和增强系统抵御 o-Day 攻击（利用未公开的漏洞进行攻击）的能力，在这种访问控制体系的限制下，进程只能访问在其任务中所需要的文件。目前 Linux 内核 2.6 以上版本中都集成了 SELinux 功能。

## 2　配置文件

SELinux 子安全系统可以通过修改 /etc/sysconfig/selinux 配置文件来控制系统下一次启动过程中载入的策略以及运行状态。在 SELinux 配置文件中仅有两个配置项分别为 SELINUX 和 SELINUXTYPE，打开 SELinux 配置文件方法如示例代码 CORE0616 所示。

| 示例代码 CORE0616 配置 firewalld |
|---|
| [root@master ~]# vim /etc/sysconfig/selinux |

SELinux 配置文件如图 6-20 所示。

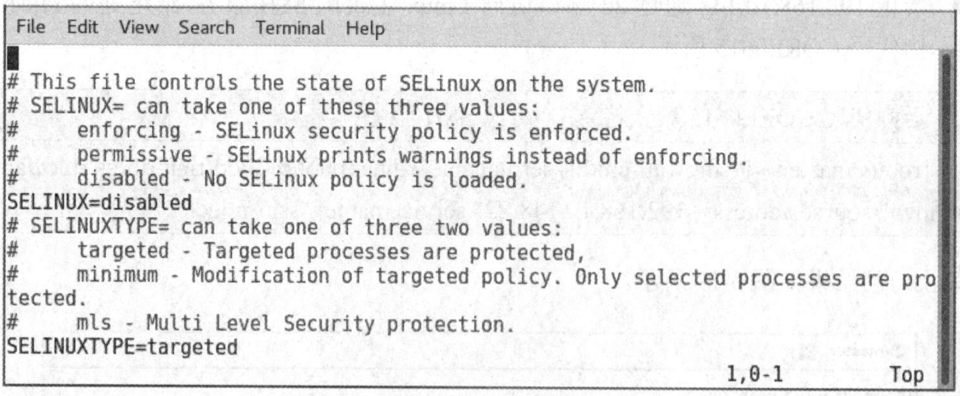

```
File  Edit  View  Search  Terminal  Help

# This file controls the state of SELinux on the system.
# SELINUX= can take one of these three values:
#     enforcing - SELinux security policy is enforced.
#     permissive - SELinux prints warnings instead of enforcing.
#     disabled - No SELinux policy is loaded.
SELINUX=disabled
# SELINUXTYPE= can take one of three two values:
#     targeted - Targeted processes are protected,
#     minimum - Modification of targeted policy. Only selected processes are pro
tected.
#     mls - Multi Level Security protection.
SELINUXTYPE=targeted
                                                        1,0-1         Top
```

图 6-20　SELinux 配置文件

（1）SELinux 配置项

SELinux 配置项为 SELinux 的模式选项，有三个可选参数，分别为 enforcing、permissive 或 disabled，详细说明如表 6-12 所示。

表 6-12  SELinux 配置项模式说明

| 选 项 | 说 明 |
| --- | --- |
| enforcing | 完整执行模式,这是 SELinux 的主要模式,使用此模式 SELinux 会拦截非法资源访问 |
| permissive | 仅警告模式,只是审核遭受拒绝的消息,访问无权限资源时 SELinux 不会进行拦截,但会将本次访问记录到日志 |
| disabled | 关闭模式,在此模式下 SELinux 不会进行任何动作,因为 SELinux 是内核模块功能,所以设置为此模式后需要重启计算机生效 |

SELinux 当前模式切换和查看命令,如下所示。
● getenforce:获取当前 SELinux 状态;
● setenforce:此命令可在 enforcing 和 permissive 两个模式间切换,设置会被立即执行,计算机重启后无效,永久修改需要在配置文件中进行修改,临时修改模式命令格式如下。

```
setenforce [ Enforcing | Permissive | 1 | 0 ]
```

切换当前 SELinux 的模式并显示切换结果,如示例代码 CORE0617 所示。

```
示例代码 CORE0617 临时切换模式
[root@master ~]# setenforce 0      # 切换为仅警告模式
[root@master ~]# getenforce        # 查看切换结果
[root@master ~]# setenforce 1      # 切换为完全执行模式
[root@master ~]# getenforce        # 查看切换结果
```

查看切换结果如图 6-21 所示。

```
File Edit View Search Terminal Help
[root@master ~]# setenforce 0
[root@master ~]# getenforce
Permissive
[root@master ~]# setenforce 1
[root@master ~]# getenforce
Enforcing
[root@master ~]#
```

图 6-21  查看切换模式结果

(2)SELinuxTYPE 配置项

SELinuxTYPE 用来设置 SELinux 的访问控制类型,其中有两种可选类型,分别为 targeted 策略和 mls 策略,只能通过配置文件进行修改,类型详细说明如表 6-13 所示。

表 6-13  SELinuxTYPE 配置项类型说明

| 类 型 | 说 明 |
| --- | --- |
| targeted | 仅对服务进程进行访问控制 |
| mls | 对系统中的所有进程进行控制 |

## 3 安全上下文

安全上下文是一个简单的、一致的访问控制属性，SELinux 安全系统会为进程和文件添加用户、角色、类型和级别的安全信息标签，这些安全信息标签是访问控制过程中的依据，查看"/var/log/"目录下 samba 文件的上下文信息，如示例代码 CORE0618 所示。

| 示例代码 CORE0618 查看安全上下文 |
|---|
| [root@master ~]# ls -Z /var/log/samba/ |

上下文查看结果如图 6-22 所示。

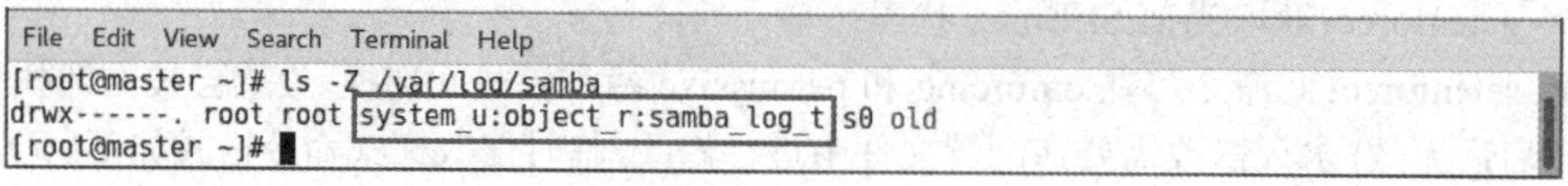

```
[root@master ~]# ls -Z /var/log/samba
drwx------. root root system_u:object_r:samba_log_t s0 old
[root@master ~]#
```

图 6-22 上下文查看结果

常用上下文格式如下所示。

| USER:ROLE: TYPE[LEVEL[:CATEGORY]] |
|---|

上下文详细说明如下。

（1）USER（用户）

SELinux 上下文中的用户类似于 Linux 系统的 UID，能够为 Linux 系统提供用户识别和记录身份信息，三种常见用户如表 6-14 所示。

表 6-14 常见用户

| 用 户 | 说 明 |
|---|---|
| user_u | 普通用户登录系统后的预设，表示普通用户无特权用户 |
| system_u | 开机过程中系统进程的预设，表示系统进程，通过用户可以确认身份类型 |
| root | root 登录后的预设，表示最高权限 |

（2）ROLE（角色）

在 targeted 策略下角色并不会起到实质性的作用，在 targeted 策略环境中所有的进程文件的角色都是 system_r，SELinux 中的角色主要有三类，如表 6-15 所示。

表 6-15 角色说明

| 角 色 | 说 明 |
|---|---|
| object_r | 通常为文件、目录和设备的角色 |
| system_r | 进程角色在 targeted 策略下用户的角色一般为 system_r，用户角色的概念类似用户组，不同的角色具有不同的身份权限，一个用户可以具备多个角色，但是同一时间只能使用一个角色 |

（3）TYPE（类型）

TYPE 将主体（subject）和客体（object）划分为不同的组，并为每个主体和客体定义类型。文件和进程都有一个类型，SELinux 依据类型的相关组合来限制存取权限，类型是 SELinux 安全上下文的重要组成部分。

## 4 修改安全上下文

SELinux 提供了两种修改安全上下文的方式，分别为 chcon 命令和 semanage 命令，两种命令的区别在于 chcon 只能临时修改安全上下文，semanage 是一个管理工具，能够永久修改文件的上下文，详细说明和使用方法如下。

（1）chcon 命令

该命令能够实现修改文件、文件夹用户属性和角色属性等功能，chcon 命令为临时修改安全上下文，chcon 命令格式如下所示。

```
chcon [ 选项 ] [-u SELinux 用户 ] [-r 角色 ] [-l 范围 ] [-t 范围 ] 文件
chcon [ 选项 ] –reference= 参考文件 文件
```

chcon 命令选项说明如表 6-16 所示。

表 6-16　chcon 命令选项

| 选　项 | 说　　明 |
| --- | --- |
| -u | 修改用户属性 |
| -r | 修改角色属性 |
| -l | 修改范围属性 |
| -t | 修改类型属性 |

将 /etc/ 目录下的 profile 以保留上下文信息的形式拷贝到 /usr/local/ 目录下，并修改其安全上下文，如示例代码 CORE0619 所示。

```
示例代码 CORE0619 修改安全上下文
[root@master ~]# cp --preserve=all /etc/profile /usr/
[root@master ~]# ls -Z /usr/profile
[root@master ~]# chcon -t admin_home_t /usr/profile
[root@master ~]# ls -Z /usr/profile
```

修改安全上下文结果如图 6-23 所示。

```
File  Edit  View  Search  Terminal  Help
[root@master ~]# cp --preserve=all /etc/profile /usr/
[root@master ~]# ls -Z /usr/profile
-rw-r--r--. root root system_u:object_r:etc_t:s0        /usr/profile
[root@master ~]# chcon -t admin_home_t /usr/profile
[root@master ~]# ls -Z /usr/profile
-rw-r--r--. root root system_u:object_r:admin_home_t:s0 /usr/profile
[root@master ~]#
```

图 6-23 修改安全上下文

以 /etc/ 目录下的 profile 文件为参照，恢复 /usr/ 目录下 profile 文件的上下文，恢复 profile 安全上下文，如示例代码 CORE0620 所示。

示例代码 CORE0620 恢复安全上下文

[root@master ~]# chcon --reference=/etc/profile /usr/profile
[root@master ~]# ls -Z /usr/profile

恢复结果如图 6-24 所示。

```
File  Edit  View  Search  Terminal  Help
[root@master ~]# chcon --reference=/etc/profile /usr/profile
[root@master ~]# ls -Z /usr/profile
-rw-r--r--. root root system_u:object_r:etc_t:s0        /usr/profile
[root@master ~]#
```

图 6-24 恢复安全上下文

（2）semanage 命令

该命令能够实现查询与修改 SELinux 默认目录的安全上下文，semanage 命令为永久修改安全上下文，semanage 命令格式如下所示。

semanage fcontext [-S store] -{a|d|m|l|n|D} [-frst] file_spec

semanage fcontext [-S store] -{a|d|m|l|n|D} -e replacement target

semanage 命令选项说明如表 6-17 所示。

表 6-17 semanage 命令选项

| 选项 | 说明 |
| --- | --- |
| -a | 添加 |
| -d | 删除 |
| -m | 修改 |
| -l | 列举 |
| -n | 不打印说明头 |
| -D | 全部删除 |
| -f | 文件 |
| -s | 用户 |

| 选项 | 说明 |
| --- | --- |
| -t | 类型 |
| -r | 角色 |

在任意目录下查询默认所有安全上下文列表，并执行删除添加安全上下文操作，如示例代码 CORE0621 所示。

| 示例代码 CORE0621 删除添加安全上下文 |
| --- |
| [root@master ~]# semanage fcontext -a -t httpd_sys_content_t '/usr/profile' |
| [root@master ~]# semanage fcontext -l |
| [root@master ~]# semanage fcontext -d -t httpd_sys_content_t '/usr/profile' |
| [root@master ~]# semanage fcontext -l |

结果如图 6-25 和图 6-26 所示。

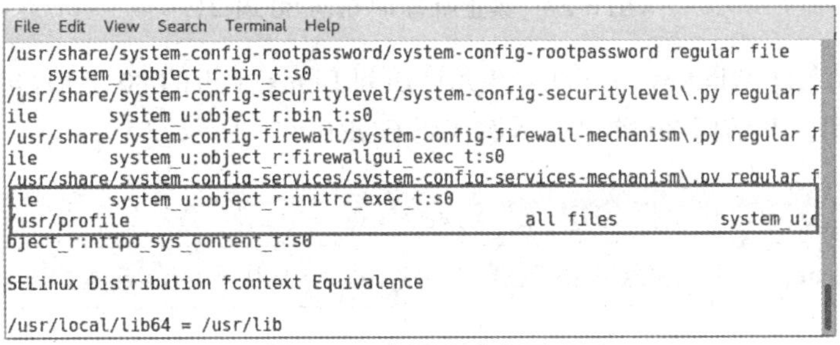

图 6-25 查看安全上下文

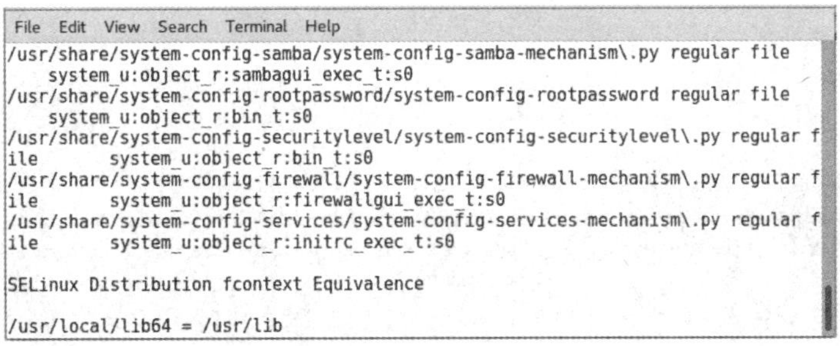

图 6-26 删除安全上下文

根据如图 6-1 所示的请求过滤图，将防火前配置为仅允许 IP 地址为 192.168.10.100 的 IP 访问 Linux 主机的 80 端口，其他 IP 访问 80 端口均被 Linux 防火墙拦截。

第一步：安装 HTTPD 服务后 iptables 防火墙禁止所有 IP 访问 80 端口，此时尝试刷新 HTTPD 页面会连接超时，禁止所有 IP 访问 80 端口如示例代码 CORE0622 所示。

示例代码 CORE0622 禁用 80 端口

[root@master ~]# iptables -I INPUT -p tcp --dport 80 -j DROP

禁止所有 IP 访问 80 端口的结果如图 6-27 所示。

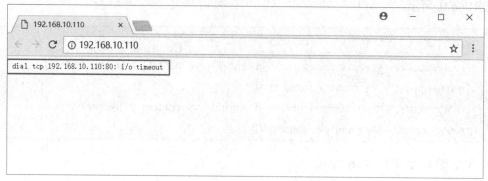

图 6-27 禁止所有 IP 访问 80 端口

第二步：设置允许 Windows 系统的 IP 允许访问 Linux 主机的 80 端口，再次刷新界面能够尝试访问，允许指定 IP 访问 80 端口如示例代码 CORE0623 所示。

示例代码 CORE0623 指定 IP 允许访问 80 端口

[root@master ~]# iptables -I INPUT -s 192.168.10.100 -p tcp --dport 80 -j ACCEPT

允许指定 IP 访问 80 端口的结果如图 6-28 所示。

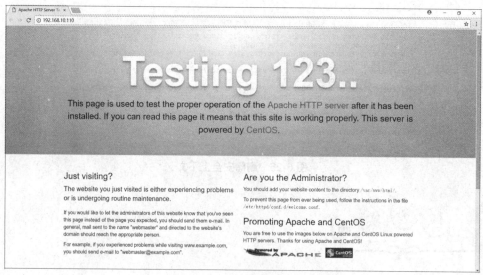

图 6-28 指定 IP 可以正常访问 80 端口

第三步：查看 filter 规则表中的所有规则并将编号为 1 的规则删除，删除后刷新 Windows，网页会再次提示连接超时，查看删除规则如示例代码 CORE0624 所示。

示例代码 CORE0624 查看删除规则

```
[root@master ~]# iptables -t filter -L --line-numbers
[root@master ~]# iptables -D INPUT 1
[root@master ~]# iptables -t filter -L --line-numbers
```

删除结果如图 6-29 所示。

```
File  Edit  View  Search  Terminal  Help
[root@master ~]# iptables -t filter -L --line-numbers
Chain INPUT (policy ACCEPT)
num  target     prot opt source               destination
1    DROP       tcp  --  anywhere             anywhere             tcp dpt:http
2    ACCEPT     udp  --  anywhere             anywhere             udp dpt:domain
3    ACCEPT     udp  --  anywhere             anywhere             udp dpt:bootps
4    ACCEPT     tcp  --  anywhere             anywhere             tcp dpt:bootps
5    ACCEPT     all  --  anywhere             anywhere             ctstate RELATED,ESTABLISHED
6    ACCEPT     all  --  anywhere             anywhere
7    INPUT_direct  all  --  anywhere             anywhere
```

图 6-29 删除规则

第四步：将 INPUT 规则链中编号为 1 的规则动作修改为 ACCEPT 放行，如示例代码 CORE0625 所示。

示例代码 CORE0625 修改动作

```
[root@master ~]# iptables -R INPUT 1 -j ACCEPT
[root@master ~]# iptables -t filter -L --line-numbers
```

修改结果如图 6-30 所示。

```
File  Edit  View  Search  Terminal  Help
[root@master ~]# iptables -t filter -L --line-numbers
Chain INPUT (policy ACCEPT)
num  target     prot opt source               destination
1    ACCEPT     all  --  anywhere             anywhere
2    ACCEPT     udp  --  anywhere             anywhere             udp dpt:domain
3    ACCEPT     udp  --  anywhere             anywhere             udp dpt:bootps
4    ACCEPT     tcp  --  anywhere             anywhere             tcp dpt:bootps
5    ACCEPT     all  --  anywhere             anywhere             ctstate RELATED,ESTABLISHED
6    ACCEPT     all  --  anywhere             anywhere
7    INPUT_direct  all  --  anywhere             anywhere
```

图 6-30 修改规则动作

第五步：使用 firewalld 设置拒绝所有包传入，并查看是否为拒绝状态，此时 HTTPD 默认网页不能够访问，修改规则如示例代码 CORE0626 所示。

示例代码 CORE0626 修改规则

```
[root@master ~]# firewall-cmd --panic-on
[root@master ~]# firewall-cmd --query-panic
```

结果如图 6-31 所示。

```
[root@master ~]# firewall-cmd --panic-on
success
[root@master ~]# firewall-cmd --query-panic
yes
[root@master ~]#
```

图 6-31 查看状态

第六步：使用 Windows 浏览器访问 Linux 主机 IP 提示连接超时，取消 firewalld 的所有拒绝状态，再次刷新访问成功，取消拒绝状态如示例代码 CORE0627 所示。

示例代码 CORE0627 取消拒绝访问

[root@master ~]# firewall-cmd --panic-off
[root@master ~]# firewall-cmd --query-panic

取消拒绝状态结果如图 6-32 所示。

```
[root@master ~]# firewall-cmd --panic-off
success
[root@master ~]# firewall-cmd --query-panic
no
```

图 6-32 取消拒绝状态

第七步：在 /usr/local/ 目录下新建 SELinux.html 文件，并将其复制到 /var/www/html/ 目录下，在 Windows 浏览器地址栏中输入 ip/SELinux.html，创建复制如示例代码 CORE0628 所示。

示例代码 CORE0628 创建 SELinux.html

[root@master ~]# vim /usr/local/SELinux.html    # 输入如下内容
This is a SELinx WEB
[root@master ~]# cp /usr/local/SELinux.html /var/www/html

浏览器访问结果如图 6-33 所示。

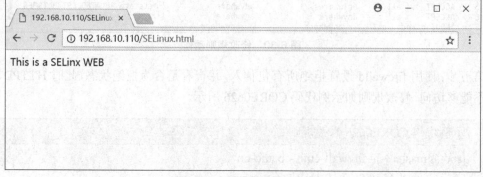

图 6-33 浏览器访问结果

第八步：将 /var/www/html/ 目录下的 SELinux.html 文件类型修改为 admin_home_t，使之没有访问权限，并使用刷新 Windows 浏览器，修改文件类型如示例代码 CORE0629 所示。

| 示例代码 CORE0629 修改文件类型 |
| --- |
| [root@master ~]# chcon -t admin_home_t /var/www/html/SELinux.html |

刷新浏览器结果如图 6-34 所示。

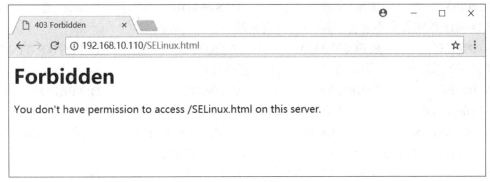

图 6-34　刷新浏览器结果

本项目主要介绍对防火墙规则进行操作，重点讲解如何使用 iptables、firewalld 和 SELinux 增强 Linux 系统的安全性避免遭受网络攻击，并结合实际操作讲解了三种防护机制的详细使用方法和操作命令，提高对防火墙的认识，理解防火墙机制和使用方法。

| | | | |
| --- | --- | --- | --- |
| netmask | 网络掩码 | broadcast | 广播 |
| restart | 重启 | hostname | 主机名 |
| table | 表 | filter | 过滤器 |
| input | 输入 | output | 输出 |
| Firewalld | 防火墙 | services | 服务 |
| DefaultZone | 缺省值 | help | 帮助 |

## 一、选择题

（1）下列选项中（　　）表示 IP 地址。
A. ens33　　　　B. netmask　　　　C. broadcast　　　　D. inet

（2）filter 规则表中不包含下列（　　）规则链。
A. INPUT　　　　B. FORWARD　　　　C. OUTPUT　　　　D. POSTOUTING

（3）下列选项中（　　）用来丢弃封包不做任何处理。
A. REJECT　　　　B. DROP　　　　C. DNAT　　　　D. MIRROR

（4）firewalld 中（　　）项代表默认使用的 zone。
A. DefaultZone　　　　B. Lockdown　　　　C. MinimalMark　　　　D. IPv6_rpfilter

（5）SELinux 的 chcon 命令选项中（　　）用来修改用户属性。
A. -u　　　　B. -r　　　　C. -l　　　　D. -t

## 二、简答题

（1）简述 iptables 数据包传输过程。
（2）列出 iptables 的所有处理动作并简述其功能。

## 三、操作题

（1）使用 iptables 设置允许其他主机访问本机 22 端口并禁止其他未允许的规则访问。
（2）将 SELinux 设置为仅警告模式。
（3）将 firewalld 默认规则集改为 dmz.xml。

# 项目七  Shell 编程基础

通过编写 Shell 程序"九九乘法表",了解 Shell 的编程方法,熟悉 Shell 中字符与运算符,掌握 Shell 常用指令与 Shell 变量,掌握 Shell 流程控制语句。在任务实施过程中:
- 熟悉常用的指令与运算符;
- 熟悉 Shell 中各种字符的用法;
- 掌握流程控制语句的用法。

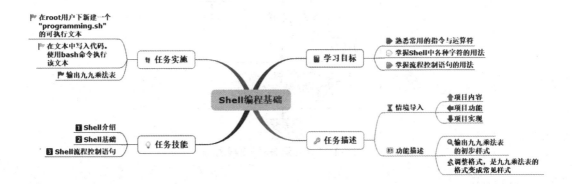

## 【情境导入】

Linux 操作系统运行时需要手动输入命令,为了使 Linux 可以自动实现一些功能而开发了 Shell 编程,使 Linux 可以通过编程与命令的结合实现自动化。在 Linux 命令行界面中要实现通过 Shell 脚本自动录入 Linux 命令的功能,先要了解 Shell 编程基础。本次任务通过对 Shell 编程基础的学习,最终完成 Shell 脚本的简单应用——九九乘法表。

### 【功能描述】

- 输出九九乘法表的初步样式;
- 调整格式,使九九乘法表的格式变成常见的样式。

### 【效果展示】

通过对本项目的学习,在 root 用户下新建名为"programming.sh"的文本,利用 for 循环与 bash 命令最终实现九九乘法表。"programming.sh"文本中的代码流程图如图 7-1 所示,效果如图 7-2 所示。

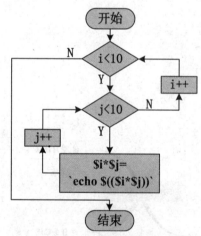

图 7-1 "九九乘法表"流程图

```
File  Edit  View  Search  Terminal  Help
[root@master ~]# vim programming.sh
[root@master ~]# bash programming.sh
1*1= 1
1*2= 2 2*2= 4
1*3= 3 2*3= 6 3*3= 9
1*4= 4 2*4= 8 3*4= 12 4*4= 16
1*5= 5 2*5= 10 3*5= 15 4*5= 20 5*5= 25
1*6= 6 2*6= 12 3*6= 18 4*6= 24 5*6= 30 6*6= 36
1*7= 7 2*7= 14 3*7= 21 4*7= 28 5*7= 35 6*7= 42 7*7= 49
1*8= 8 2*8= 16 3*8= 24 4*8= 32 5*8= 40 6*8= 48 7*8= 56 8*8= 64
1*9= 9 2*9= 18 3*9= 27 4*9= 36 5*9= 45 6*9= 54 7*9= 63 8*9= 72 9*9= 81
[root@master ~]#
```

图 7-2 "九九乘法表"效果图

# 技能点一  Shell 介绍

## 1 简介

Shell 是一个命令解释器，同时也是功能强大的编程语言，用 Shell 的编程语言编写的脚本可以直接调用 Linux 系统命令。

Shell 位于操作系统最外层，负责直接与用户对话，它解释由用户输入的命令并且把它们送到内核，经过处理后，将结果输出到屏幕返回给用户。Shell 这种对话方式可以是交互式也可以是非交互式，交互式是指从键盘输入命令可以立即得到 Shell 的回应，非交互式指 Shell 脚本。换句话说，Shell 为用户提供了一个可视的命令行输入界面，以便向 Linux 内核发送请求来运行程序，使用户可以使用 Shell 命令启动、挂起、停止和编写一些程序。Shell 在操作系统中的位置如图 7-3 所示。

图 7-3  Shell 在操作系统中的位置

Shell 拥有执行程序文件的权限，具有易编写、易调试、灵活性较强的特点。

同 Linux 相似，Shell 也有多种不同的版本，如表 7-1 所示。

表 7-1  Shell 版本

| Shell 版本 | 说明 |
| --- | --- |
| Bourne Shell | 由贝尔实验室开发 |
| Bash | 一个为 GNU 计划编写的 Unix Shell，Bash 的全称是 Bourne-Again Shell，是关于 Bourne Shell 的一个双关语。Bash 是大多数 Linux 操作系统上默认的 Shell，也是 CentOS 7.4 的默认 Shell 环境 |
| Korn Shell | 是对 Bourne Shell 的发展，大部分内容与 Bourne Shell 兼容 |
| C Shell | 是 SUN 公司 Shell 的 BSD 版本 |

续表

| Shell 版本 | 说　明 |
|---|---|
| Z Shell | 它集成了 Bash 的重要特性,同时又增加了自己独有的特性 |

## 2　Shell 脚本运行

运行 Shell 脚本有两种方法:作为可执行程序和使用 bash 命令。

(1)可执行程序

将文本保存为后缀是".sh"的文本文件,使用"ls -al"命令查看文本文件的权限,当文本文件本身没有可执行权限(即文件权限属性"x"位为"-"号)时,使用 cd 命令进入该文本文件所在的目录,通过改变文件权限使程序可以执行。格式如下所示。

```
chmod +x ./ 文件名    # 使脚本具有执行权限
./ 文件名              # 执行脚本 文件路径 + 文件名
```

注意,一定要写成"./ 文件名",而不是直接写文件名,否则 Linux 系统会在 PATH 里寻找有没有该文件,而 PATH 里只有 /bin、/sbin、/usr/bin、/usr/sbin 等目录,当前目录通常不在 PATH 里,所以直接写文件名找不到命令,要用"./ 文件名"告诉系统要在当前目录找文件。

(2)bash 命令

将代码保存为后缀是".sh"的文本文件,使用"ls -al"命令查看文本文件的权限,当文本文件本身没有可执行权限(即文件权限属性"x"位为"-"号)时,使用 cd 命令进入该文本文件所在的目录,然后利用 bash 命令运行该文本文件。bash 命令格式如下所示。

```
bash 文件名
```

第一个 Shell 程序如示例代码 CORE0701 所示。

```
示例代码 CORE0701 输出字符串
echo hello world!
```

结果如图 7-4 所示。

```
File  Edit  View  Search  Terminal  Help
[root@master ~]# vim hello.sh
[root@master ~]# ls -al hello.sh
-rw-r--r--. 1 root root 18 May 25 22:28 hello.sh
[root@master ~]# chmod o+x hello.sh
[root@master ~]# ./hello.sh
hello world!
[root@master ~]# bash hello.sh
hello world!
[root@master ~]#
```

图 7-4　hello.sh 运行结果

## 技能点二  Shell 基础

### 1  Shell 常用指令

Shell 的常用指令有 echo 命令、printf 命令、test 命令和 read 命令。

（1）echo 命令

Shell 的 echo 命令用于输出字符串，在 echo 命令中不能使用转义字符。echo 命令格式如下所示。

```
echo string
```

echo 命令输出字符串，如示例代码 CORE0702 所示。

```
示例代码 CORE0702 输出字符串
[root@master ~]# echo string
string
```

（2）printf 命令

Shell 的 printf 命令用于输出字符串。printf 命令由 POSIX 标准所定义，因此使用 printf 命令的脚本比使用 echo 命令的脚本移植性好，而且与 echo 命令不同的是，在 printf 命令中可以使用转义字符。printf 命令格式如下所示。

```
printf format-string [arguments...]
```

format-string：为格式控制字符串。
arguments：为参数列表。
其中输出的格式通常有"%d %s %c %f"，其具体介绍如表 7-2 所示。

表 7-2  printf 输出中的格式字符

| 字 符 | 说 明 |
| --- | --- |
| %d | Decimal 十进制整数，其对应位置参数必须是十进制整数 |
| %s | String 字符串，其对应位置参数必须是字符串或者字符型 |
| %c | Char 字符，其对应位置参数必须是字符串或者字符型 |
| %f | Float 浮点，其对应位置参数必须是数字型 |

常用的转义字符如表 7-3 所示。

表 7-3　printf 输出中的转义字符

| 转义字符 | 说　明 |
| --- | --- |
| \a | 警告字符，通常为 ASCII 的 BEL 字符 |
| \b | 后退 |
| \f | 换页 |
| \n | 换行 |
| \r | 回车 |
| \t | 水平制表符 |
| \v | 垂直制表符 |
| \\ | 一个字面上的反斜杠字符 |

printf 命令按照格式输出指定的字符串，如示例代码 CORE0703 所示。

| 示例代码 CORE0703 格式输出 |
| --- |
| # 按照格式输出姓名、性别、属性、体重<br>printf "%-10s %-8s %-10s %-4s\n" name sex attribute weight\(kg\)<br>printf "%-10s %-8s %-10s %-4.2f\n" guojing man Adorkable 76.1234<br>printf "%-10s %-8s %-10s %-4.2f\n" yangguo man handsom 72.6543<br>printf "%-10s %-8s %-10s %-4.2f\n" guofu woman beauty 47.9876 |

其结果如图 7-5 所示。

```
[root@master ~]# vim printf.sh
[root@master ~]# bash printf.sh
name       sex      attribute  weight(kg)
guojing    man      Adorkable  76.12
yangguo    man      handsom    72.65
guofu      woman    beauty     47.99
[root@master ~]#
```

图 7-5　示例代码 CORE0703 运行结果

（3）read 命令

用于从键盘读取变量的值，通常使用于 Shell 脚本与用户进行交互的场合。该命令可以一次读取多个变量的值，变量和输入的值都需要使用空格隔开。在 read 命令后面，如果没有指定变量名，读取的数据将被自动赋值给特定的变量 REPLY。read 命令格式如下所示。

| read [ 选项 ] 变量名 |
| --- |

常用选项如表 7-4 所示。

表 7-4　read 命令常用选项

| 选　项 | 说　明 |
| --- | --- |
| -p | 指定读取值时的提示符 |
| -t | 指定读取值时等待的时间（秒） |

从键盘读取姓名与年龄的值然后输出读取到的姓名与年龄，接收键盘输入如示例代码 CORE0704 所示。

示例代码 CORE0704 接收键盘输入

```
echo please input your name: # 从键盘输入姓名
read name # 读取姓名
echo please input your age: # 键盘输入年龄
read age # 读取年龄
echo my name is $name,age is $age # 使用读取的姓名与年龄
```

结果如图 7-6 所示。

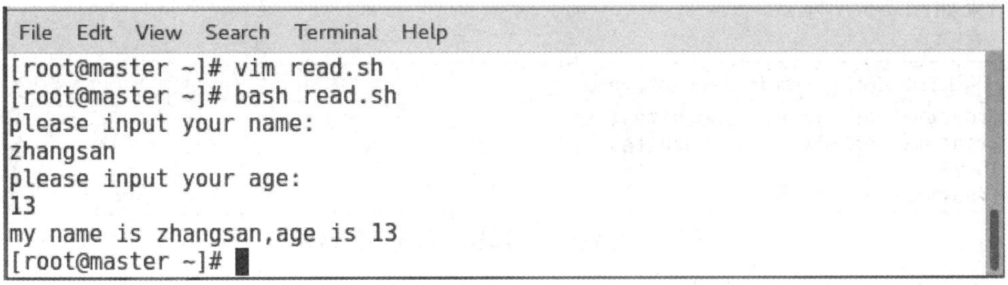
File Edit View Search Terminal Help
[root@master ~]# vim read.sh
[root@master ~]# bash read.sh
please input your name:
zhangsan
please input your age:
13
my name is zhangsan,age is 13
[root@master ~]#

图 7-6　示例代码 CORE0704 运行结果

（4）test 命令

Shell 中的 test 命令用于检查某个条件是否成立，它可以进行数值、字符和文件三个方面的测试。在测试时需要用到条件测试符方括号。“[”和 test 等同，“[]”结构中的左中括号是调用 test 的命令标识，右中括号用于关闭条件判断。这个命令把它的参数作为比较表达式或者做文件测试，并且根据比较的结果返回一个退出状态码。其中，表达式要放在方括号之间，并且要有空格，例如：“[$a==$b]”是错误的，必须写成“[ $a == $b ]”。

①数值测试

数值测试常用于两个数字的大小的比较，常用的用于比较数值的运算符如表 7-5 所示。

表 7-5　数值测试运算符

| 运算符 | 说　明 |
| --- | --- |
| -eq | 等于为 true |
| -ne | 不等于为 true |

| 运算符 | 说明 |
| --- | --- |
| -gt | 大于为 true |
| -ge | 大于等于为 true |
| -lt | 小于为 true |

使用数值测试来比较数值的大小,数值比较如示例代码 CORE0705 所示。

示例代码 CORE0705 数值比较

```
if test $[10] -gt $[20]   # 比较 10 与 20 的大小
then
    echo "10>20"
else
    echo "10<20"
fi
```

结果如图 7-7 所示。

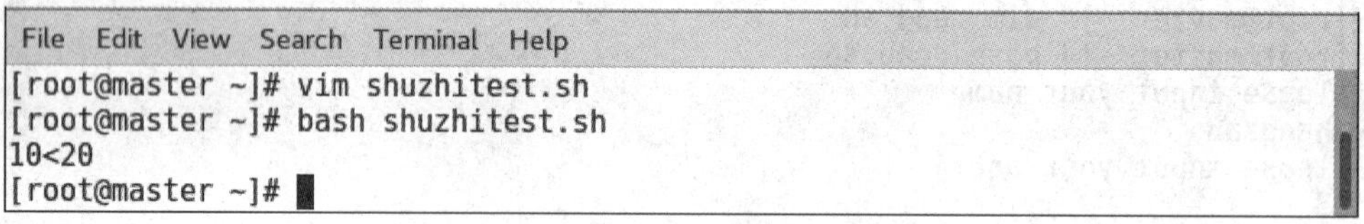

```
File Edit View Search Terminal Help
[root@master ~]# vim shuzhitest.sh
[root@master ~]# bash shuzhitest.sh
10<20
[root@master ~]#
```

图 7-7　示例代码 CORE0705 运行结果

②字符串比较

字符串比较用来检测字符串的长度或用于两组字符串的对比,常用的字符串运算符比较如表 7-6 所示。

表 7-6　字符串比较运算符

| 运算符 | 说明 |
| --- | --- |
| = | 检测两个字符串是否相等,相等返回 true |
| != | 检测两个字符串是否相等,不相等返回 true |
| -z | 检测字符串长度是否为 0,为 0 返回 true |
| -n | 检测字符串长度是否为 0,不为 0 返回 true |
| str | 检测字符串是否为空,不为空返回 true |

使用字符串测试比较字符串"asd"与"jkl"是否相等,比较字符串如示例代码 CORE0706 所示。

## 示例代码 CORE0706 比较字符串

```
if [ asd = jkl ]  # 判断字符串
then
    echo equal    # 判断为 true 时输出 equal
else
    echo unequal  # 判断为 false 时的输出 unequal
fi
```

结果如图 7-8 所示。

```
[root@master ~]# vim zifuchuan.sh
[root@master ~]# bash zifuchuan.sh
unequal
[root@master ~]#
```

图 7-8  示例代码 0706 运行结果

③文件测试

文件测试用于检测文件的各种属性。表 7-7 列出了常用的文件测试,并以一个普通不为空的文件"file"为例。

表 7-7  文件测试运算符

| 操作符 | 说明 |
| --- | --- |
| -b file | 检测文件是否是块设备文件,如果是,则返回 true |
| -c file | 检测文件是否是字符设备文件,如果是,则返回 true |
| -d file | 检测文件是否是目录,如果是,则返回 true |
| -f file | 检测文件是否是普通文件(既不是目录,也不是设备文件),如果是,则返回 true |
| -g file | 检测文件是否设置了 SGID 位,如果是,则返回 true |
| -k file | 检测文件是否设置了粘着位(Sticky Bit),如果是,则返回 true |
| -p file | 检测文件是否是有名管道,如果是,则返回 true |
| -u file | 检测文件是否设置了 SUID 位,如果是,则返回 true |
| -r file | 检测文件是否可读,如果是,则返回 true |
| -w file | 检测文件是否可写,如果是,则返回 true |
| -x file | 检测文件是否可执行,如果是,则返回 true |
| -s file | 检测文件是否为空(文件大小是否大于 0),不为空返回 true |
| -e file | 检测文件(包括目录)是否存在,如果存在,则返回 true |

输入文件的全路径查看文件是否存在,如示例代码 CORE0707 所示。

示例代码 CORE0707 查看文件路径是否存在

```
if test -e ./wen # 判断文件是否存在（wen 默认不存在）
then
 echo true # 存在时输出 true
else
 echo false # 不存在时输出 false
fi
```

结果如图 7-9 所示。

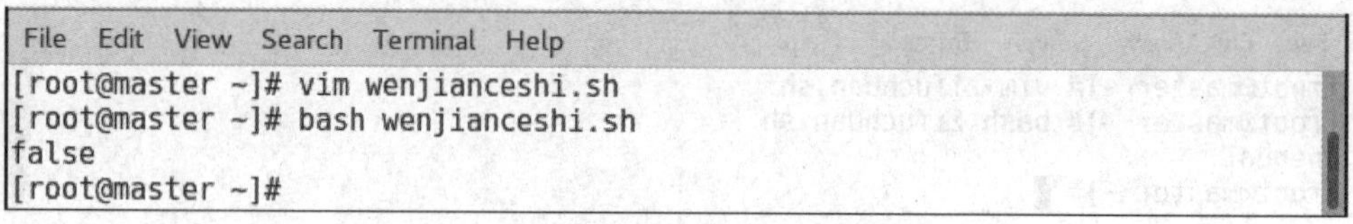
File Edit View Search Terminal Help
[root@master ~]# vim wenjianceshi.sh
[root@master ~]# bash wenjianceshi.sh
false
[root@master ~]#

图 7-9 示例代码 CORE0707 运行结果

## 2 变量

变量是用来存储某些非固定值的载体，它有一个值与零个或多个属性。

（1）定义变量

Shell 定义变量的规则如下所示。

- 变量名与等号之间不能存在空格；
- 只能使用英文字母、数字和下划线“_”命名，且首个字符不能以数字开头；
- 在变量名中不能使用标点符号；
- 尽量不要使用关键字命名。

定义变量如示例代码 CORE0708 所示。

示例代码 CORE0708 定义变量

```
name=zhangsan
_age=15
echo $name
echo $_age
```

结果如图 7-10 所示。

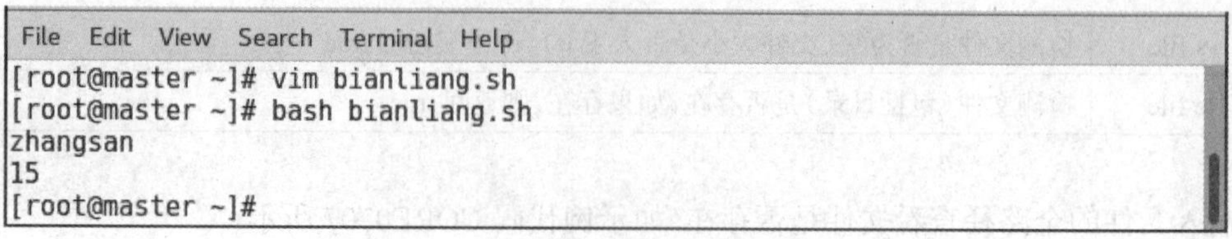
File Edit View Search Terminal Help
[root@master ~]# vim bianliang.sh
[root@master ~]# bash bianliang.sh
zhangsan
15
[root@master ~]#

图 7-10 示例代码 CORE0708 运行结果

（2）变量类型

变量分为环境变量和普通变量。

普通变量在脚本或命令中定义，仅在当前 Shell 实例中有效，其他 Shell 启动的程序不能访问局部变量。

环境变量通常是由系统自定义的，必要的时候 Shell 脚本也可以定义环境变量。环境变量可以被所有程序（包括 Shell 启动的程序）访问，有些程序需要环境变量来保证其正常运行。常见的环境变量及其含义如表 7-8 所示。

表 7-8　环境变量

| 环境变量 | 含　义 |
| --- | --- |
| BASH | Bash Shell 的全路径 |
| CDPATH | 用于快速进入某个目录 |
| EUID | 用于记录当前用户的 UID |
| FUNCNAME | 用于记录当前函数体的函数名的文件 |
| HISTCMD | 用于记录下一条命令在 history 命令的编号 |
| HISTFILE | 用于记录 history 命令的文件 |
| PATH | 命令的搜索路径 |
| LANG | 设置当前系统的语言环境 |

（3）声明变量

declare 命令用于声明 Shell 变量并设置变量的属性。其常用格式如下所示。

```
declare [ 选项 ] [ 变量名称＝设置值 ]
```

选项如表 7-9 所示。

表 7-9　declare 命令选项

| 选　项 | 说　明 |
| --- | --- |
| +/- | "-"可用来指定变量的属性，"+"则是取消变量所设的属性 |
| -i | 声明为整数 |
| -a | 声明为数组 |
| -f | 声明为函数 |
| -F | 仅打印函数名字 |
| -r | 声明为只读 |
| -x | 自定义环境变量 |

使用 declare 命令声明变量类型如示例代码 CORE0709 所示。

示例代码 CORE0709 声明变量类型

```
declare -i age=13  # 声明变量类型为整数
echo $age
declare -i name=zhangsan  # 错误的为变量赋值，结果输出为 0
echo $name
```

结果如图 7-11 所示。

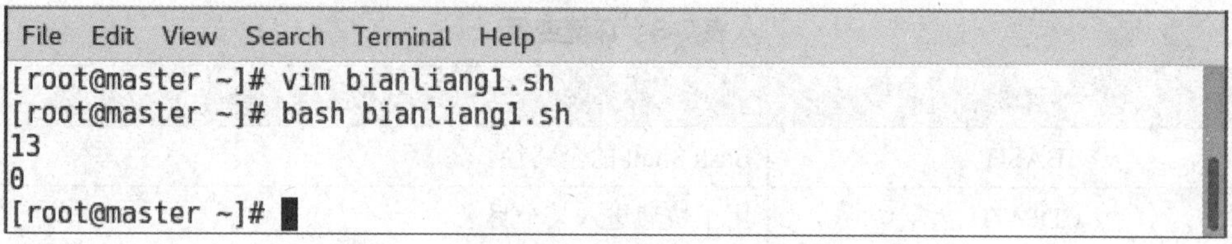
File Edit View Search Terminal Help
[root@master ~]# vim bianliang1.sh
[root@master ~]# bash bianliang1.sh
13
0
[root@master ~]#

图 7-11 示例代码 CORE0709 运行结果

（3）使用变量

使用一个定义过的变量，只要在变量名前面加"$"即可。变量名外面的"{}"是为了帮助解释器识别变量的边界，变量的使用如示例代码 CORE0710 所示。

示例代码 CORE0710 识别变量边界

```
name=zhangsan
age=14
echo my name is ${name},age is ${age} # 获取变量内容，并识别变量的边界
```

结果如图 7-12 所示。

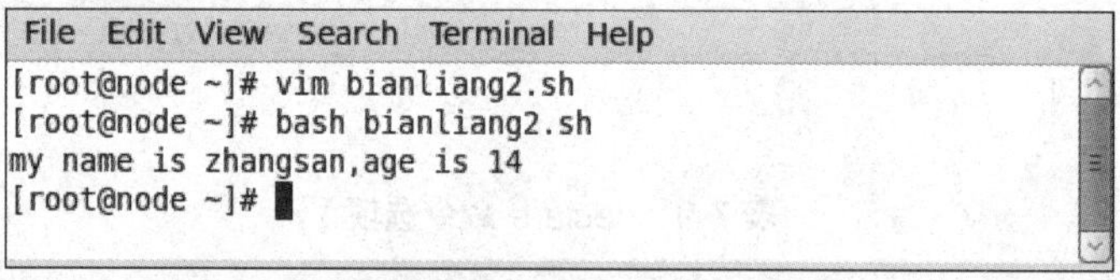
File Edit View Search Terminal Help
[root@node ~]# vim bianliang2.sh
[root@node ~]# bash bianliang2.sh
my name is zhangsan,age is 14
[root@node ~]#

图 7-12 示例代码 CORE0710 运行结果

除帮助解释器识别变量的边界外，{} 还可以用作扩展变量，如表 7-10 所示。

表 7-10 扩展变量

| 表达式 | 作 用 |
|---|---|
| ${VAR} | 取变量 VAR 的值 |
| ${VAR:-DEFAULT} | 如果 VAR 没有定义，则以 $DEFAULT 作为其值 |
| ${VAR:= DEFAULT } | 如果 VAR 没有定义，或者值为空，则以 $ DEFAULT 作为其值 |
| ${VAR+VALUE} | 如果定义了 VAR，则值为 $VALUE，否则为空字符串 |
| ${VAR:+ VALUE } | 如果定义了 VAR 且不为空，则值为 $VALUE，否则为空字符串 |

续表

| 表达式 | 作 用 |
|---|---|
| ${VAR?MSG} | 如果 VAR 没有被定义,则打印 $MSG |
| ${VAR:?MSG} | 如果 VAR 没有被定义或未复制,则打印 $MSG |
| ${!PREFIX*}${!PREFIX@} | 匹配所有以 PREFIX 开头的变量 |
| ${#STR} | 返回 $ STR 的长度 |
| ${#STR:POSITION} | 从位置 $ POSITION 处提取子串 |
| ${#STR:POSITION:LENGTH} | 从位置 $POSITION 处提取长度为 $ LENGTH 子串 |
| ${#STR#SUBSTR} | 从变量 $ STR 的开头处寻找,删除最短匹配的 $ SUBSTR 子串 |
| ${#STR## SUBSTR } | 从变量 $ STR 的开头处寻找,删除最长匹配的 $ SUBSTR 子串 |
| ${#STR% SUBSTR } | 从变量 $ STR 的结尾处寻找,删除最短匹配的 $ SUBSTR 子串 |
| ${#STR%% SUBSTR } | 从变量 $ STR 的结尾处寻找,删除最长匹配的 $ SUBSTR 子串 |
| ${#STR/ SUBSTR /REPLACE} | 使用 $ REPLACE 替换第一个匹配的 $ SUBSTR |
| ${#STR// SUBSTR /REPLACE} | 使用 $ REPLACE 替换所欲匹配的 $ SUBSTR |
| ${#STR/# SUBSTR /REPLACE} | 如果 $ 以 $ 开始,则用 $ REPLACE 来代替匹配到的 $ SUBSTR |
| ${#STR/% SUBSTR /REPLACE} | 如果 $ 以 $ 结束,则用 $ REPLACE 来代替匹配到的 $ SUBSTR |

(4)重定义变量

重定义变量指的是已经定义过的变量可以被重新定义,变量的值也会变成重定义后的值,重定义变量如示例代码 CORE0711 所示。

示例代码 CORE0711 重定义变量

```
name=zhangsan  # 定义变量为"zhangsan"
echo ${name}  # 输出并查看变量
name=lisi  # 重定义变量
echo ${name}  # 输出并查看变量
```

结果如图 7-13 所示。

```
[root@master ~]# bash bianliang3.sh
zhangsan
lisi
[root@master ~]#
```

图 7-13　示例代码 CORE0711 运行所示

(5)只读变量

除了使用"declare -r"以外,还可以使用 readonly 命令可以将变量定义为只读变量,只读变量的值不能被改变。只读变量的定义如示例代码 CORE0712 所示。

示例代码 CORE0712 只读变量定义

```
readonly name=zhangsan  # 定义只读变量
echo ${name}
name=lisi  # 修改变量
echo ${name}
```

结果如图 7-14 所示。

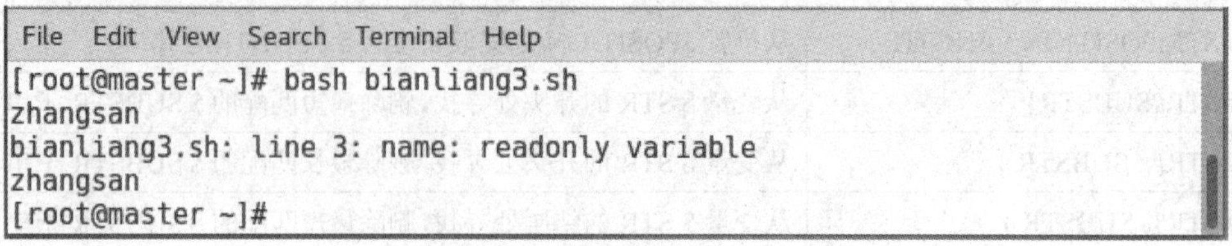
File Edit View Search Terminal Help
[root@master ~]# bash bianliang3.sh
zhangsan
bianliang3.sh: line 3: name: readonly variable
zhangsan
[root@master ~]#

图 7-14　示例代码 CORE0712 运行结果

（6）删除变量

使用 unset 命令可以删除变量，但是不能删除只读变量，变量被删除后不能再次使用。其格式如下所示。

```
unset 变量名
```

使用 unset 命令删除变量，如示例代码 CORE0713 所示。

示例代码 CORE0713 删除变量

```
name=zhangsan # 定义变量
echo ${name} # 读取变量
unset name  # 删除变量
echo ${name} # 测试删除变量成功
```

结果如图 7-15 所示。

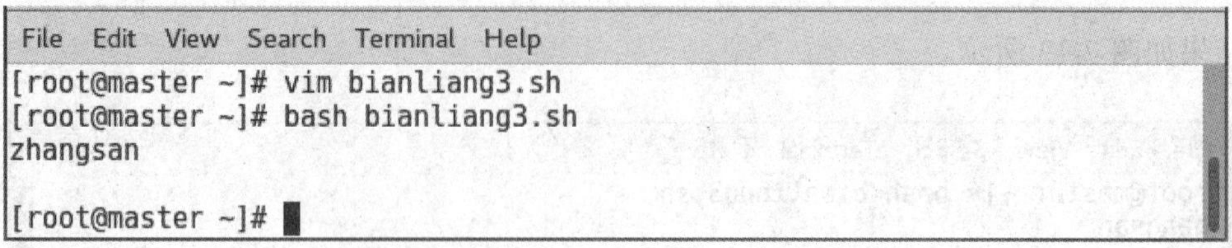
File Edit View Search Terminal Help
[root@master ~]# vim bianliang3.sh
[root@master ~]# bash bianliang3.sh
zhangsan
[root@master ~]#

图 7-15　示例代码 CORE0713 运行结果

## 3 运算符

Shell 和其他编程语言一样，支持多种运算符，包括算术运算符、布尔运算符、逻辑运算符、字符串运算符、文件测试运算符。

(1) 算术运算符

原生 bash 不支持简单的数学运算,但是可以使用 let 命令或"(( ))"进行基本的整数运算。

let 命令是 bash 中用于计算的工具,提供常用运算符。当计算不加 $ 时,如果表达式的值是非 0,那么返回的状态值是 0;否则,返回的状态值是 1。其格式如下所示。

> let 算术表达式

"(( ))"符号可用于简单的计算。当计算不加 $ 时,如果算术表达式的结果为 0,那么返回的状态值是 1,或"false";否则,返回的状态值是 0,或"true"。其格式如下所示。

> (( 算术表达式 ))

常用的整数算术运算符如表 7-11 所示。

表 7-11 算术运算符

| 运算符 | 说　明 |
| --- | --- |
| + | 加运算符 |
| - | 减运算符 |
| * | 乘运算符 |
| / | 除运算符 |
| % | 取余运算符 |
| = | 赋值运算符 |
| == | 相等运算符 |
| != | 不等运算符 |
| += | 加等运算符 |
| -= | 减等运算符 |
| *= | 乘等运算符 |
| /= | 除等运算符 |
| %= | 余等运算符 |
| ++ | 自增运算 |
| -- | 自减运算 |

在自增运算中以"((a++))"为例,先为 a 赋值后自加 1,与"((a++))"不同"((++a))"是 a 先加 1 后再赋值;自减运算中以"((a--))"为例,先为 a 赋值后自减 1,与"((a--))"不同"((--a))"是先减 1 后赋值。

定义两个变量并对它们进行运算,如示例代码 CORE0714 所示。

示例代码 CORE0714 变量运算

```
a=10
b=20
let c=($a+$b) # 使用 let 命令计算 a+b
echo $c
echo $((c=$a*$b)) # 使用“(())”计算 a*b
```

结果如图 7-16 所示。

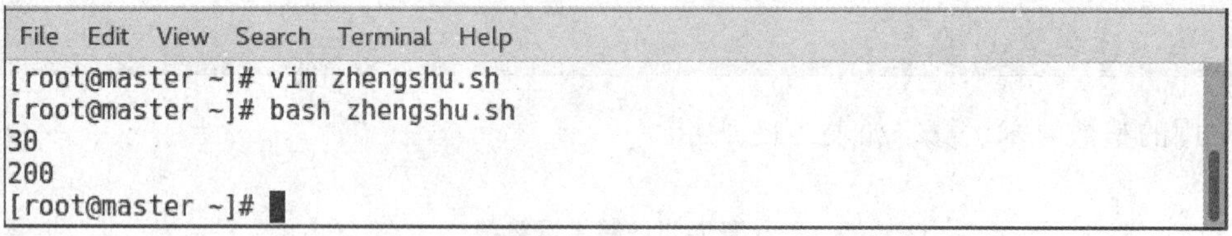
File Edit View Search Terminal Help
[root@master ~]# vim zhengshu.sh
[root@master ~]# bash zhengshu.sh
30
200
[root@master ~]#

图 7-16 示例代码 CORE0714 运行结果

除整数运算外，还有浮点数运算，浮点数运算使用 bc 命令实现。默认不输出小数点后面的值，通常使用变量 scale 控制，该变量的值表示输出多少位小数(根据 scale 的值自己设置)。具体使用如示例代码 CORE0715 所示。

示例代码 CORE0715 浮点数运算

```
i=1.2
j=10
echo "scale=0;$i*$j" | bc # 输出 0 位小数的浮点数
```

结果如图 7-17 所示。

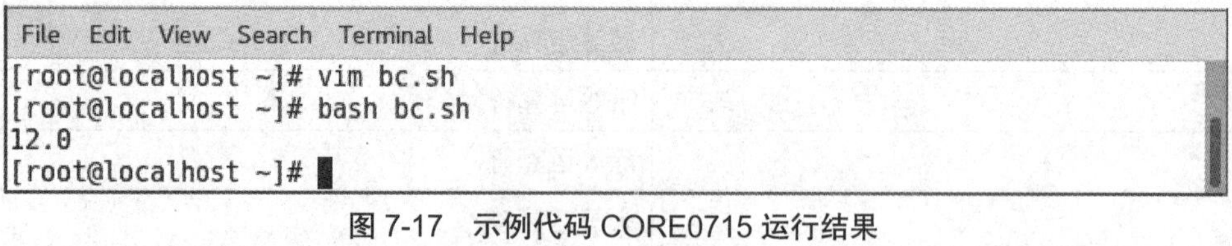
File Edit View Search Terminal Help
[root@localhost ~]# vim bc.sh
[root@localhost ~]# bash bc.sh
12.0
[root@localhost ~]#

图 7-17 示例代码 CORE0715 运行结果

(2)位运算符

常用的位运算符有按位与(&)、按位或(|)、按位非(~)、按位异或(^)、左移运算(<<)、右移运算(>>)。位运算符在计算时是面向二进制数字而言的，下面是位运算符的运算方法。

在“按位与”中，按位比较二进制数，上下均为 1 取 1，否则取 0，计算方式如下。

| 8 的二进制数值 | 1 | 0 | 0 | 0 |
|---|---|---|---|---|
| 4 的二进制数值 | 0 | 1 | 0 | 0 |
| 比较结果为 0 | 0 | 0 | 0 | 0 |

在"按位或"中,按位比较二进制数,上下有一个为 1 则为 1,否则取 0,计算方式如下。

| 8 的二进制数值 | 1 | 0 | 0 | 0 |
|---|---|---|---|---|
| 4 的二进制数值 | 0 | 1 | 0 | 0 |
| 比较结果为 12 | 1 | 1 | 0 | 0 |

在"按位非"中,按位取与自身相反的数,不同的是按位或计算出来的结果中如果第一位是 0,该 0 代表的是正数,计算方式如下。

| 8 的二进制数值 | 1 | 0 | 0 | 0 |
|---|---|---|---|---|
| 比较结果为 -7 | 0 | 1 | 1 | 1 |

在"按位异或"中,按位比较二进制数,上下相同取 0,上下不同取 1,计算方式如下所示。

| 8 的二进制数值 | 1 | 0 | 0 | 1 |
|---|---|---|---|---|
| 4 的二进制数值 | 0 | 1 | 0 | 1 |
| 比较结果为 12 | 1 | 1 | 0 | 0 |

"左移运算"是将二进制数整体左移指定位数,左移之后的空位用 0 补充,左移 2 位的计算方式如下所示。

| 4 的二进制数值 | 0 | 0 | 1 | 0 | 0 |
|---|---|---|---|---|---|
| 比较结果为 16 | 1 | 0 | 0 | 0 | 0 |

"右移运算"是将二进制数整体右移指定位数,右移之后的空位用 0 补充,右移 2 位的计算方式如下所示。

| 4 的二进制数值 | 1 | 0 | 0 |
|---|---|---|---|
| 比较结果为 1 | 0 | 0 | 1 |

(3)布尔运算符

布尔运算的结果只有"true"与"false"两种情况,表 7-12 列出了常用的布尔运算符。

表 7-12 布尔运算符

| 运算符 | 说明 |
|---|---|
| ! | 非运算,表达式为 true 则返回 false,否则返回 true |

续表

| 运算符 | 说　明 |
| --- | --- |
| -o | 或运算，有一个表达式为 true 则返回 true。 |
| -a | 与运算，两个表达式都为 true 才返回 true。 |

使用布尔运算符判断变量的值是否符合规定，如示例代码 CORE0716 所示。

示例代码 CORE0716 布尔运算

```
a=10
b=20
if [ $a != $b ]  # 判断 a 与 b 的值是否不等
then
  echo true
else
  echo false
fi
if [ $a -lt 20 -a $b -gt 0 ] # 判断 a<20 与 b>0 是否都满足条件
then
  echo true
else
  echo false
fi
```

结果如图 7-18 所示。

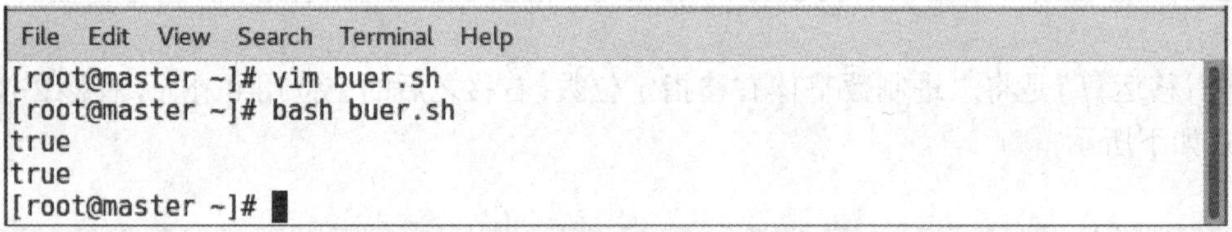
File Edit View Search Terminal Help
[root@master ~]# vim buer.sh
[root@master ~]# bash buer.sh
true
true
[root@master ~]#

图 7-18　示例代码 CORE0716 运行结果

（4）逻辑运算符

逻辑运算符的结果也只有“true”与“false”两种情况，表 7-13 列出了常用的逻辑运算符。

表 7-13　逻辑运算符

| 运算符 | 说　明 |
| --- | --- |
| && | 当符号两边都为 true 时，返回 true |
| \|\| | 当符号两边有一个为 true 时，返回 true |
| ! | 逻辑非，对真假取反 |

逻辑运算符使用如示例代码 CORE0717 所示。

示例代码 CORE0717 逻辑运算

```
a=10
b=20
if [ $a\<0 ] || [ $b\>0 ]  # 判断 a<0 与 b>0 是否有一个真
then
 echo true    # 有一个为真
else
 echo false  # 都为假
fi
```

结果如图 7-19 所示。

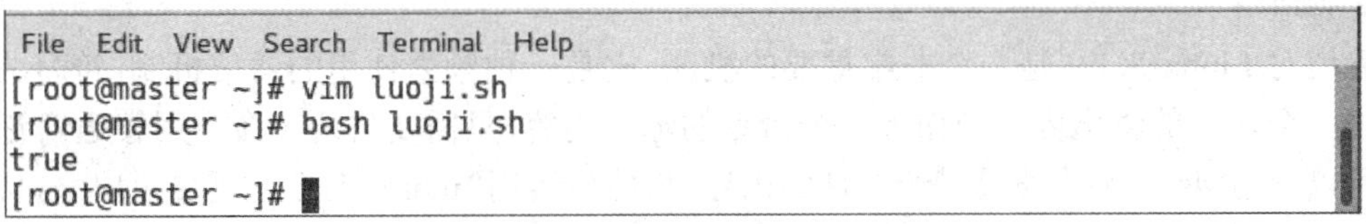
File Edit View Search Terminal Help
[root@master ~]# vim luoji.sh
[root@master ~]# bash luoji.sh
true
[root@master ~]#

图 7-19　示例代码 CORE0717 运行结果

## 4　字符

（1）通配符

通配符指的是该字符可以匹配任意字符，常用于模式匹配，在查询、修改等操作的时候非常好用，常见的通配符有 *、? 和 [] 括起来的字符序列，具体作用如表 7-14 所示。

表 7-14　通配符

| 字　符 | 作　用 |
| --- | --- |
| * | 代表任意长度的字符串，但不包括点号和斜线。如：a* 表示以 a 开头的任意长度的字符串 |
| ? | 可用于匹配任一单个字符 |
| [] | 代表匹配其中任意一个字符，[a-c] 等同与 [abc] 代表匹配 a 或 b 或 c |

（2）引用

引用是指将字符串用特定符号括起来，以防止特殊字符被解释成其他意思。Shell 中总共有 4 种引用符，分别是双引号、单引号、反引号和转义符。除 $（美元符号）、\（反斜杠）、'（单引号）、和 "（双引号）这几个字符保留其特殊功能外，其余字符仍作为普通字符对待；单引号括起来的字符都作为普通字符出现；反引号会将反引号括起的内容解释为系统命令；转义字符会将具有特殊意义的字符变成普通字符。引用符号如表 7-15 所示。

表 7-15 引用符号

| 字　符 | 说　明 |
| --- | --- |
| ' | 单引号 |
| " | 双引号 |
| ` | 反引号 |
| \ | 转义字符 |

(3) 其他常用字符

① 注释符

为了增强代码的可阅读性和管理,注释是很重要的,Shell 里面使用 # 作为注释符,注释范围是所在行。但要注意的是,脚本里面 "#!" 后面跟某个解释器的路径例如 "#! /bin/bash",不是注释的意思。

② 管道 "|"

管道对 Linux 来说,是一个非常重要的机制,它是一种频繁使用的通信机制,符号为 "|",能够将一个命令的输出内容当作下一个命令的输入内容,只需要将两个命令用管道符连接即可。可以使用 "ls -l" 命令查看某个文件的内容,再将内容用 "more" 命令逐页显示出来,代码如下所示。

```
[root@master ~]# ls -l /etc/init.d | more
```

结果如图 7-20 所示。

```
File  Edit  View  Search  Terminal  Help
[root@master ~]# ls -l /etc/init.d | more
lrwxrwxrwx. 1 root root 11 Mar 27 18:39 /etc/init.d -> rc.d/init.d
[root@master ~]#
```

图 7-20 管道字符使用

③ 重定向

重定向,就是将原本由标准输入设备输入的内容,改由其他文件或设备输入;或将原本应该输出到标准输出设备的内容,改而输出到其他文件或设备上。重定向的符号如表 7-16 所示。

表 7-16 重定向

| 符　号 | 功　能 |
| --- | --- |
| > | 标准输出覆盖重定向 |
| >> | 标准输出追加重定向 |
| >& | 标识输出重定向 |
| < | 标准输入重定向 |

将"luoji.sh"文本文件输出的结果重定向到"luoji1.sh"文本文件中。如示例代码 CORE0718 所示。

示例代码 CORE0718 结果重定向

[root@master ~]# bash luoji.sh > luoji1.sh
[root@master ~]# cat luoji1.sh
true

## 技能点三  Shell 流程控制语句

### 1  条件控制语句

Shell 中的分支语句有 if 语句、case 语句，其中 if 语句常用于对具体值进行判断，判断结果是 true 或 false，而 case 语句用于对具体值进行判断，判断时值的个数是固定的。

（1）if 语句

if 语句分为 if/else 语句与 if/elif/else 语句。

① if/else 语句

if/else 语句格式如下所示。

```
if 条件
then
    语句1
else
    语句2
fi
```

条件是值为 true 或 false 的表达式，可以是命令、函数或 test 语句。执行流程如图 7-21 所示。

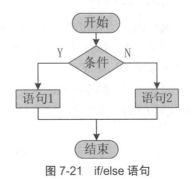

图 7-21  if/else 语句

当使用 if 语句判断输入的年龄是否大于 20，如示例代码 CORE0719 所示。

示例代码 CORE0719 判断语句

```
echo "please input your age:"
read age
if [ "$age" -gt "20" ] ;then    #将输入的年龄与 20 作对比
    echo " Age is more than 20 "
else
    echo " Age is less than 20 "
fi
```

结果如图 7-22 所示。

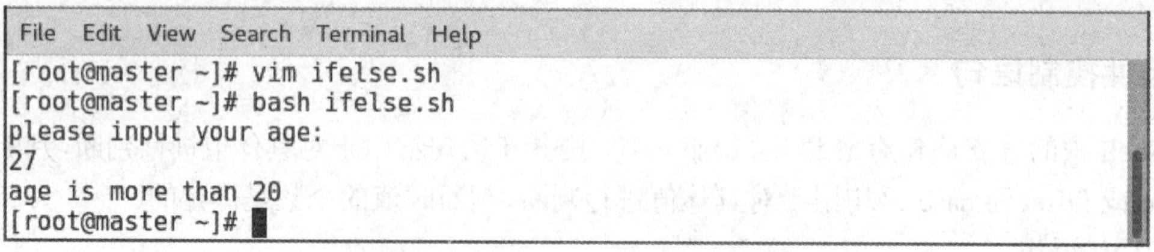

```
[root@master ~]# vim ifelse.sh
[root@master ~]# bash ifelse.sh
please input your age:
27
age is more than 20
[root@master ~]#
```

图 7-22　示例代码 CORE0719 运行结果

② if/elif/else 语句

if/elif/else 语句格式如下所示。

```
    if 条件 1
    then
        语句 1
    elif 条件 2
    then
        语句 2
    else
        语句 3
    fi
```

由于 Shell 脚本没有 {} 括号，所以用 fi 表示 if 语句块的结束。

条件是值为 true 或 false 的表达式。if/elif/else 语句的执行过程如图 7-23 所示。

在使用 if-elif-else 分支进行数值判断时，如果使用 test 指令进行判断，当第一条 if 条件为假时，无论代码中的 elif 语句条件是否为真，都输出 elif 分支下的语句，为了得到预期结果，可采用双圆括号进行判断。如示例代码 CORE0720 所示。

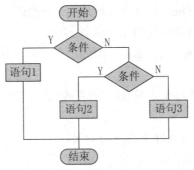

图 7-23　if/elif/else 语句

示例代码 CORE0720 分支语句

```
var1=20
var3=20
if [ $var1 -gt $var3 ]; then    # 使用 [] 判断 var1 与 var3 的大小
    echo "va1 > va3"
elif [ $va1 -lt $va3 ]; then
    echo "va1 < va3"
else
    echo "va1 = va3"
    echo $var1
fi
if (( $var1 > $var3 )); then    # 使用 (()) 判断 var1 与 var3 的大小
    echo "va1 > va3"
elif (( $var1 < $var3 )); then
    echo "va1 < va3"
else
    echo "va1 = va3"
fi
```

结果如图 7-24 所示。

```
File  Edit  View  Search  Terminal  Help
[root@master ~]# vim if.sh
[root@master ~]# bash if.sh
va1 < va3
va1 = va3
[root@master ~]#
```

图 7-24　示例代码 CORE0720 运行结果

综上可知，if 语句具有如下特点。
- 如果两条命令写在同一行则需要用"；"隔开，一行只写一条命令不需要写"；"，then 后面有换行,但这条命令没写完,Shell 会自动续行,把下一行接在 then 后面当作一条命令处理。
- 注意命令和各参数之间必须使用空格隔开。
- if 命令条件的值为真,则执行 then 后面的语句;为假,则执行 elif、else 或者 if 后面的语句。
- if 后面的条件通常是值为 true 或 false 的表达式。

(2)case 语句

case 语句适用于需要进行多重分支的应用情况。

case 分支语句的格式如下所示。

```
case $ 变量 in
    1)语句 1
;;
    2)语句 2
;;
… …
    *)默认执行的语句
;;
esac
```

case 语句的执行过程:当传入变量值与下面的顺序值对应时,执行该值下的语句;当传入的变量值与下面的顺序值不对应时,执行 * 下的默认语句。

case 语句的执行过程如图 7-25 所示。

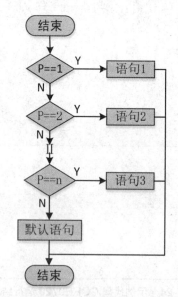

图 7-25　case 语句的执行流程图

case 语句结构特点如下所示。
- case 行尾必须为单词"in",每一个模式必须以右括号")"结束。

- 双分号";;"表示命令序列结束。
- 匹配模式中可使用方括号表示一个连续的范围,如 [0-9];使用竖杠符号"|"表示"或"。
- 最后的"*)"表示默认模式,当使用前面的各种模式均无法匹配该变量时,将执行"*)"后的命令序列。

由用户从键盘输入一个字符,并判断该字符是否为字母、数字或者其他字符。如示例代码 CORE0721 所示。

```
示例代码 CORE0721 判断是否为字母
read -p "press some key ,then press return :" KEY
case $KEY in
[a-z]|[A-Z])
echo "It's a letter."
;;
[0-9])
echo "It's a digit."
;;
*)
echo "It's function keys、Spacebar or other ksys."
esac
```

结果如图 7-26 所示。

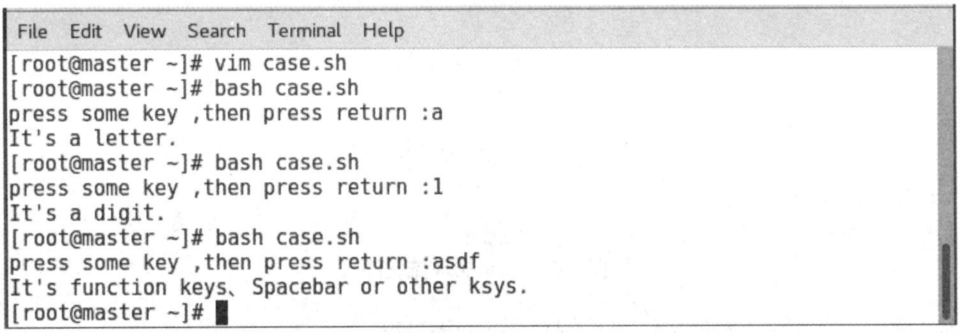

```
[root@master ~]# vim case.sh
[root@master ~]# bash case.sh
press some key ,then press return :a
It's a letter.
[root@master ~]# bash case.sh
press some key ,then press return :1
It's a digit.
[root@master ~]# bash case.sh
press some key ,then press return :asdf
It's function keys、Spacebar or other ksys.
[root@master ~]#
```

图 7-26　示例代码 CORE0721 运行结果

## 2　循环语句

常用的循环有 for 循环、while 循环、until 循环、select 循环与嵌套循环,循环常用于需要反复执行某语句。

(1)for 循环

for 循环有如下两种格式。

格式一
```
for var in item1 item2 ... itemN
do
    循环体
done
```

在格式一中,当变量值在列表里时,for循环在执行完一次从"语句1"到"语句N"后,可使用变量从列表中获取当前值。in列表是可选的,包含命令替换、字符串和文件名,如果不用它,for循环使用命令行的位置参数。

格式二
```
for(( 初始化部分;循环条件;迭代部分 ))
do
    循环体
done
```

在格式二中,执行for循环时,初始化部分首先被执行,并且只被执行一次,接下来执行作为循环条件表达式,如果为true,就执行循环体,接着执行迭代部分;然后计算作为循环条件表达式,如此反复。

for循环的流程图如图7-27所示。

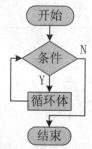

图7-27 for循环流程图

顺序输出当前列表中的数字,如示例代码CORE0722所示。

示例代码CORE0722 循环语句
```
for loop in 1 2 3 4 5 6  # 使用for循环输出in后面的数字
do
    echo "The value is: $loop"   # 输出数字
done
```

结果如图7-28所示。

```
File  Edit  View  Search  Terminal  Help
[root@master ~]# vim for.sh
[root@master ~]# bash for.sh
The value is: 1
The value is: 2
The value is: 3
The value is: 4
The value is: 5
The value is: 6
[root@master ~]#
```

图 7-28　示例代码 CORE0722 运行结果

（2）while 循环

while 循环用于不断执行一系列命令，也用于从输入文件中读取数据；命令通常为测试条件。其格式如下所示。

```
while 条件
do
    循环体
done
```

while 循环的流程图如图 7-29 所示。

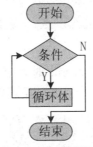

图 7-29　while 循环流程图

while 循环输出 1-5，如示例代码 CORE0723 所示。

示例代码 CORE0723 while 语句

```
int=1  # 初始化变量
while(( $int<=5 ))  # 判断变量的取值范围
do
    echo $int
    let "int++"  # 变量迭代
done
```

结果如图 7-30 所示。

```
File Edit View Search Terminal Help
[root@master ~]# vim which.sh
[root@master ~]# bash which.sh
1
2
3
4
5
[root@master ~]#
```

图 7-30 示例代码 CORE0723 运行结果

while 循环可以用于无限循环，无限循环语法格式如下所示。

```
while :
do
    循环体
done
```

或者

```
while true
do
    循环体
donee
```

（3）until 循环

until 循环执行一系列命令直至条件为 true 时为止。until 循环与 while 循环在处理方式上刚好相反。只在极少数情况下 until 循环比 while 循环更加好用。until 语法格式如下所示。

```
until 条件
do
    语句 1
done
```

until 后面的条件一般为条件表达式，如果返回值为 false，则继续执行循环体内的语句，否则跳出循环。其流程图如图 7-31 所示。

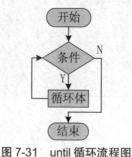

图 7-31 until 循环流程图

使用 until 命令输出 0～9 的数字，如示例代码 CORE0724 所示。

示例代码 CORE0724 until 命令

```
a=0 # 初始化变量
until [ ! $a -lt 10 ] # 判断变量的取值范围
do
  echo $a
  a=`expr $a + 1` # 变量迭代
done
```

运行结果如图 7-32 所示。

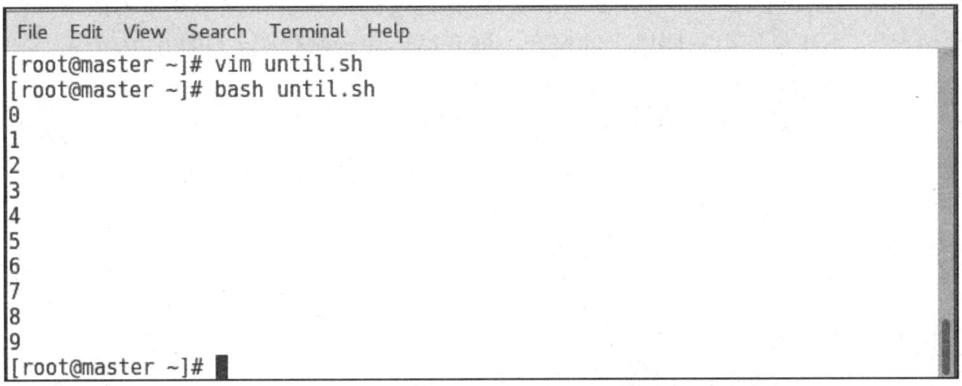
File Edit View Search Terminal Help
[root@master ~]# vim until.sh
[root@master ~]# bash until.sh
0
1
2
3
4
5
6
7
8
9
[root@master ~]#

图 7-32　示例代码 CORE0724 运行结果

（4）select 循环

select 是一种菜单扩展循环方式，其语法和带列表的 for 循环非常类似，结构如下。

```
select MENU in (list)
do
    语句
done
```

从红、黑、黄、绿中选择最喜欢的颜色，如示例代码 CORE0725 所示。

示例代码 CORE0725 select 循环

```
echo "What is your favourite colour?"
select var in "red" "black" "yellow" "blue"; do # 循环输出列举的颜色
 break; # 终止循环
done
echo "You have selected $var"
```

结果如图 7-33 所示。

```
File  Edit  View  Search  Terminal  Help
[root@master ~]# vim select.sh
[root@master ~]# bash select.sh
What is your favourite colour?
1) red
2) black
3) yellow
4) blue
#? 1
You have selected red
[root@master ~]#
```

图 7-33　示例代码 CORE0725 运行结果

（5）嵌套循环

嵌套循环是一个循环中的循环体是另外一个循环，for、while、until、select 循环语句都可以使用嵌套循环。在嵌套循环中可以多层嵌套，但是过度的嵌套会让程序变得晦涩难懂，所以除了必要情况下，不建议使用三层以上的嵌套。嵌套循环如示例代码 CORE0726 所示。

示例代码 CORE0726 嵌套循环

```
for loop in 1     # 循环输出 1
do
    for loop1 in 2 3     # 循环输出 2 与 3
    do
        echo "The value is: $loop"
        echo "The value is: $loop1"
    done
done
```

结果如图 7-34 所示。

```
File  Edit  View  Search  Terminal  Help
[root@master ~]# vim for.sh
[root@master ~]# bash for.sh
The value is: 1
The value is: 2
The value is: 1
The value is: 3
[root@master ~]#
```

图 7-34　示例代码 CORE0726 运行结果

## 3　循环控制语句

循环控制语句有 break 语句、continue 语句，常用于终止循环。

（1）break 语句

break 语句用于终止整个循环的执行。break 语句格式如下所示。

```
break n
```

在嵌套循环中，break n 表示跳出第 n 层循环。当 n 为 1 时可只写“break”命令。

break 跳出循环如示例代码 CORE0727 所示。

示例代码 CORE0727 break 语句

```
a=0
while [ $a -lt 10 ] # 判断 a 是否小于 10
do
  echo $a
  if [ $a -eq 5 ]  # 当 a 等于 5 时
  then
    break  # 终止循环
  fi
  a=`expr $a + 1`  #a 加 1
done
```

结果如图 7-35 所示。

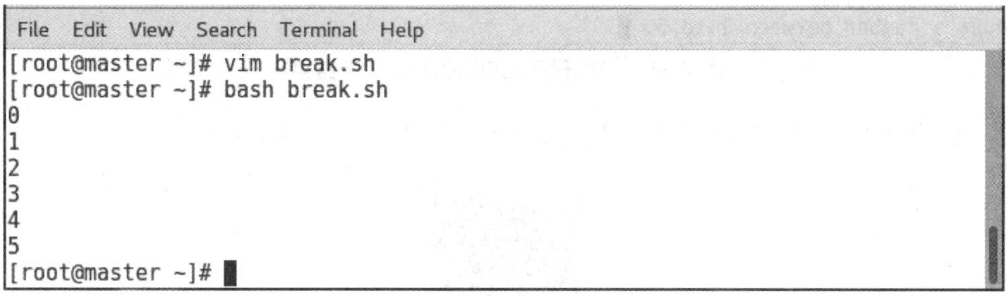
File Edit View Search Terminal Help
[root@master ~]# vim break.sh
[root@master ~]# bash break.sh
0
1
2
3
4
5
[root@master ~]#

图 7-35　示例代码 CORE0727 运行结果

（2）continue 语句

continue 语句与 break 语句类似，但是 continue 语句不会跳出所有循环，仅跳出当前循环。continue 语句格式如下所示。

```
continue n
```

在嵌套循环中，continue n 表示跳出第 n 层循环。当 n 为 1 时可只写“continue”命令。

continue 跳出循环如示例代码 CORE0728 所示。

示例代码 CORE0728 continue 语句

```
while :
do
   echo -n "Input a number between 1 to 5: "
   read aNum
   case $aNum in   # 选择输入的数字
      1|2|3|4|5) echo "Your number is $aNum!"
```

```
            ;;
        *) echo "You did not select a number between 1 to 5!"   # 输入的值不在 1-5 之间
           continue
           echo "Game is over!"
           ;;
    esac
didn't
```

结果如图 7-36 所示。

图 7-36  示例代码 CORE0728 运行结果

想了解更多 Shell 编程案例应用，请扫描下方二维码。

根据图 7-1 所示的流程图，利用 for 循环、shell 基础与 bash 命令循环输出九九乘法表，具体步骤如下。

第一步：创建一个名字为"programming.sh"的可执行文件，如示例代码 CORE0729 所示。

| 示例代码 CORE0729 创建可执行文件 |
| --- |
| [root@master ~]# vim programming.sh |

结果如图 7-37 所示。

```
File  Edit  View  Search  Terminal  Help
~
~
~
~
~
"programming.sh" 1L, 1C                                  1,0-1        All
```

图 7-37　创建可执行文件

第二步：在“programming.sh”的可执行文件中输入如示例代码 CORE0730 所示，打印 1~9 共 9 个数，并运行。

示例代码 CORE0730 for 循环输出

```
for((i=1;i<10;i++))
do
echo $i
done
```

结果如图 7-38 所示。

```
File  Edit  View  Search  Terminal  Help
[root@master ~]# vim programming.sh
[root@master ~]# bash programming.sh
1
2
3
4
5
6
7
8
9
[root@master ~]#
```

图 7-38　打印 1~9 共 9 个数

第三步：在“programming.sh”的可执行文件中输入如示例代码 CORE0731 所示，打印出 1~9 相乘，并运行。

示例代码 CORE0731 打印类乘法表

```
for ((i=1;i<10;i++))
do
  for ((j=1;j<10;j++))
  do
    echo -n "$i*$j= `echo $(($i*$j))` "
  done
  echo " "
done
```

结果如图 7-39 所示。

```
[root@master ~]# vim programming.sh
[root@master ~]# bash programming.sh
1*1= 1  1*2= 2  1*3= 3  1*4= 4  1*5= 5  1*6= 6  1*7= 7  1*8= 8  1*9= 9
2*1= 2  2*2= 4  2*3= 6  2*4= 8  2*5= 10 2*6= 12 2*7= 14 2*8= 16 2*9= 18
3*1= 3  3*2= 6  3*3= 9  3*4= 12 3*5= 15 3*6= 18 3*7= 21 3*8= 24 3*9= 27
4*1= 4  4*2= 8  4*3= 12 4*4= 16 4*5= 20 4*6= 24 4*7= 28 4*8= 32 4*9= 36
5*1= 5  5*2= 10 5*3= 15 5*4= 20 5*5= 25 5*6= 30 5*7= 35 5*8= 40 5*9= 45
6*1= 6  6*2= 12 6*3= 18 6*4= 24 6*5= 30 6*6= 36 6*7= 42 6*8= 48 6*9= 54
7*1= 7  7*2= 14 7*3= 21 7*4= 28 7*5= 35 7*6= 42 7*7= 49 7*8= 56 7*9= 63
8*1= 8  8*2= 16 8*3= 24 8*4= 32 8*5= 40 8*6= 48 8*7= 56 8*8= 64 8*9= 72
9*1= 9  9*2= 18 9*3= 27 9*4= 36 9*5= 45 9*6= 54 9*7= 63 9*8= 72 9*9= 81
[root@master ~]#
```

图 7-39　打印出 1~9 相乘的类乘法表

第四步：调整"programming.sh"的可执行文件中代码的格式，并运行打印出九九乘法表，如示例代码 CORE0732 所示。

示例代码 CORE0732 九九乘法表

```
for ((i=1;i<10;i++))
do
  for ((j=1;j<10;j++))
  do
    [ $j -le $i ] && echo -n "$i*$j= `echo $(($i*$j))` "
  done
  echo " "
done
```

结果如图 7-2 所示。

本项目主要介绍 Shell 编程基础，重点介绍 Shell 脚本中的常见指令与各种字符、运算符的运用，熟练掌握 Shell 的流程控制语句。通过对本项目的学习熟练使用 Shell 脚本编程。

| shell | 壳 | window | 窗户 |
| bash | 猛击 | test | 测试 |
| read | 读 | declare | 声明 |

| unset | 未定式 | export | 出口 |
| case | 情形 | until | 直到 |
| while | 当 | for | 为了 |

## 一、选择题

（1）下面指令中哪个可以从键盘中读取变量（　　）。
A. read　　　　B. echo　　　　C. printf　　　　D. set

（2）下面哪个变量名是错误的（　　）。
A. Age　　　　B. age1　　　　C. age　　　　D. _age

（3）除 readonly 以外还有哪个命令可以设置只读变量（　　）。
A. read　　　　B. set　　　　C. declare　　　　D. echo

（4）下面哪个不是通配符（　　）。
A. []　　　　B. *　　　　C. ?　　　　D. $

（5）流程控制语句中 if 的结束语（　　）。
A. esac　　　　B. fi　　　　C. done　　　　D. finish

## 二、简答题

（1）变量的命令规则。
（2）for 循环语句的两种格式。

## 三、操作题

输出边长以五个"*"号长度的等边三角形。

# 项目八　Shell 编程高级

通过使用 Shell 脚本操作日志,了解数组、函数、正则表达式的概念,熟悉正则表达式中符号的含义以及常用场景,掌握数组的常用操作与函数的使用,掌握任务的管理。在任务实施过程中:

- 熟悉数组的相关操作;
- 掌握函数的调用;
- 掌握任务的管理。

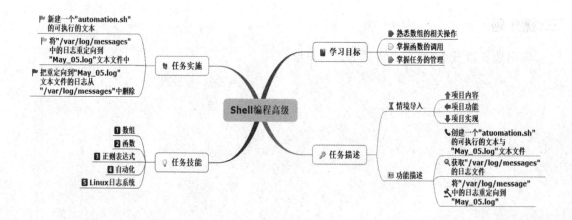

### 【情境导入】

一些大型的使用 Linux 系统的服务器每天都会产生大量的日志文件，当查看某部分日志文件时，需要花费很多时间来找该部分日志。利用 Linux 系统的 Shell 高级编程可以实现自动从日志文件中提取所需日志到新的文件，方便查看日志内容。本次任务通过对 Shell 高级编程的讲解，最终完成提取日志的功能。

### 【功能描述】

- 新建一个"automation.sh"的可执行的文本与"May_05.log"文本文件；
- 获取"/var/log/messages"的日志文件；
- 将"/var/log/messages"中的日志重定向到"May_05.log"文本文件中。

### 【效果展示】

通过对本项目的学习，新建一个"automation.sh"的可执行的文本，实现将"/var/log/messages"中的日志重定向到"May_05.log"文本文件中。流程如图 8-1 所示。

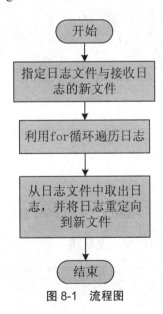

图 8-1　流程图

## 技能点一 数组

### 1 定义数组

数组是能够存储多个值的变量。数组的值可以被单独引用,也可以使用变量名来引用整个数组。如果要给某个变量设置多个值,可以把值放在括号内。其格式如下所示。

> 变量名 =( 值 1 值 2 值 3 …)

注意:值与值之间需要用空格分隔。
为变量设置多个值,如示例代码 CORE0801 所示。

> 示例代码 CORE0801 为变量设置值
>
> array=(1 3 5 7 8 "abc" 'def')
> echo ${array[*]}

结果如图 8-2 所示。

```
File  Edit  View  Search  Terminal  Help
[root@master dir2]# vim array.sh
[root@master dir2]# bash array.sh
1 3 5 7 8 "abc" 'def'
[root@master dir2]#
```

图 8-2 示例代码 CORE0801 运行结果

除此之外还可以使用 declare 命令来定义数组。格式如下所示。

> declare -a 数组名

如示例代码 CORE0802 所示。

> 示例代码 CORE0802 使用 declare 定义数组
>
> declare -a array=(1 2 6 8 10)
> echo ${array[*]}

结果如图 8-3 所示。

```
File  Edit  View  Search  Terminal  Help
[root@master dir2]# vim declareArray.sh
[root@master dir2]# bash declareArray.sh
1 2 6 8 10
[root@master dir2]#
```

图 8-3　示例代码 CORE0802 运行结果

综上可知，Shell 中数组分为两种数据类型：一是数值型，二是字符串型。
- 数值类型的数组：可直接用数字为数组赋值。
- 字符串类型数组：数组中的元素使用双引号或者单引号包含，引号之间也需要使用空格隔开。

## 2　数组操作

（1）数组赋值

为数组指定下标赋值，如果指定的下标已经超过当前数组的大小，新赋的值被追加到数组的尾部（下标从 0 开始）。如果被赋值的下标已经存在，那么在该下标的新值会代替原来的值。为数组赋值的格式如下所示。

数组名 [ 下标 ]= 值

为数组赋值如示例代码 CORE0803 所示。

示例代码 CORE0803　为数组赋值

```
array=(1 3 5 7 9)
echo ${array[*]}
array[3]=10
array[10]=100
echo ${array[*]}
```

结果如图 8-4 所示。

```
File  Edit  View  Search  Terminal  Help
[root@master dir2]# vim fuzhiArray.sh
[root@master dir2]# bash fuzhiArray.sh
1 3 5 7 9
1 3 5 10 9 100
[root@master dir2]#
```

图 8-4　示例代码 CORE0803 运行结果

（2）调用数组元素

在调用数组某个元素时，必须用代表该元素在数组位置的下标值来调用。下标值要用方括号括起来。当要显示整个数组的值，可用"*"作为通配符放在下标的位置。调用数组元素格式如下所示。

${ 数组名 [ 下标 ]}

数组的取值如示例代码 CORE0804 所示。

---
**示例代码 CORE0804 数组的取值**

array=(1 3 5 7 9)
echo ${array[*]}
echo ${array[3]}
echo ${array[4]}

---

结果如图 8-5 所示。

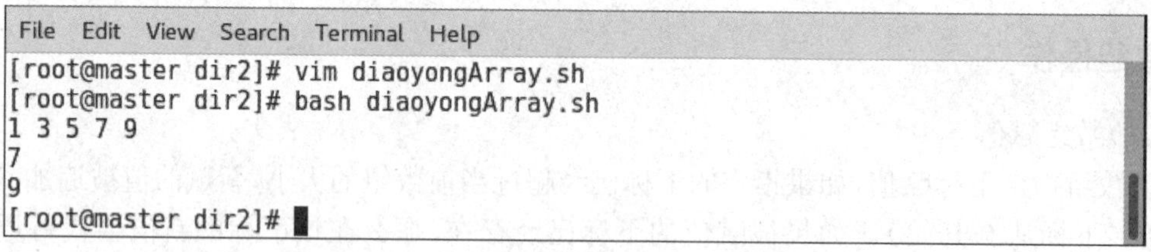

```
[root@master dir2]# vim diaoyongArray.sh
[root@master dir2]# bash diaoyongArray.sh
1 3 5 7 9
7
9
[root@master dir2]#
```

图 8-5　示例代码 CORE0804 运行结果

（3）删除数组
用 unset 命令删除数组中的某个值，其格式如下所示。

---
unset 数组名 [ 下标 ]

---

当要删除整个数组时，可直接写"unset 数组名"。
删除数组如示例代码 CORE0805 所示。

---
**示例代码 CORE0805 删除数组**

array=(1 3 5 7 9)
echo ${array[*]}
unset array[2]
echo ${array[*]}
echo ${array[2]}
unset array
echo ${array[*]}

---

结果如图 8-6 所示。

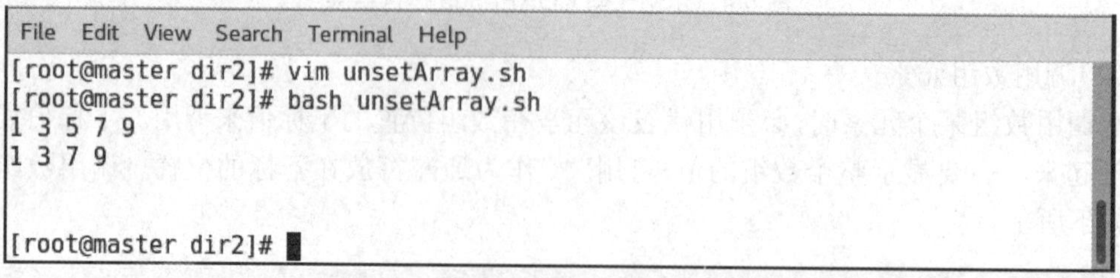

```
[root@master dir2]# vim unsetArray.sh
[root@master dir2]# bash unsetArray.sh
1 3 5 7 9
1 3 7 9


[root@master dir2]#
```

图 8-6　示例代码 CORE0805 运行结果

使用 unset 命令删除某个下标的值，在显示整个数组时，显示值已经被删除，但当专门显示该下标的值时，发现这个位置为空，只是赋的值被删除了而已。

（4）获取数组长度

可使用如下所示格式获取数组长度。

```
变量名 =${# 数组名 [*]} 或 ${# 数组名 [@]}
```

获取数组长度，如示例代码 CORE0806 所示。

示例代码 CORE0806 获取数组长度

```
array=(1 3 5 7 9)
echo ${array[*]}
array_length=${#array[*]}
echo $array_length
echo ${#array[*]}
```

结果如图 8-7 所示。

```
File  Edit  View  Search  Terminal  Help
[root@master dir2]# vim arrayLength.sh
[root@master dir2]# bash arrayLength.sh
1 3 5 7 9
5
5
[root@master dir2]#
```

图 8-7　示例代码 CORE0806 运行结果

（5）分片访问

分片访问指的是访问从指定下标开始到指定下标结束的值。其格式如下所示。

```
${ 数组名 [@ 或 *]: 开始下标 : 结束下标 }
```

当格式为“${ 数组名 [ 下标 ]:n:m}”时，代表取数组中该下标对应的元素，从元素的第 n 个值开始截取 m 个值，在截取时该元素的值是从 0 开始计数。

分片访问，如示例代码 CORE0807 所示。

示例代码 CORE0807 分片访问

```
array=(1 3 5 7 9 "asdf")
echo ${array[*]}
echo ${array[*]:1:4}
echo ${array[5]:2:3}
```

结果如图 8-8 所示。

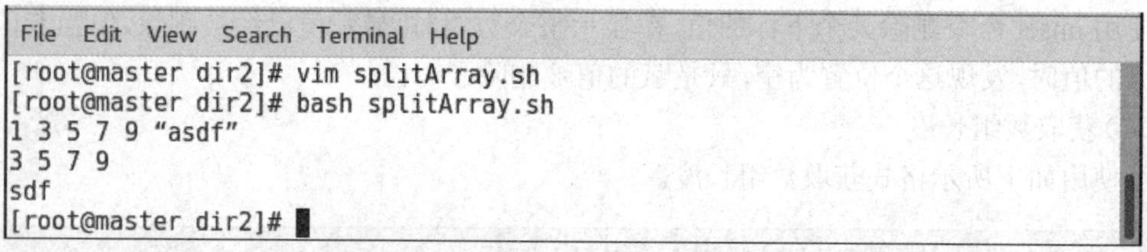

```
File Edit View Search Terminal Help
[root@master dir2]# vim splitArray.sh
[root@master dir2]# bash splitArray.sh
1 3 5 7 9 "asdf"
3 5 7 9
sdf
[root@master dir2]#
```

图 8-8　示例代码 CORE0807 运行结果

（6）模式替换

模式替换是指把数组中的旧值替换为新值，其格式如下所示。

${ 数组名 [@ 或 *]/ 旧值 / 新值 }

如示例代码 CORE0808 所示。

示例代码 CORE0808 模式替换

array=(1 3 5 7 9 "asdf")
echo ${array[*]}
${arr_number[@]/3/98}
echo ${array[*]}

结果如图 8-9 所示。

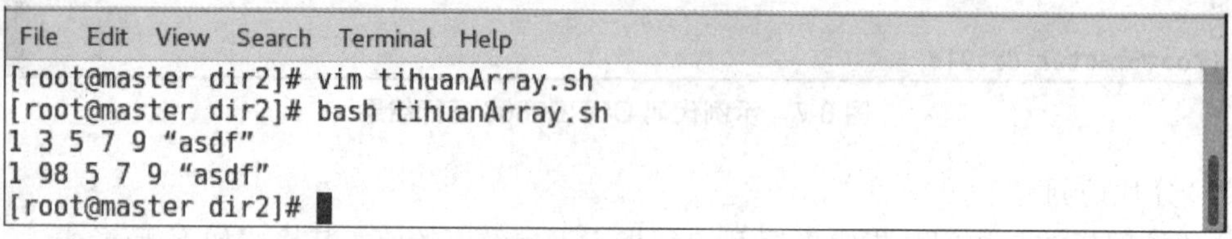

```
File Edit View Search Terminal Help
[root@master dir2]# vim tihuanArray.sh
[root@master dir2]# bash tihuanArray.sh
1 3 5 7 9 "asdf"
1 98 5 7 9 "asdf"
[root@master dir2]#
```

图 8-9　示例代码 CORE0808 运行结果

（7）遍历数组

使用循环遍历数组，如示例代码 CORE0809 所示。

示例代码 CORE0809 循环遍历数组

array=(1 3 5 7 9 "asdf")
for v in ${array[@]}; do
　　echo $v;
done

结果如图 8-10 所示。

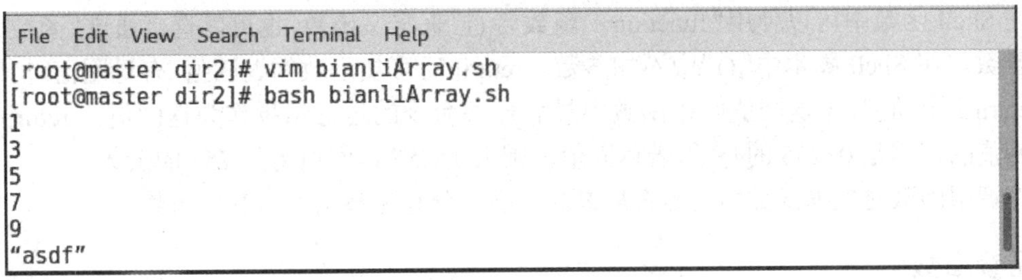

```
File  Edit  View  Search  Terminal  Help
[root@master dir2]# vim bianliArray.sh
[root@master dir2]# bash bianliArray.sh
1
3
5
7
9
"asdf"
```

图 8-10　示例代码 CORE0809 运行结果

## 技能点二　函数

### 1　函数简介

Shell 脚本可以作为一种编程语言来使用，大部分的编程语言都有函数，Shell 也不例外。但是，由于 Shell 是一个解释器，所以它不能对程序进行编译，而是在从磁盘加载程序时对程序进行解释，而程序的加载和解释都是非常耗时的。为了解决这个问题，许多 Shell 都包含了函数，Shell 把这些函数放在内存中，这样每次执行函数时就不必再从磁盘读入。Shell 以一种内部格式来存放这些函数，这样就不必耗费大量的时间来解释函数。

虽然在 Shell 中函数并非是必须的编程元素，但是通过使用函数，可以更好地组织程序。将一些相对独立的代码变成函数，可以提高程序的可读性和重用性。避免重复编写大量相同的代码。

Linux Shell 可以定义的函数在 Shell 脚本中可以实时调用。Shell 中函数的定义格式如下两种。

格式一如下所示。

```
[ function ] 函数名 ()
{
    action
    [return int]
}
```

格式二如下所示。

```
function 函数名 {
    action
    [return int]
}
```

在 Shell 函数中可以使用"function + 函数名 ()"来定义函数,也可以直接通过"函数名 ()"定义函数。在 Shell 脚本中"()"中不加参数。return 后可加函数的返回值,有返回值时其格式为"return 返回值",无返回值时以函数中最后一条命令的运行结果作为返回值。return 后跟的返回值的范围是 0~255 的整数,若返回值范围大于 255 返回值为除 256 的余数。

在调用函数时根据函数名后是否加参数将函数分为无参函数与有参函数。

### 2 无参函数

无参函数可直接调用实现某些功能。在调用无参函数时直接写函数名即可,后面不加参数。根据是否有返回值将无参函数分为不带 return 与带 return 两种情况,如下所示。

(1) 无返回值的函数

无返回值的函数,如示例代码 CORE0810 所示。

---

**示例代码 CORE0810 无返回值的函数**

```
first(){
    echo " The first shell function "  # 第一个 Shell 函数
}
echo "----- function begins to execute -----"  # 函数开始
first
echo "----- function execution -----"  # 函数结束
```

---

结果如图 8-11 所示。

```
File  Edit  View  Search  Terminal  Help
[root@master dir2]# vim first.sh
[root@master dir2]# bash first.sh
----- function begins to execute -----
 The first shell function
----- function execution -----
[root@master dir2]#
```

图 8-11　示例代码 CORE0810 运行结果

由示例代码 CORE0810 与其结果可知,函数编写在脚本中,与其他命令一起存储,但是函数必须定义在脚本的最开始部分,然后在定义函数之后调用或者在其他脚本中引用这些定义的函数。

调用了函数的脚本的执行过程:自上而下执行,但当遇到函数时,会先加载函数,当函数被调用时才会被执行。

函数名必须是唯一的,如果对函数进行了重定义,新定义的函数会覆盖原来的函数。重定义函数如示例代码 CORE0811 所示。

---

**示例代码 CORE0811 重定义函数**

```
function function1 {
  echo "the first function"
```

```
}
function function1 {
  echo "the overlay function"
}
function1
```

结果如图 8-12 所示。

```
[root@master ~]# vim chongdingyiFunction.sh
[root@master ~]# bash chongdingyiFunction.sh
the overlay function
[root@master ~]#
```

图 8-12　示例代码 CORE0811 运行结果

（2）有返回值的函数

有返回值的函数有 return 语句，且函数返回值小于 255。

定义一个函数实现先后输入的两个数相加的功能，如示例代码 CORE0812 所示。

示例代码 CORE0812 定义函数并实现数值相加

```
firstWithReturn(){
    echo " This function adds two numbers to the input"
    echo " Enter the first number:"
    read aNum
    echo " Enter second numbers: "
    read anotherNum
    echo " The two numbers are $aNum and $anotherNum!"
    return $(($aNum+$anotherNum))
}
firstWithReturn
echo " The sum of the two input numbers is $? !"
```

结果如图 8-13 所示。

```
[root@master dir2]# vim firstWithReturn.sh
[root@master dir2]# bash firstWithReturn.sh
 This function adds two numbers to the input
 Enter the first number:
24
 Enter second numbers:
35
 The two numbers are 24 and 35!
 The sum of the two input numbers is 59 !
[root@master dir2]#
```

图 8-13　示例代码 CORE0812 运行结果

函数返回值在调用该函数后通过 $? 来获得。

当 return 返回值大于 255 时。在一个函数中定义两个数使它们相加之和大于 255，如示例代码 CORE0813 所示。

---

示例代码 CORE0813 相加大于 255

```
returnBig1(){
aNum=255
anotherNum=1
    return $(($aNum+$anotherNum))  # 函数 returnBig1() 中的返回值
}
returnBig2(){
aNum=256
anotherNum=1
    return $(($aNum+$anotherNum))  # 函数 returnBig2() 中的返回值
}
returnBig1
echo " The sum of the two input numbers is $? !"  # 输出函数 returnBig1() 中的返回值
returnBig2
echo " The sum of the two input numbers is $? !"  # 输出函数 returnBig2() 中的返回值
```

---

结果如图 8-14 所示。

```
[root@master dir2]# vim returnBig.sh
[root@master dir2]# bash returnBig.sh
 The sum of the two input numbers is 0 !
 The sum of the two input numbers is 1 !
[root@master dir2]#
```

图 8-14 示例代码 CORE0813 运行结果

### 3 有参函数

有参函数是指在调用函数时向函数传递参数。在函数体内部，通过"$n"的形式来获取参数的值（当 n ≥ 10 时，需要使用"${n}"来获取参数），其中 n 表示第几个参数，例如，$1 表示第一个参数，$2 表示第二个参数……

在调用函数时为函数传入参数，在函数中输出指定参数的值，并验证当 n ≥ 10 时，需要使用"${n}"来获取参数，如示例代码 CORE0814 所示。

---

示例代码 CORE0814 有参函数示例

```
functionWithParam(){
    echo " The first parameter is $1"  # 获取第一位参数的值
    echo " The second parameter is $2!"
```

```
    echo " The tenth parameter is $10!"   # 当 n>=10 时,需要使用"${n}"来获取参数
    echo " The tenth parameter is ${10} !"
    echo " The eleventh parameter is ${11}!"
    echo " Output all parameter $*!"
}
functionWithParam 1 2 3 4 5 6 7 8 9 34 73
```

结果如图 8-15 所示。

```
[root@master dir2]# vim functionWithParam.sh
[root@master dir2]# bash functionWithParam.sh
 The first parameter is 1
 The second parameter is 2!
 The tenth parameter is 10!
 The tenth parameter is 34 !
 The eleventh parameter is 73!
 Output all parameter 1 2 3 4 5 6 7 8 9 34 73!
[root@master dir2]#
```

图 8-15　示例代码 CORE0814 运行结果

可以用如表 8-1 所示的字符组合处理传入的参数。

表 8-1　字符组合

| 字符组合 | 说明 |
| --- | --- |
| $# | 传递到脚本的参数个数 |
| $* | 以一个单字符串显示所有向脚本传递的参数 |
| $$ | 脚本运行的当前进程 ID 号 |
| $! | 后台运行的最后一个进程的 ID 号 |
| $@ | 与 $* 相同,但是使用时加引号,并在引号中返回每个参数 |
| $- | 显示 Shell 使用的当前选项,与 set 命令功能相同 |
| $? | 显示最后命令的退出状态。0 表示没有错误,其他任何值表明有错误 |

使用如表 8-1 所示的字符组合处理参数,如示例代码 CORE0815 所示。

示例代码 CORE0815 处理组合函数

```
functionWithParam(){
    echo " The total parameter is $#"   # 输出参数个数
    echo " All of parameter is $*!"    # 输出参数
}
functionWithParam 1 2 3 4 5 6 7 8 9 34 73
```

结果如图 8-16 所示。

```
File Edit View Search Terminal Help
[root@master ~]# vim param.sh
[root@master ~]# bash param.sh
 The total parameter is 11
 All of parameter is 1 2 3 4 5 6 7 8 9 34 73!
[root@master ~]#
```

图 8-16　示例代码 CORE0815 运行结果

## 4　函数与数组

（1）向函数传数组参数

在向脚本函数传递数组变量时，将数组变量当作单个参数传递的话，它不会起作用。如示例代码 CORE0816 所示。

---

**示例代码 CORE0816　向函数传数组参数**

function test1 {
　echo "The parameters are: $@"　# 输出数组元素
　thisarray=$1
　echo "The received array is ${thisarray[*]}"　# 接受到的数组
}
myarray=(1 2 3 4 5)
echo "The original array is: ${myarray[*]}"　# 输出数组元素
test1 $myarray　# 将数组传入函数

---

结果如图 8-17 所示。

```
File Edit View Search Terminal Help
[root@master dir2]# vim arrayToFunction.sh
[root@master dir2]# bash arrayToFunction.sh
The original array is: 1 2 3 4 5
The parameters are: 1
The received array is 1
[root@master dir2]#
```

图 8-17　示例代码 CORE0816 运行结果

如果将数组变量作为函数参数，函数只会取数组变量的第一个值。而将该数组变量的值分解成单个的值，才可以作为函数参数使用。

在函数内部，可以将所有的参数重新组合成一个新的变量。如示例代码 CORE0817 所示。

---

**示例代码 CORE0817　将参数组合成新变量**

function testit {
　local newarray
　newarray=("$@")
　echo "The new array value is: ${newarray[*]}"　# 利用函数输出数组元素

```
}
myarray=(1 2 3 4 5)
echo "The original array is ${myarray[*]}"  # 输出数组元素
testit ${myarray[*]}  # 将数组传入函数
```

结果如图 8-18 所示。

```
[root@master ~]# cd dir2
[root@master dir2]# vim arrayToFunction1.sh
[root@master dir2]# bash arrayToFunction1.sh
The original array is 1 2 3 4 5
The new array value is: 1 2 3 4 5
[root@master dir2]#
```

图 8-18  示例代码 CORE0817 运行结果

该脚本用 $myarray 变量来保存所有的数组元素,然后将它们都放在函数的命令行上。该函数随后从命令行参数中重建数组变量。在函数内部,重建的数组仍然可以像其他数组一样使用。如示例代码 CORE0818 所示。

示例代码 CORE0818 在函数内部使用数组
```
function addarray {
    local sum=0
    local newarray
    newarray=($(echo "$@"))  # 将传入的数组元素赋到新数组中
    for value in ${newarray[*]}  # 遍历数组
do
    sum=$[ $sum + $value ]
done
    echo $sum
}
myarray=(1 2 3 4 5)
echo "The original array is: ${myarray[*]}"  # 输出数组
arg1=$(echo ${myarray[*]})
result=$(addarray $arg1)
echo "The result is $result"
```

结果如图 8-19 所示。

addarray 函数会遍历所有的数组元素,将它们累加在一起。可以在 myarray 数组变量中放置任意多的值,addarry 函数会将它们都加起来。

(2)从函数返回数组

从函数里向 Shell 脚本传回数组变量也用类似的方法。函数用 echo 语句来按正确顺序输出单个数组值，然后脚本再将它们重新放进一个新的数组变量中。如示例代码 CORE0819 所示。

```
File Edit View Search Terminal Help
[root@master dir2]# vim arrayToFunction2.sh
[root@master dir2]# bash arrayToFunction2.sh
The original array is: 1 2 3 4 5
The result is 15
[root@master dir2]#
```

图 8-19　示例代码 CORE0818 运行结果

示例代码 CORE0819 从函数返回数组

```
function arrayFunction {  #利用函数返回传入的数组
  origArray=($(echo "$@"))
  newArray=($(echo "$@"))
  elements=$[ $# - 1 ]
  for (( i = 0; i <= $elements; i++ ))
do
  newarray[$i]=$[ ${origArray[$i]} * 2 ]
done
  echo ${newarray[*]}   #输出新数组
}
myarray=(1 2 3 4 5)
echo "The original array is: ${myarray[*]}"
arg1=$(echo ${myarray[*]})  #将数组的元素赋给 arg1
result=($(arrayFunction $arg1))
echo "The new array is: ${result[*]}"
```

结果如图 8-20 所示。

```
File Edit View Search Terminal Help
[root@master ~]# bash functionToArray.sh
The original array is: 1 2 3 4 5
The new array is: 2 4 6 8 10
[root@master ~]#
```

图 8-20　示例代码 CORE0819 运行结果

该脚本用 $arg1 变量将数组值传给 arrayFunction 函数。arrayFunction 函数将该数组重组到新的数组变量中，生成该输出数组变量的一个副本。然后对数据元素进行遍历，将每个元素值翻倍，并将结果存入函数中该数组变量的副本。arrayFunction 函数使用 echo 语句来输出每个数组元素的值。脚本用 arrayFunction 函数的输出来重新生成一个新的数组变量。

## 5　函数库

使用函数可以在脚本中省去一些输入工作，但当遇到要在多个脚本中使用同一段代码时，为了使用一次而在每个脚本中都定义同样的函数太过麻烦。在 Bash Shell 中可以把某些常用的功能，另外存放在一些独立的文件中，这些文件就称为"函数库"。Shell 脚本缺乏第三方函数库，所以在很多时候需要系统管理人员根据实际工作的需要自行开发。

创建函数库的步骤如下所示。

第一步：创建一个包含脚本中所需函数的公用库文件。

创建一个函数库，定义了几个简单的函数，然后调用该函数库，实现一些功能。如示例代码 CORE0820 所示。

```
示例代码 CORE0820 常见函数公用库文件
function addem {
echo $[ $1 + $2 ]
}
function multem {
echo $[ $1 * $2 ]
}
function divem {
if [ $2 -ne 0 ]
then
echo $[ $1 / $2 ]
else
echo -1
fi
}
```

第二步：使用函数库的函数。和环境变量一样，Shell 函数仅在定义它的 Shell 会话内有效。如果在 Shell 命令行界面的提示符下运行该 Shell 脚本，将会创建一个新 Shell 并在其中运行这个脚本，会为新 Shell 定义这三个函数。但是，当运行另外一个要用这些函数的脚本时，它们无法被使用。这同样适用于脚本，如果像普通脚本文件那样运行库文件，函数并不会出现在脚本中。如示例代码 CORE0821 所示。

```
示例代码 CORE0821 使用函数库函数
result=$(addem 10 15)
echo "The result is $result"
```

运行结果如图 8-21 所示。

```
File  Edit  View  Search  Terminal  Help
[root@master ~]# vim hanshukuFunction.sh
[root@master ~]# vim yingyong.sh
[root@master ~]# bash yingyong.sh
yingyong.sh: line 1: addem: command not found
The result is
[root@master ~]#
```

图 8-21  示例代码 CORE0821 运行结果

在使用函数库时需要用到 source 命令。由于 source 命令会在当前 Shell 中执行命令,而不是创建一个新 Shell,所以,可以使用 source 命令在 Shell 脚本中运行函数库中的函数。source 命令后要加上函数库的路径,当 hanshukuFunction.sh 库文件和 Shell 脚本位于同一目录时,需要用到"./ hanshukuFunction.sh";如果不是,则需要使用相应路径来访问该文件。用 hanshukuFunction.sh 库文件创建脚本如示例代码 CORE0822 所示。

示例代码 CORE0822 使用 hanshukuFunction.sh 库文件创建脚本

```
source /root/hanshukuFunction.sh    # 调用函数库
value1=10
value2=5
result1=$(addem $value1 $value2)    # 调用函数库中的 addem 函数
result2=$(multem $value1 $value2)   # 调用函数库中的 multem 函数
result3=$(divem $value1 $value2)    # 调用函数库中的 divem 函数
echo "The result of adding them is: $result1"
echo "The result of multiplying them is: $result2"
echo "The result of dividing them is: $result3"
```

结果如图 8-22 所示。

```
File  Edit  View  Search  Terminal  Help
[root@master ~]# pwd hanshukuFunction.sh
/root
[root@master ~]# vim yingyong2.sh
[root@master ~]# bash yingyong2.sh
The result of adding them is: 15
The result of multiplying them is: 50
The result of dividing them is: 2
[root@master ~]#
```

图 8-22  示例代码 CORE0822 运行结果

## 6  递归函数

由于局部变量自成体系,所以除了从脚本命令行处获得的变量外,自成体系的函数不需要使用任何外部资源,这个特性使得函数可以递归地调用。函数调用自己从而得到结果,称为递归函数。通常递归函数都有一个最终可以迭代到的值。

递归函数可以实现许多比较复杂的功能,例如,在数学中的经典计算的公式阶乘的计算就是使用递归函数来实现。以 10 的阶乘为例，可以用如下所示方程表示。

```
10! = 1 * 2 * 3 * 4 * 5 *6*7*8*9*10=3 628 800
```

使用递归，方程可以简化成如下所示形式。

```
x! = x * (x-1)!
```

即，x 的阶乘等于 x 乘以 x-1 的阶乘。如示例代码 CORE0823 所示。

示例代码 CORE0823 递归函数

```
function factorial {
  if [ $1 -eq 1 ]   # 判断值是否为 1
then
  echo 1
else
  local temp=$[ $1 - 1 ]  # 不为 1 时值减 1
  local result=$(factorial $temp)
  echo $[ $result * $1 ]   # 用前一个数乘以减去 1 的值
fi
}
read -p "Enter value: " value
result=$(factorial $value)
echo "The factorial of $value is: $result"
```

结果如图 8-23 所示。

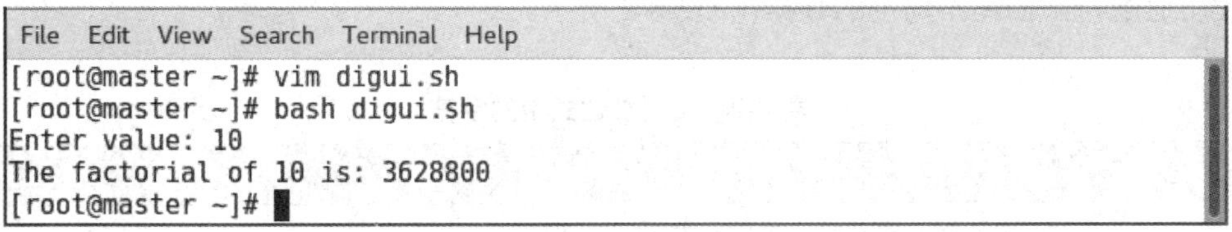
File Edit View Search Terminal Help
[root@master ~]# vim digui.sh
[root@master ~]# bash digui.sh
Enter value: 10
The factorial of 10 is: 3628800
[root@master ~]#

图 8-23　示例代码 CORE0823 运行结果

# 技能点三　正则表达式

## 1　正则表达式简介

正则表达式是用某种模式去匹配由一串字符和元字符构成的字符串的公式。如果数据匹配正则表达式的公式,它就会被接受并进一步处理;如果数据不匹配公式,它就会被滤掉。其过程如图 8-24 所示。

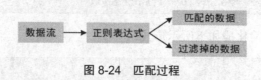

图 8-24 匹配过程

在 Linux 中的不同应用程序可能会用到不同类型的正则表达式。这其中包括编程语言(Java、Perl 和 Python)、Linux 实用工具(比如 sed 编辑器、gawk 程序和 grep 工具)以及主流应用(比如 MySQL 和 PostgreSQL 数据库服务器)。

正则表达式是通过正则表达式引擎(regular expression engine)实现的。正则表达式引擎是一套底层软件,负责解释正则表达式模式并使用这些模式进行文本匹配。在 Linux 中,有如下所示两种流行的正则表达式引擎。

● POSIX 基础正则表达式(basic regular expression,BRE)引擎:通常出现在依赖正则表达式进行文本过滤的编程语言中。它为常见模式提供了高级模式符号和特殊符号,比如匹配数字、单词以及按字母排序的字符。

● POSIX 扩展正则表达式(extended regular expression,ERE)引擎:gawk 程序使用该引擎来处理它的正则表达式模式。

大多数 Linux 工具都至少符合 POSIX BRE 引擎规范,能够识别该规范定义的所有模式符号。但是也有些工具(比如 Sed 编辑器)只符合了 BRE 引擎规范的子集。这是出于速度方面的考虑导致的,因为 Sed 编辑器希望能尽可能快地处理数据流中的文本。

在示例代码中有很多字符,正则表达式中的字符都有其特殊的含义。

## 2 符号的含义

正则表达式模式利用通配符来描述数据流中的一个或多个字符。Linux 中有很多场景都可以使用通配符来描述不确定的数据,如表 8-2 所示。

表 8-2 正则表达式中的字符

| 字 符 | 含 义 |
| --- | --- |
| . | 匹配除换行符之外的任意一个字符 |
| * | 匹配前一个字符 0 次或任意多次 |
| \{n,m\} | 匹配前面的字符 n 到 m 次 |
| ^ | 匹配开头的字符 |
| $ | 匹配结尾的字符 |
| [ ] | 匹配方括号内出现的任一字符 |
| \ | 转义字符 |
| \< 和 \> | 用于界定单词的左边界和右边界 |
| \d | 匹配一个数字,相当于 [0-9](使用时需要 -P 参数) |

| 字　符 | 含　义 |
|---|---|
| \b | 匹配单词的边界 |
| \B | 匹配非单词的边界 |
| \w | 匹配字母、数字和下划线，相当于 [A-Za-z0-9] |
| \W | 匹配非字母、非数字、非下划线，相当于 [^A-Za-z0-9] |
| \n | 匹配一个换行符 |
| \r | 匹配一个回车符 |
| \t | 匹配一个制符表 |
| \f | 匹配一个换页符 |
| \s | 匹配任何空白字符 |
| \S | 匹配任何非空白字符 |

正则表达式案例如示例代码 CORE0824 所示。

示例代码 CORE0824 正则表达式

```
echo -n "please input date:"
read date
n=`echo $date | egrep "^[0-9]{4}-[0-9]{1,2}-[0-9]{1,2}$"|wc -l`  # 匹配日期，并输出行数
if (( $n!=0 ));then
    echo "date format is effective!" # 匹配成功
else
    echo "date format is invalid!" # 匹配失败
fi
```

结果如图 8-25 所示。

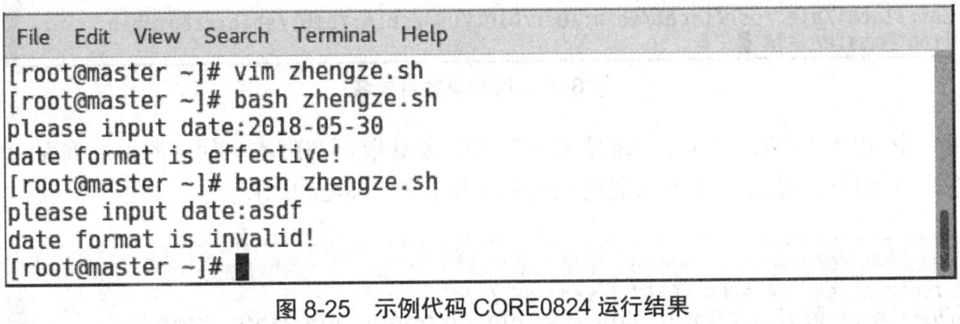
File Edit View Search Terminal Help
[root@master ~]# vim zhengze.sh
[root@master ~]# bash zhengze.sh
please input date:2018-05-30
date format is effective!
[root@master ~]# bash zhengze.sh
please input date:asdf
date format is invalid!
[root@master ~]#

图 8-25　示例代码 CORE0824 运行结果

扩展的正则表达式一定是针对基础正则表达式的一些补充，比基础正则表达式多几个重要的符号，在使用的时候需要使用 egrep 命令，如表 8-3 所示。

表 8-3 正则表达式的扩展符

| 符 号 | 含 义 |
|---|---|
| ? | 匹配前一个字符 0 次或 1 次 |
| + | 匹配前一个字符至少出现一次 |
| \| | 相当于"或" |
| () | 通常与 \| 联合使用,用于枚举一系列可替换的字符 |
| {} | 为可重复的正则表达式指定一个上限 |

扩展的正则表达式的运行如图 8-26 所示。

```
File Edit View Search Terminal Help
[root@master ~]# echo "bt" | gawk '/be?t/{print $0}'
bt
[root@master ~]# echo "bet" | gawk '/be+t/{print $0}'
bet
[root@master ~]# echo "bet" | gawk --re-interval '/be{1}t/{print $0}'
bet
[root@master ~]#
```

图 8-26 扩展的正则表达式

## 3 应用场景

正则表达式在编程中常被应用于测试字符串的模式,下面通过目录文件计数、解析邮件地址这两个实例来应用正则表达式。

(1) 目录文件计数

一个 Shell 脚本会对 PATH 环境变量中定义的目录里的可执行文件进行计数。其步骤如下所示。

第一步:将 PATH 变量解析成单独的目录名,如图 8-27 所示。

```
File Edit View Search Terminal Help
[root@master ~]# echo $PATH
/usr/local/bin:/usr/local/sbin:/usr/bin:/usr/sbin:/bin:/sbin:/root/bin
[root@master ~]#
```

图 8-27 解析单独目录名

第二步:由于 PATH 中的每个路径由":"分隔,要获取可在脚本中使用的目录列表,就必须用空格来替换冒号,使用 Sed 编辑器完成替换工作。如图 8-28 所示。

```
File Edit View Search Terminal Help
[root@master ~]# echo $PATH | sed 's/:/ /g'
/usr/local/bin /usr/local/sbin /usr/bin /usr/sbin /bin /sbin /root/bin
[root@master ~]#
```

图 8-28 替换

第三步:使用 for 循环遍历每个目录。如示例代码 CORE0825 所示。

示例代码 CORE0825 使用 for 循环遍历目录

```
mypath=$(echo $PATH | sed 's/:/ /g')
for directory in $mypath
do
...
done
```

第四步：使用 ls 命令列出每个目录中的文件，并用另一个 for 语句来遍历每个文件，为文件计数器增值。如示例代码 CORE0826 所示。

示例代码 CORE0826 for 循环并计数

```
mypath=$(echo $PATH | sed 's/:/ /g')
count=0
for directory in $mypath
do
  check=$(ls $directory)
  for item in $check
  do
     count=$[ $count + 1 ]
  done
     echo "$directory - $count"
     count=0
done
```

结果如图 8-29 所示。

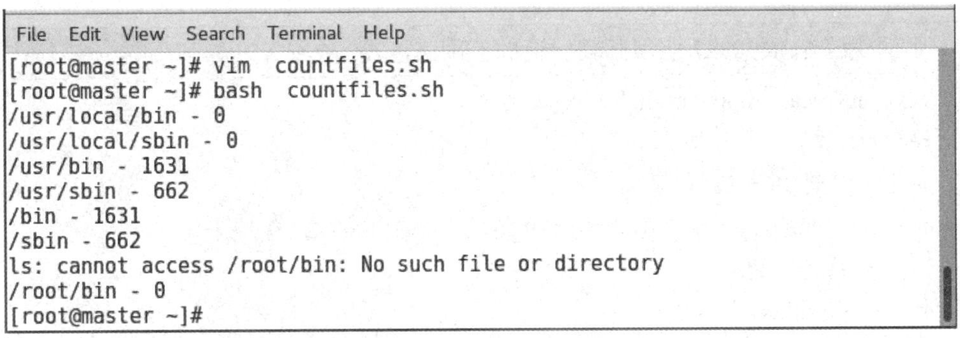
File Edit View Search Terminal Help
[root@master ~]# vim  countfiles.sh
[root@master ~]# bash  countfiles.sh
/usr/local/bin - 0
/usr/local/sbin - 0
/usr/bin - 1631
/usr/sbin - 662
/bin - 1631
/sbin - 662
ls: cannot access /root/bin: No such file or directory
/root/bin - 0
[root@master ~]#

图 8-29　示例代码 CORE0826 运行结果

（2）解析邮件地址

如今，电子邮件地址已经成为一种重要的通信方式。由于邮件地址的形式众多，验证邮件地址成为脚本程序员的一个不小的挑战。邮件地址的基本格式如下所示。

> username@hostname

其中，username 值可由字母、数字、字符、点号、单破折线、加号、下划线以任意组合形式构成。hostname 部分由一个或多个域名和一个服务器名组成，服务器名和域名也必须遵照严格的命名规则，只允许字母、数字字符、点号、下划线构成。服务器名和域名都用点分隔，先指定服务器名，紧接着指定子域名，最后是后面不带点号的顶级域名。

从左侧的 username 开始构建邮箱的正则表达式模式，username 部分的模式如下所示。

> ^([a-zA-Z0-9_\-\.\+]+)@

这个分组指定了用户名中允许的字符，加号表明必须有至少一个字符。
hostname 模式使用同样的方法来匹配服务器名和子域名。模式如下所示。

> ([a-zA-Z0-9_\-\.]+)

这个模式可以匹配文本。

对于顶级域名，有一些特殊的规则。顶级域名只能是字母字符，必须不少于二个字符（国家或地区代码中使用），并且长度上不得超过五个字符。顶级域名的正则表达式模式如下所示。

> \.([a-zA-Z]{2,5})$

将以上所有整个模式放在一起会生成如下所示的完整的模式。

> ^([a-zA-Z0-9_\-\.\+]+)@([a-zA-Z0-9_\-\.]+)\.([a-zA-Z]{2,5})$

这个模式会从数据列表中过滤掉那些格式不正确的邮件地址。
实现邮箱验证的正则表达式如示例代码 CORE0827 所示。

**示例代码 CORE0827 实现邮箱验证的正则表达式**

```
echo -n "please input email:"
read email
# 匹配日期,并输出行数
n=`echo $email | egrep "^([a-zA-Z0-9_\-\.\+]+)@([a-zA-Z0-9_\-\.]+)\.([a-zA-Z]{2,5})$"|wc -l`
if [ $n!= 0 ];then
    echo " Your email address is $email"
else
    echo "Your email address false"
fi
```

结果如图 8-30 所示。

```
File  Edit  View  Search  Terminal  Help
[root@master ~]# vim youxiang.sh
[root@master ~]# bash youxiang.sh
please input email:1234
Your email address false
[root@master ~]# bash youxiang.sh
please input email:1234@qq.com
 Your email address is 1234@qq.com
[root@master ~]# 
```

图 8-30　示例代码 CORE0827 运行结果

# 技能点四　自动化

## 1　自动化简介

Linux 系统的 Web 网站在运营状态时，常需要对网站进行维护，例如查看资源剩余并做出响应、日志分割、数据整理、在特定状态执行特定任务等，这些都会需要 Linux 能实现自动执行某些任务。实现 Linux 自动化有如下优点。

- 节省人力，一个脚本即可完成原来需要多次输入的命令。
- 在夜晚自动执行可以避开网站流量高峰期，不影响网站白天的效率。
- 准确，设置完善的情况下，不会出差错。
- 不需要频繁的输入某些命令，才能执行所需功能。

## 2　任务管理

任务是一个逻辑概念，通常一个任务就是程序的一次运行，一个任务包含若干个完成独立功能的子任务，即是进程或线程。例如 QQ 的一次运行就是一个任务。

在日常生活中有很多事情是有规律可言的，例如每天闹钟响的时间、每年一次的生日、每年都要过得各种节日等。当然还有一些突发性事件，例如 QQ 上突然有人给你发消息、突然有人叫你去干某件事等。在 Linux 中处理周期性任务的命令为 cron，处理只在特点时间执行的命令为 at。

常用的任务管理命令有 at、cron 等

（1）at 实现定时任务

at 命令能实现一个简单的定时任务程序，它只能进行一次性的定时任务，其格式如下。

```
at [ 选项 ] time
```

常用的选项如表 8-4 所示。

表 8-4　act 命令常用选项

| 选　项 | 说　明 |
| --- | --- |
| -l | 显示用户的计划任务 |
| -d | 清空计划任务 |
| -c | 查看特定的计划任务 |
| -f FILE | 从文件中读取计划任务命令 |

at 命令的常见用法如下所示。

```
#at time              #at 加时间启动 at 命令
at>operation          # 输入要执行的操作
at>Ctrl+D             # 按 Ctrl+D 退出命令编辑
```

time 的常见形式如下所示。

```
at H:m tomorrow       # 第二天的 H 点 m 分
at now + n minutes/hours/days/weeks  # 在 n 分 / 时 / 天 / 周后
at midnight           # 在午夜 =-=
at H:m pm/am          # 在当天上午 / 下午的 H 点 m 分
```

也可以在"/var/spool/at"文件中查看 at 的当前任务。还需要注意的是，linux 默认 atd 进程关闭状态，需要手动打开

（2）crontab 实现定时任务

cron 是一个 linux 下的定时执行工具，可以在无须人为干预的情况下定时地执行任务，它由 crond 进程和一组表（crontab 文件）组成。

crond 进程是 linux 下用来周期性地执行某种任务或等待处理某些事件的一个守护进程（守护进程是一种后台进程）。

crontab 文件定义了每小时、每天、每周、每月的任务。每个用户都有一个以用户名命名的 crontab 文件，存放在 /var/spool/cron/crontabs 目录里，但在一个较大的系统中，系统管理员一般只会在整个系统保留一个这样的文件。管理员可以通过编辑 /etc/ 下面的 cron.deny 和 cron.allow 这两个文件来禁止或允许用户拥有自己的 crontab 文件。

用户所建立的 crontab 文件中，每一行都代表一项任务，每行的每个字段代表一项设置，它的格式共分为六个字段，前五段是时间设定段，第六段是要执行的命令段，格式如下所示。

```
minute  hour  day  month  week  command
```

每个字段所代表的含义如表 8-5 所示。

表 8-5　crontab 文件中字段含义

| 字　段 | 含　义 |
| --- | --- |
| minute | 表示分钟，可以是从 0 到 59 之间的任何整数 |
| hour | 表示小时，可以是从 0 到 23 之间的任何整数 |
| day | 表示日期，可以是从 1 到 31 之间的任何整数 |
| month | 表示月份，可以是从 1 到 12 之间的任何整数 |
| week | 表示星期几，可以是从 0 到 7 之间的任何整数，这里的 0 或 7 代表星期日 |
| command | 要执行的命令，可以是系统命令，也可以是自己编写的脚本文件 |

cron 工作原理：crond 守护进程在系统启动时由 init 进程启动，受 init 进程的监视，如果 crond 进程不存在了，会被 init 进程重新启动。这个守护进程每分钟被唤醒一次，并通过检查 crontab 文件判断 crond 守护进程的。

可通过 crontab 命令为任务设置时间，其使用的格式如下所示。

```
crontab [ 选项 ]
```

常用选项如表 8-6 所示。

表 8-6　crontab 命令常用选项

| 选　项 | 说　明 |
| --- | --- |
| -e | 编辑 crontab 定时任务 |
| -l | 查询 crontab 任务 |
| -r | 删除当前用户所有的 crontab 任务 |

## 技能点五　Linux 日志系统

日志记录了系统每天发生的所有事情，用户可以通过它来检查错误发生的原因，或者在受到攻击时寻找攻击者留下的痕迹，日志对于系统的安全来说非常重要。日志的主要功能是审计和监测。监测可以实时地监测系统状态、监测和追踪侵入者。

在 Linux 中日志一般都在"/var/log"目录下，具体如图 8-31 所示。

```
File Edit View Search Terminal Help
[root@master ~]# ls /var/log
anaconda              grubby_prune_debug    secure-20180528
audit                 lastlog               secure-20180603
boot.log              libvirt               speech-dispatcher
boot.log-20180530     maillog               spooler
boot.log-20180531     maillog-20180514      spooler-20180514
boot.log-20180601     maillog-20180522      spooler-20180522
boot.log-20180603     maillog-20180528      spooler-20180528
boot.log-20180604     maillog-20180603      spooler-20180603
boot.log-20180605     message               sssd
boot.log-20180607     messages              tallylog
btmp                  messages-20180514     tuned
btmp-20180601         messages-20180522     vmware-vgauthsvc.log.0
chrony                messages-20180528     vmware-vmsvc.log
cron                  messages-20180603     vmware-vmusr.log
cron-20180514         ntpstats              wpa_supplicant.log
cron-20180522         pluto                 wtmp
cron-20180528         ppp                   Xorg.0.log
cron-20180603         qemu-ga               Xorg.0.log.old
cups                  rhsm                  Xorg.1.log
dmesg                 sa                    Xorg.1.log.old
dmesg.old             samba                 Xorg.9.log
firewalld             secure                yum.log
gdm                   secure-20180514
glusterfs             secure-20180522
[root@master ~]#
```

图 8-31 /var/log 目录

Linux 系统一般有三个主要的日志子系统:连接时间日志、进程统计日志和错误日志。

(1) 连接时间日志

连接时间日志由多个程序执行,把记录写入到 /var/og/wtmp 和 /var/run/utmp 中。Login 等程序更新 wtmp 和 utmp 文件,使系统管理员能够跟踪对应用户在何时登录到系统。

(2) 进程统计日志

进程统计日志由系统内核执行。当一个进程终止时,为每个进程向统计文件(pacct 或 acct)中写一个记录。进程统计的目的是为系统中的基本服务提供命令使用统计。

(3) 错误日志

错误日志由 sysogd(8)执行。各种系统守护进程、用户程序和内核通过 sysog(3)向文件 /var/og/messages 报告值得注意的事件。另外还有许多 UNIX 类程序创建日志,像 HTTP 和 FTP 这样提供网络服务的服务器也有详细的日志。

Linux 中常见的日志文件如表 8-7 所示。

表 8-7 Linux 中常见日志文件

| 日志文件 | 说 明 |
| --- | --- |
| /var/log/message | 系统启动后的信息和错误日志 |
| /var/log/secure | 与安全相关的日志信息 |
| /var/log/maillog | 与邮件相关的日志信息 |
| /var/log/cron | 与定时任务相关的日志信息 |
| /var/log/spooler | 与 UUCP 和 news 设备相关的日志信息 |
| /var/log/boot.log | 守护进程启动和停止相关的日志消息 |

以"/var/log/secure"日志为例,使用"vim"命令进入该日志,结果如图 8-32 所示。

```
File  Edit  View  Search  Terminal  Help
Jun  3 13:08:28 master gdm-password]: gkr-pam: unlocked login keyring
Jun  3 15:12:16 master gdm-password]: gkr-pam: unlocked login keyring
Jun  3 15:36:52 master gdm-password]: gkr-pam: unlocked login keyring
Jun  4 09:48:15 master polkitd[681]: Loading rules from directory /etc/polkit
-1/rules.d
Jun  4 09:48:15 master polkitd[681]: Loading rules from directory /usr/share/
polkit-1/rules.d
Jun  4 09:48:15 master polkitd[681]: Finished loading, compiling and executin
g 8 rules
Jun  4 09:48:15 master polkitd[681]: Acquired the name org.freedesktop.Policy
Kit1 on the system bus
Jun  4 09:48:24 master sshd[1142]: Server listening on 0.0.0.0 port 22.
Jun  4 09:48:24 master sshd[1142]: Server listening on :: port 22.
Jun  4 09:48:32 master gdm-launch-environment]: pam_unix(gdm-launch-environme
nt:session): session opened for user gdm by (uid=0)
Jun  4 09:48:44 master polkitd[681]: Registered Authentication Agent for unix
-session:c1 (system bus name :1.35 [/usr/bin/gnome-shell], object path /org/f
reedesktop/PolicyKit1/AuthenticationAgent, locale en_US.UTF-8)
Jun  4 09:51:13 master gdm-password]: pam_unix(gdm-password:session): session
 opened for user root by (uid=0)
                                                              4,1         Top
```

图 8-32　/var/log/secure 日志内容

其中以标出的一行为例,介绍每列的含义,如表 8-8 所示。

表 8-8　/var/log/secure 日志每列含义

| 列 | 含　义 | 例 |
|---|---|---|
| 第 1、2、3 列 | 时间 | Jun 3 13:08:28 |
| 第 4 列 | 主机名 | master |
| 第 5 列 | 在系统的某个部位出现的安全隐患 | gdm-password]: gkr-pam: unlocked login keyring |

根据图 8-1 所示流程,使用 for 循环与函数方法将日志文件中的内容转化为数组,最后把"/var/log/messages"中的日志逐条重定向到另一个文件中,具体步骤如下所示。

第一步:新建名为"May_05.log"的文件,如示例代码 CORE0828 所示。

| 示例代码 CORE0828 新建文件 |
|---|
| [root@master ~]# vim May_05.log |

结果如图 8-33 所示。

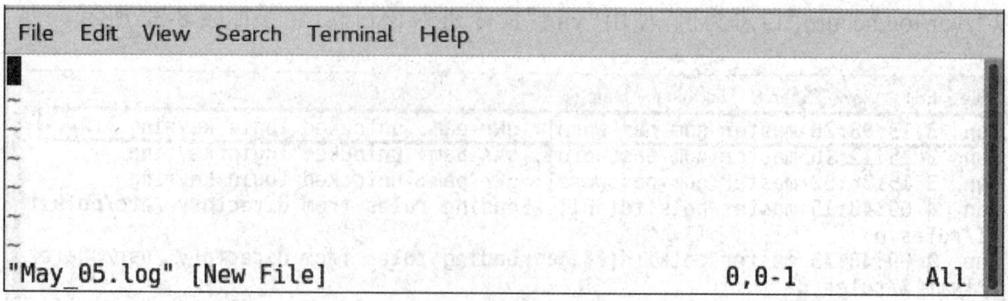

```
File  Edit  View  Search  Terminal  Help
~
~
~
~
~
"May_05.log" [New File]                    0,0-1           All
```

图 8-33　新建空白文件

第二步：创建名为"automation.sh"的文本文件，并声明"/var/log/messages"文件与"May_05.log"文件，如示例代码 CORE0829 所示。

---

示例代码 CORE0829 创建脚本文件并声明文件

date="05"
file="/var/log/messages "
outfile="May_""$date.log"  # May_05.log

---

第三步：使用函数获取"/var/log/messages"的日志文件，如示例代码 CORE0830 所示。

---

示例代码 CORE0830 使用函数获取日志文件

date="05"
file="/var/log/messages "
outfile="May_""$date.log"  # May_05.log
declare lines=0;   #日志文件中剩余的日志条数
function totalLines(){
  result="`wc -l $file`"  # 如果想从命令中获取数据的话，也可以用 $()
  arr=($result)       # 将结果转换为数组
  lines=${arr[0]}     # 获取第 0 个参数的行号
  echo $lines         #用于测试，打印行号
}
totalLines

---

结果如图 8-34 所示。

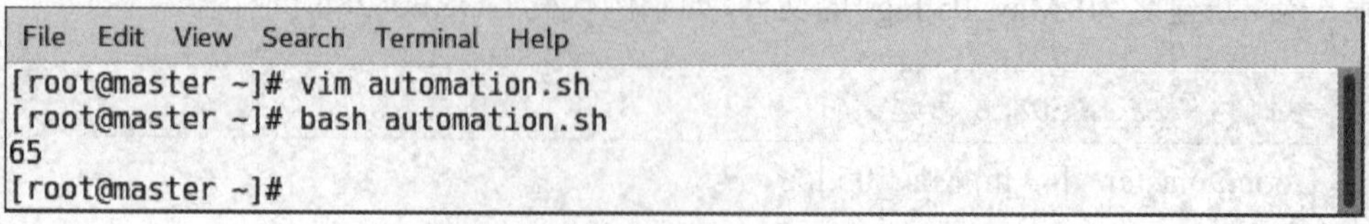

```
File  Edit  View  Search  Terminal  Help
[root@master ~]# vim automation.sh
[root@master ~]# bash automation.sh
65
[root@master ~]#
```

图 8-34　示例代码 CORE0830 运行结果

第四步：使用 for 循环遍历日志，如示例代码 CORE0831 所示。

> **示例代码 CORE0831 使用 for 循环遍历日志**
>
> ```
> date="05"
> file="/var/log/messages "
> outfile="May_""$date.log"  # May_05.log
> declare lines=0;    #日志文件中剩余的日志条数
> function totalLines(){
>   result="`wc -l $file`" #如果想从命令中获取数据的话,也可以用 $()
>   arr=($result)         #将结果转换为数组
>   lines=${arr[0]}       #获取第 0 个参数的行号
> }
> sum=$(($RANDOM%8+8))   #sum 记录了选取的条数
> for((i=0;i<$sum;i++));do
>   totalLines;
>   echo ${i}
> done
> ```

结果如图 8-35 所示。

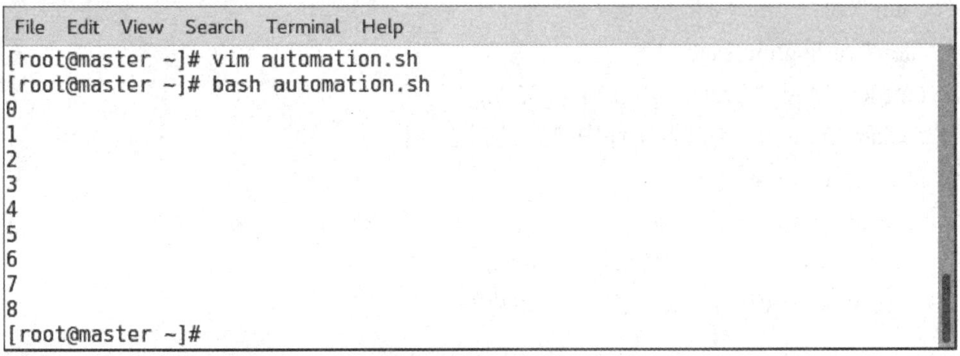

```
[root@master ~]# vim automation.sh
[root@master ~]# bash automation.sh
0
1
2
3
4
5
6
7
8
[root@master ~]#
```

图 8-35　循环遍历日志

第五步：查看"/var/log/messages"中的日志，如示例代码 CORE0832 所示。

> **示例代码 CORE0832 查看日志**
>
> ```
> [root@master ~]# vim /var/log/messages
> ```

结果如图 8-36 所示。

```
File  Edit  View  Search  Terminal  Help
May 28 16:00:01 master systemd: Started Session 45 of user root.
May 28 16:00:01 master systemd: Starting Session 45 of user root.
May 28 16:01:01 master systemd: Started Session 46 of user root.
May 28 16:01:01 master systemd: Starting Session 46 of user root.
May 28 16:10:01 master systemd: Started Session 47 of user root.
May 28 16:10:01 master systemd: Starting Session 47 of user root.
May 28 16:17:14 master kernel: perf: interrupt took too long (10036 > 9812), lowering k
ernel.perf_event_max_sample_rate to 19000
May 28 16:20:02 master systemd: Started Session 48 of user root.
May 28 16:20:02 master systemd: Starting Session 48 of user root.
May 28 16:30:01 master systemd: Started Session 49 of user root.
May 28 16:30:01 master systemd: Starting Session 49 of user root.
May 28 16:40:01 master systemd: Started Session 50 of user root.
May 28 16:40:01 master systemd: Starting Session 50 of user root.
May 28 16:50:01 master systemd: Started Session 51 of user root.
May 28 16:50:01 master systemd: Starting Session 51 of user root.
May 28 17:00:01 master systemd: Started Session 52 of user root.
May 28 17:00:01 master systemd: Starting Session 52 of user root.
May 28 17:01:01 master systemd: Started Session 53 of user root.
May 28 17:01:01 master systemd: Starting Session 53 of user root.
May 28 17:10:01 master systemd: Started Session 54 of user root.
May 28 17:10:02 master systemd: Starting Session 54 of user root.
May 28 17:20:01 master systemd: Started Session 55 of user root.
May 28 17:20:01 master systemd: Starting Session 55 of user root.
May 28 17:30:01 master systemd: Started Session 56 of user root.
"/var/log/messages" 3977L, 382615C                            1,1           Top
```

图 8-36　查看日志

第六步：将"/var/log/messages"中的日志移到"May_05.log"中，如示例代码 CORE0833 所示。

---

**示例代码 CORE0833 日志转移**

```
date="05"
file="/var/log/messages "
outfile="May_""$date.log"  # May_05.log
declare lines=0;   # 日志文件中剩余的日志条数
function totalLines(){
   result="`wc -l $file`" # 如果想从命令中获取数据的话，也可以用 $()
   arr=($result)        # 将结果转换为数组
   lines=${arr[0]}      # 获取第 0 个参数的行号
}
sum=$(($RANDOM%8+8))    #sum 记录了选取的条数
echo "lines has been selected Num:$sum"
echo "before delete: $(wc -l $file)"
for((i=0;i<$sum;i++));do
  totalLines;
  randomline=$(($RANDOM%$lines))
  sed -n "${randomline}p" $file   >> $outfile # 取一条数据追加到 outfile
  sed -i "${randomline}d" $file   # 删除被取出取的那一行
done
echo "after delete: $(wc -l $file)"
echo "selected lines: $(wc -l $outfile)"
```

结果如图 8-37 所示。

```
[root@master ~]# bash automation.sh
lines has been selected Num:15
before delete: 63 /var/log/messages
after delete: 48 /var/log/messages
selected lines: 27 May_05.log
[root@master ~]#
```

图 8-37　示例代码 CORE0833 运行结果

第七步：查看"May_05.log"，如示例代码 CORE0834 所示。

| 示例代码 CORE0834　查看 May_05.log 文件 |
| --- |
| [root@master ~]# vim May_05.log |

结果如图 8-38 所示。

```
May 29 10:24:39 master avahi-daemon[709]: No service file found in /etc/avahi/services.
May 30 13:05:28 master avahi-daemon[709]: Leaving mDNS multicast group on interface ens
37.IPv4 with address 192.168.1.119.
May 29 18:06:05 master gnome-software-service.desktop: 10:06:05:0901 Gs  no app for cha
nged apps-menu@gnome-shell-extensions.gcampax.github.com
May 30 13:20:01 master systemd: Started Session 95 of user root.
May 29 10:24:24 master systemd: Starting system-lvm2\x2dpvscan.slice.
May 29 21:15:08 master NetworkManager[785]: <info>  [1527599708.3985] device (ens37): s
tate change: prepare -> config (reason 'none') [40 50 0]
May 29 13:19:44 master gnome-software-service.desktop: 05:19:44:0235 Gs  no app for cha
nged alternate-tab@gnome-shell-extensions.gcampax.github.com
May 29 10:23:56 master kernel: Performance Events: AMD PMU driver.
~
~
~
~
~
~
~
~
                                                                       1,1         All
```

图 8-38　May_05.log 文件

第八步：查看"/var/log/messages"中的日志，如示例代码 CORE0835 所示。

| 示例代码 CORE0835　查看"/var/log/messages"日志 |
| --- |
| [root@master ~]# vim /var/log/messages |

结果如图 8-39 所示。

图 8-39 示例代码 CORE0835 运行结果

想要了解更多 Shell 脚本编写思路和实例讲解，请扫描下方二维码。

本项目通过对日志的处理介绍了 Shell 编程高级，重点介绍了 Shell 脚本的数组与函数，熟练掌握数组与函数的应用，将 Shell 命令与脚本结合起来，实现脚本自动化管理系统。

| unset | 未定式 | return | 返回 |
| source | 资源 | factorial | 递归 |
| regular | 规律 | expression | 表达 |
| command | 命令 | array | 数组 |

## 一、选择题

(1) 下面格式中哪个可以用来为数组赋值(　　)。
A. 数组名 [ 下标 ]= 值
B. ${ 数组名 [ 下标 ]}
C. unset 数组名 [ 下标 ]
D. 变量名 =${# 数组名 [*]} 或 ${# 数组名 [@]}

(2) 在函数返回值为 278 时返回多少(　　)。
A. 255　　　　　B. 0　　　　　C. 1　　　　　D. 22

(3) 以下对递归函数描述正确的是(　　)。
A. 在别的函数中调用本函数
B. 在本函数中调用自身
C. 在非函数部分调用本函数
D. 在命令行中调用函数

(4) 正则表达式中表示开头的符号是以下哪个(　　)。
A. []　　　　　B. *　　　　　C. ^　　　　　D. $

(5) 在任务管理中 crontab 命令的作用(　　)。
A. 操作 crontab 文件
B. 操作 cron.deny 文件
C. 操作 cron.allow 文件
D. 操作 cron.show 文件

## 二、简答题

(1) 有参函数与无参函数的区别。
(2) 自动化的优点。

## 三、操作题

将日志重定向到一个新文本文件。

# 附 录

**表 1 系统信息**

| 指 令 | 作 用 |
|---|---|
| arch | 显示机器的处理器架构 (1) |
| uname -m | 显示机器的处理器架构 (2) |
| uname -r | 显示正在使用的内核版本 |
| dmidecode -q | 显示硬件系统部件 - (SMBIOS / DMI) |
| hdparm -i /dev/hda | 罗列一个磁盘的架构特性 |
| hdparm -tT /dev/sda | 在磁盘上执行测试性读取操作 |
| cat /proc/cpuinfo | 显示 CPU info 的信息 |
| cat /proc/interrupts | 显示中断 |
| cat /proc/meminfo | 校验内存使用 |
| cat /proc/swaps | 显示哪些 swap 被使用 |
| cat /proc/version | 显示内核的版本 |
| cat /proc/net/dev | 显示网络适配器及统计 |
| cat /proc/mounts | 显示已加载的文件系统 |
| lspci -tv | 罗列 PCI 设备 |
| lsusb -tv | 显示 USB 设备 |
| date | 显示系统日期 |
| cal 2018 | 显示 2018 年的日历表 |
| Date 052111052018.00 | 设置日期和时间 - 月日时分年 . 秒 |
| clock -w | 将时间修改保存到 BIOS |

**表 2 关机（系统的关机、重启以及注销）**

| 指 令 | 作 用 |
|---|---|
| shutdown -h now | 关闭系统 (1) |

续表

| 指 令 | 作 用 |
|---|---|
| init 0 | 关闭系统 (2) |
| telinit 0 | 关闭系统 (3) |
| shutdown -h hours:minutes & | 按预定时间关闭系统 |
| shutdown -c | 取消按预定时间关闭系统 |
| shutdown -r now | 重启 (1) |
| reboot | 重启 (2) |
| logout | 注销 |

**表 3　文件和目录**

| 指 令 | 作 用 |
|---|---|
| cd /home | 进入"/ home"目录 |
| cd .. | 返回上一级目录 |
| cd ../.. | 返回上两级目录 |
| cd | 进入个人的主目录（1） |
| cd ~user1 | 进入个人的主目录（2） |
| cd - | 返回上次所在的目录 |
| pwd | 显示工作路径 |
| ls | 查看目录中的文件 |
| ls -F | 查看目录中的文件 |
| ls -l | 显示文件和目录的详细资料 |
| ls -a | 显示隐藏文件 |
| ls *[0-9]* | 显示包含数字的文件名和目录名 |
| tree | 显示文件和目录由根目录开始的树形结构 (1) |
| lstree | 显示文件和目录由根目录开始的树形结构 (2) |
| mkdir dir1 | 创建一个叫作"dir1"的目录 |
| mkdir dir1 dir2 | 同时创建两个目录 |
| mkdir -p /tmp/dir1/dir2 | 创建一个目录树 |
| rm -f file1 | 删除一个叫作 file1 的文件 |
| rmdir dir1 | 删除一个叫作"dir1"的目录 |
| rm -rf dir1 | 删除一个叫作"dir1"的目录并同时删除其内容 |
| rm -rf dir1 dir2 | 同时删除两个目录及它们的内容 |
| mv dir1 new_dir | 重命名 / 移动 一个目录 |

| 指令 | 作用 |
|---|---|
| cp file1 file2 | 复制一个文件 |
| cp dir/* | 复制一个目录下的所有文件到当前工作目录 |
| cp -a /tmp/dir1 | 复制一个目录到当前工作目录 |
| cp -a dir1 dir2 | 复制一个目录 |
| ln -s file1 lnk1 | 创建一个指向文件或目录的软链接 |
| ln file1 lnk1 | 创建一个指向文件或目录的物理链接 |
| touch -t 1812250000 file1 | 修改一个文件或目录的时间戳 - (YYMMDDhhmm) |
| iconv -l | 列出已知的编码 |
| file filename | 将文件名为 filename 文件输出 |

表 4  文件搜索

| 指令 | 作用 |
|---|---|
| find / -name file1 | 从"/"开始进入根文件系统搜索文件和目录 |
| find / -user user1 | 搜索属于用户"user1"的文件和目录 |
| find /home/user1 -name \*.bin | 在目录"/home/user1"中搜索带有 '.bin' 结尾的文件 |
| find /usr/bin -type f -atime +100 | 搜索在过去 100 天内未被使用过的执行文件 |
| find /usr/bin -type f -mtime -10 | 搜索在 10 天内被创建或者修改过的文件 |
| find / -name \*.rpm -exec chmod 755 '{}' \; | 搜索以 .rpm 结尾的文件并定义其权限 |
| find / -xdev -name \*.rpm | 搜索以 .rpm 结尾的文件，忽略光驱、磁盘等可移动设备 |
| locate \*.ps | 运行"updatedb"命令后寻找以 .ps 结尾的文件 |
| whereis halt | 显示一个二进制文件、源码或 man 的位置 |
| which halt | 显示一个二进制文件或可执行文件的完整路径 |

表 5  挂载一个文件系统

| 指令 | 作用 |
|---|---|
| mount /dev/hda2 /mnt/hda2 | 确定目录"/mnt/hda2"已经存在后挂载一个名为 hda2 的盘 |
| umount /dev/hda2 | 从挂载点"/mnt/hda2"退出后卸载一个名为 hda2 的盘 |
| fuser -km /mnt/hda2 | 当设备繁忙时强制卸载 |
| umount -n /mnt/hda2 | 运行卸载操作而不写入"/etc/mtab"文件，该指令当文件为只读或当磁盘写满时非常有用 |

续表

| 指　令 | 作　用 |
|---|---|
| mount /dev/fd0 /mnt/floppy | 挂载一个软盘 |
| mount /dev/cdrom /mnt/cdrom | 挂载一个 cdrom 或 dvdrom |
| mount /dev/hdc /mnt/cdrecorder | 挂载一个 cdrw 或 dvdrom |
| mount /dev/hdb /mnt/cdrecorder | 挂载一个 cdrw 或 dvdrom |
| mount -o loop file.iso /mnt/cdrom | 挂载一个文件或 ISO 镜像文件 |
| mount -t vfat /dev/hda5 /mnt/hda5 | 挂载一个 Windows FAT32 文件系统 |
| mount /dev/sda1 /mnt/usbdisk | 挂载一个 USB 闪存盘或闪存设备 |
| mount -t smbfs -o username=user,password=-pass //WinClient/share /mnt/share | 挂载一个 Windows 网络共享 |

表 6　磁盘空间

| 指　令 | 作　用 |
|---|---|
| df -h | 显示已经挂载的分区列表 |
| ls -lSr \|more | 以尺寸大小排列文件和目录 |
| du -sh dir1 | 估算目录"dir1"已经使用的磁盘空间 |
| du -sk * \| sort -rn | 以容量大小为依据依次显示文件和目录的大小 |
| rpm -q -a --qf '%10{SIZE}t%{NAME}n' \| sort -k1,1n | 以大小为依据依次显示已安装 rpm 包所使用的空间（fedora, redhat 类系统） |
| dpkg-query -W -f='${Installed-Size;10}t${Package}n' \| sort -k1,1n | 以大小为依据显示已安装的 deb 包所使用的空间（ubuntu, debian 类系统） |

表 7　用户和群组

| 指　令 | 作　用 |
|---|---|
| groupadd group_name | 创建一个新用户组 |
| groupdel group_name | 删除一个用户组 |
| groupmod -n new_group_name old_group_name | 重命名一个用户 |
| useradd -c "Name Surname " -g admin -d /home/user1 -s /bin/bash user1 | 创建一个属于"admin"用户组的用户 |
| useradd user1 | 创建一个新用户 |
| userdel -r user1 | 删除一个用户（"-r"排除主目录） |
| usermod -c "User FTP" -g system -d /ftp/user1 -s /bin/nologin user1 | 修改用户属性 |

| 指 令 | 作 用 |
|---|---|
| passwd | 修改口令 |
| passwd user1 | 修改一个用户的口令（只允许 root 执行） |
| chage -E 2005-12-31 user1 | 设置用户口令的失效期限 |
| pwck | 检查"/etc/passwd"的文件格式和语法修正以及存在的用户 |
| grpck | 检查"/etc/passwd"的文件格式和语法修正以及存在的群组 |
| newgrp group_name | 登陆进一个新的群组以改变新创建文件的预设群组 |

表 8  文件的权限

| 指 令 | 作 用 |
|---|---|
| ls -lh | 显示权限 |
| ls /tmp \| pr -T5 -W$COLUMNS | 将终端划分成 5 栏显示 |
| chmod ugo+rwx directory1 | 设置目录的所有人（u）、群组（g）以及其他人（o）以读（r）、写（w）和执行（x）的权限 |
| chmod go-rwx directory1 | 删除群组（g）与其他人（o）对目录的读写执行权限 |
| chown user1 file1 | 改变一个文件的所有人属性 |
| chown -R user1 directory1 | 改变一个目录的所有人属性并同时改变改目录下所有文件的属性 |
| chgrp group1 file1 | 改变文件的所有组 |
| chown user1:group1 file1 | 改变一个文件的所有人和所有组 |
| find / -perm -u+s | 罗列一个系统中所有使用了 SUID 控制的文件 |
| chmod u+s /bin/file1 | 设置一个二进制文件的 SUID 位（运行该文件的用户也被赋予和所有者同样的权限） |
| chmod u-s /bin/file1 | 禁用一个二进制文件的 SUID 位 |
| chmod g+s /home/public | 设置一个目录的 SGID 位（类似 SUID，不过这是针对目录的） |
| chmod g-s /home/public | 禁用一个目录的 SGID 位 |
| chmod o+t /home/public | 设置一个文件的 STIKY 位——只允许合法所有人删除文件 |
| chmod o-t /home/public | 禁用一个目录的 STIKY 位 |

表 9  文件的特殊属性

| 指 令 | 作 用 |
|---|---|
| chattr +a file1 | 只允许以追加方式读写文件 |

续表

| 指令 | 作用 |
|---|---|
| chattr +c file1 | 允许这个文件能被内核自动压缩/解压 |
| chattr +d file1 | 在进行文件系统备份时，dump 程序将忽略这个文件 |
| chattr +i file1 | 设置成不可变的文件，不能被删除、修改、重命名或者链接 |
| chattr +s file1 | 允许一个文件被安全地删除 |
| chattr +S file1 | 一旦应用程序对这个文件执行了写操作，使系统立刻把修改的结果写到磁盘 |
| chattr +u file1 | 若文件被删除，系统会允许你在以后恢复这个被删除的文件 |
| lsattr | 显示特殊的属性 |

表 10　打包和压缩文件

| 指令 | 作用 |
|---|---|
| bunzip2 file1.bz2 | 解压名为 file1.bz2 的文件 |
| bzip2 file1 | 压缩名为 file1 的文件 |
| gunzip file1.gz | 解压名为 file1.gz 的文件 |
| gzip file1 | 压缩名为 file1 的文件 |
| gzip -9 file1 | 最大程度压缩 |
| rar a file1.rar test_file | 创建一个叫作 file1.rar 的包 |
| rar a file1.rar file1 file2 dir1 | 同时压缩 file1、file2 以及目录 "dir1" |
| rar x file1.rar | 解压 rar 包 |
| unrar x file1.rar | 解压 rar 包 |
| tar -cvf archive.tar file1 | 创建一个非压缩的 tarball |
| tar -cvf archive.tar file1 file2 dir1 | 创建一个包含了 file1、file2 以及 "dir1" 的档案文件 |
| tar -tf archive.tar | 显示一个包中的内容 |
| tar -xvf archive.tar | 释放一个包 |
| tar -xvf archive.tar -C /tmp | 将压缩包释放到 "/tmp" 目录下 |
| tar -cvfj archive.tar.bz2 dir1 | 创建一个 bzip2 格式的压缩包 |
| tar -xvfj archive.tar.bz2 | 解压一个 bzip2 格式的压缩包 |
| tar -cvfz archive.tar.gz dir1 | 创建一个 gzip 格式的压缩包 |
| tar -xvfz archive.tar.gz | 解压一个 gzip 格式的压缩包 |
| zip file1.zip file1 | 创建一个 zip 格式的压缩包 |
| zip -r file1.zip file1 file2 dir1 | 将几个文件和目录同时压缩成一个 zip 格式的压缩包 |
| unzip file1.zip | 解压一个 zip 格式压缩包 |

表 11 RPM 包

| 指 令 | 作 用 |
| --- | --- |
| rpm -ivh package.rpm | 安装一个 rpm 包 |
| rpm -ivh --nodeeps package.rpm | 安装一个 rpm 包而忽略依赖关系警告 |
| rpm -U package.rpm | 更新一个 rpm 包但不改变其配置文件 |
| rpm -F package.rpm | 更新一个确定已经安装的 rpm 包 |
| rpm -e package_name.rpm | 删除一个 rpm 包 |
| rpm -qa | 显示系统中所有已经安装的 rpm 包 |
| rpm -qa \| grep httpd | 显示所有名称中包含"httpd"字样的 rpm 包 |
| rpm -qi package_name | 获取一个已安装包的特殊信息 |
| rpm -qg "System Environment/Daemons" | 显示一个组件的 rpm 包 |
| rpm -ql package_name | 显示一个已经安装的 rpm 包提供的文件列表 |
| rpm -qc package_name | 显示一个已经安装的 rpm 包提供的配置文件列表 |
| rpm -q package_name --whatrequires | 显示与一个 rpm 包存在依赖关系的列表 |
| rpm -q package_name --whatprovides | 显示一个 rpm 包所占的体积 |
| rpm -q package_name --scripts | 显示在安装/删除期间所执行的脚本 |
| rpm -q package_name --changelog | 显示一个 rpm 包的修改历史 |
| rpm -qf /etc/httpd/conf/httpd.conf | 确认所给的文件由哪个 rpm 包所提供 |
| rpm -qp package.rpm -l | 显示由一个尚未安装的 rpm 包提供的文件列表 |
| rpm --import /media/cdrom/RPM-GPG-KEY | 导入公钥数字证书 |
| rpm --checksig package.rpm | 确认一个 rpm 包的完整性 |
| rpm -qa gpg-pubkey | 确认已安装的所有 rpm 包的完整性 |
| rpm -V package_name | 检查文件尺寸、许可、类型、所有者、群组、MD5 检查以及最后修改时间 |
| rpm -Va | 检查系统中所有已安装的 rpm 包 |
| rpm -Vp package.rpm | 确认一个 rpm 包还未安装 |
| rpm2cpio package.rpm \| cpio --extract --make-directories *bin* | 从一个 rpm 包运行可执行文件 |
| rpm -ivh /usr/src/redhat/RPMS/`arch`/package.rpm | 从一个 rpm 源码安装一个构建好的包 |
| rpmbuild --rebuild package_name.src.rpm | 从一个 rpm 源码构建一个 rpm 包 |

表 12  YUM 软件包升级器

| 指　令 | 作　用 |
| --- | --- |
| yum install package_name | 下载并安装一个 rpm 包 |
| yum localinstall package_name.rpm | 将安装一个 rpm 包,使用你自己的软件仓库为你解决所有依赖关系 |
| yum update package_name.rpm | 更新当前系统中所有安装的 rpm 包 |
| yum update package_name | 更新一个 rpm 包 |
| yum remove package_name | 删除一个 rpm 包 |
| yum list | 列出当前系统中安装的所有包 |
| yum search package_name 在 rpm | 仓库中搜寻软件包 |
| yum clean packages | 清理 rpm 缓存删除下载的包 |
| yum clean headers | 删除所有头文件 |
| yum clean all | 删除所有缓存的包和头文件 |

表 13  查看文件内容

| 指　令 | 作　用 |
| --- | --- |
| cat file1 | 从第一个字节开始正向查看文件的内容 |
| tac file1 | 从最后一行开始反向查看一个文件的内容 |
| more file1 | 查看一个长文件的内容 |
| less file1 | 类似于"more"命令,但是它允许在文件中和正向操作一样的反向操作 |
| head -2 file1 | 查看一个文件的前两行 |
| tail -2 file1 | 查看一个文件的最后两行 |
| tail -f /var/log/messages | 实时查看被添加到一个文件中的内容 |

表 14  文本处理

| 指　令 | 作　用 |
| --- | --- |
| cat file1 \| command( sed, grep, awk, grep, etc...) > result.txt | 合并一个文件的详细说明文本,并将简介写入一个新文件中 |
| cat file1 \| command( sed, grep, awk, grep, etc...) >> result.txt | 合并一个文件的详细说明文本,并将简介写入一个已有的文件中 |
| grep Aug /var/log/messages | 在文件"/var/log/messages"中查找关键词"Aug" |
| grep ^Aug /var/log/messages | 在文件"/var/log/messages"中查找以"Aug"开始的词汇 |

续表

| 指 令 | 作 用 |
|---|---|
| grep [0-9] /var/log/messages | 选择"/var/log/messages"文件中所有包含数字的行 |
| grep Aug -R /var/log/* | 在目录"/var/log"及随后的目录中搜索字符串"Aug" |
| sed 's/stringa1/stringa2/g' example.txt | 将 example.txt 文件中的"string1"替换成"string2" |
| sed '/^$/d' example.txt | 从 example.txt 文件中删除所有空白行 |
| sed '/ *#/d; /^$/d' example.txt | 从 example.txt 文件中删除所有注释和空白行 |
| echo 'esempio' \| tr '[:lower:]' '[:upper:]' | 合并上下单元格内容 |
| sed -e '1d' result.txt | 从文件 example.txt 中排除第一行 |
| sed -n '/stringa1/p' | 查看只包含词汇"string1"的行 |
| sed -e 's/ *$//' example.txt | 删除每一行最后的空白字符 |
| sed -e 's/stringa1//g' example.txt | 从文档中只删除词汇"string1"并保留剩余全部 |
| sed -n '1,5p;5q' example.txt | 查看从第一行到第 5 行内容 |
| sed -n '5p;5q' example.txt | 查看第 5 行 |
| sed -e 's/00*/0/g' example.txt | 用单个零替换多个零 |
| cat -n file1 | 标示文件的行数 |
| cat example.txt \| awk 'NR%2==1' | 删除 example.txt 文件中的所有偶数行 |
| echo a b c \| awk '{print $1}' | 查看一行第一栏 |
| echo a b c \| awk '{print $1,$3}' | 查看一行的第一和第三栏 |
| paste file1 file2 | 合并两个文件或两栏的内容 |
| paste -d '+' file1 file2 | 合并两个文件或两栏的内容,中间用"+"区分 |
| sort file1 file2 | 排序两个文件的内容 |
| sort file1 file2 \| uniq | 取出两个文件的并集(重复的行只保留一份) |
| sort file1 file2 \| uniq -u | 删除交集,留下其他的行 |
| sort file1 file2 \| uniq -d | 取出两个文件的交集(只留下同时存在于两个文件中的文件) |
| comm -1 file1 file2 | 比较两个文件的内容只删除 file1 所包含的内容 |
| comm -2 file1 file2 | 比较两个文件的内容只删除 file2 所包含的内容 |
| comm -3 file1 file2 | 比较两个文件的内容只删除两个文件共有的部分 |

表 15　字符设置和文件格式转换

| 指令 | 作用 |
| --- | --- |
| dos2unix filedos.txt fileunix.txt | 将一个文本文件的格式从 MSDOS 转换成 UNIX |
| unix2dos fileunix.txt filedos.txt | 将一个文本文件的格式从 UNIX 转换成 MSDOS |
| recode ..HTML < page.txt > page.html | 将一个文本文件转换成 html |
| recode -l \| more | 显示所有允许的转换格式 |

表 16　文件系统分析

| 指令 | 作用 |
| --- | --- |
| badblocks -v /dev/hda1 | 检查磁盘 hda1 上的坏磁块 |
| fsck /dev/hda1 | 修复 / 检查 hda1 磁盘上 linux 文件系统的完整性 |
| fsck.ext2 /dev/hda1 | 修复 / 检查 hda1 磁盘上 ext2 文件系统的完整性 |
| e2fsck /dev/hda1 | 修复 / 检查 hda1 磁盘上 ext2 文件系统的完整性 |
| e2fsck -j /dev/hda1 | 修复 / 检查 hda1 磁盘上 ext3 文件系统的完整性 |
| fsck.ext3 /dev/hda1 | 修复 / 检查 hda1 磁盘上 ext3 文件系统的完整性 |
| fsck.vfat /dev/hda1 | 修复 / 检查 hda1 磁盘上 fat 文件系统的完整性 |
| fsck.msdos /dev/hda1 | 修复 / 检查 hda1 磁盘上 dos 文件系统的完整性 |
| dosfsck /dev/hda1 | 修复 / 检查 hda1 磁盘上 dos 文件系统的完整性 |

表 17　初始化一个文件系统

| 指令 | 作用 |
| --- | --- |
| mkfs /dev/hda1 | 在 hda1 分区创建一个文件系统 |
| mke2fs /dev/hda1 | 在 hda1 分区创建一个 linux ext2 的文件系统 |
| mke2fs -j /dev/hda1 | 在 hda1 分区创建一个 linux ext3（日志型）的文件系统 |
| mkfs -t vfat 32 -F /dev/hda1 | 创建一个 FAT32 文件系统 |
| fdformat -n /dev/fd0 | 格式化一个软盘 |
| mkswap /dev/hda3 | 创建一个 swap 文件系统 |

表 18　SWAP 文件系统

| 指令 | 作用 |
| --- | --- |
| mkswap /dev/hda3 | 创建一个 swap 文件系统 |
| swapon /dev/hda3 | 启用一个新的 swap 文件系统 |

| 指令 | 作用 |
|---|---|
| swapon /dev/hda2 /dev/hdb3 | 启用两个 swap 分区 |

表 19 备份

| 指令 | 作用 |
|---|---|
| dump -0aj -f /tmp/home0.bak /home | 制作一个"/home"目录的完整备份 |
| dump -1aj -f /tmp/home0.bak /home | 制作一个"/home"目录的交互式备份 |
| restore -if /tmp/home0.bak | 还原一个交互式备份 |
| rsync -rogpav --delete /home /tmp | 同步删除目录 |
| rsync -rogpav -e ssh --delete /home ip_address:/tmp | 通过 SSH 协议同步删除目录 |
| rsync -az -e ssh --delete ip_addr:/home/public / home/local | 通过 SSH 协议将一个远程目录同步到本地目录 |
| rsync -az -e ssh --delete /home/local ip_addr:/home/ public | 通过 SSH 协议将本地目录同步到远程目录 |
| dd bs=1M if=/dev/hda \| gzip \| ssh user@ip_addr 'dd of=hda.gz' | 通过 SSH 协议在远程主机上执行一次备份本地磁盘的操作 |
| dd if=/dev/sda of=/tmp/file1 | 备份磁盘内容到一个文件 |
| tar -Puf backup.tar /home/user | 执行一次对"/home/user"目录的交互式备份操作 |
| ( cd /tmp/local/ && tar c . ) \| ssh -C user@ip_addr 'cd /home/share/ && tar x -p' | 通过 SSH 协议在远程目录中复制一个目录内容 |
| ( tar c /home ) \| ssh -C user@ip_addr 'cd /home/ backup-home && tar x -p' | 通过 SSH 协议在远程目录中复制一个本地目录 |
| tar cf - . \| (cd /tmp/backup ; tar xf - ) | 本地将一个目录复制到另一个地方,保留原有权限及链接 |
| find /home/user1 -name '*.txt' \| xargs cp -av --target-directory=/home/backup/ --parents | 从一个目录查找并复制所有以 .txt 结尾的文件到另一个目录 |
| find /var/log -name '*.log' \| tar cv --files-from=- \| bzip2 > log.tar.bz2 | 查找所有以 .log 结尾的文件并做成一个 bzip 包 |
| dd if=/dev/hda of=/dev/fd0 bs=512 count=1 | 做一个将 MBR(Master Boot Record)内容复制到软盘的动作 |
| dd if=/dev/fd0 of=/dev/hda bs=512 count=1 | 从已经保存到磁盘的备份中恢复 MBR 内容 |

表 20　光盘

| 指　令 | 作　用 |
|---|---|
| cdrecord -v gracetime=2 dev=/dev/cdrom -eject blank=fast -force | 清空一个可复写的光盘内容 |
| mkisofs /dev/cdrom > cd.iso | 在磁盘上创建一个光盘的 ISO 镜像文件 |
| mkisofs /dev/cdrom \| gzip > cd_iso.gz | 在磁盘上创建一个压缩了的光盘 ISO 镜像文件 |
| mkisofs -J -allow-leading-dots -R -V "Label CD" -iso-level 4 -o ./cd.iso data_cd | 创建一个目录的 ISO 镜像文件 |
| cdrecord -v dev=/dev/cdrom cd.iso | 刻录一个 ISO 镜像文件 |
| gzip -dc cd_iso.gz \| cdrecord dev=/dev/cdrom - | 刻录一个压缩了的 ISO 镜像文件 |
| mount -o loop cd.iso /mnt/iso | 挂载一个 ISO 镜像文件 |
| cdrecord --scanbus | 扫描总线以识别 SCSI 通道 |
| dd if=/dev/hdc \| md5sum | 校验一个设备的 md5sum 编码，例如一张 CD |

表 21　网络

| 指　令 | 作　用 |
|---|---|
| ifconfig eth0 | 显示以太网卡的配置 |
| ifup eth0 | 启用 eth0 网络设备 |
| ifdown eth0 | 禁用 eth0 网络设备 |
| ifconfig eth0 192.168.1.1 netmask 255.255.255.0 | 控制 IP 地址 |
| ifconfig eth0 promisc | 设置 eth0 为混杂模式 |
| dhclient eth0 | 以 dhcp 模式启用 eth0 |